职业教育创新教材

电子技术基础与技能
（电子信息类）

蒯红权　王海涛　主　编
许长斌　副主编

電子工業出版社
Publishing House of Electronics Industry
北京 · BEIJING

内 容 简 介

本书系职业技术学校项目课程教材，是根据教育部 2009 年颁发的《职业学校电子技术与技能教学大纲》编写的。全书包括模拟电子线路与数字电子线路的基本内容，主要有：认识与测试二极管及其整流电路、认识与测试三极管及其分立放大电路、集成运算放大电路的制作与测试、正弦波振荡电路的制作与调试、认识与测试高频信号处理电路、直流稳压电源电路的制作与测试、认识与测试基本逻辑门、认识与测试组合逻辑电路、认识与测试时序逻辑电路和认识脉冲整形与模数转换。书末附有其他相关学习资料，供教学参考和使用。

本书项目内容丰富，结构合理，通俗易懂，操作方便，便于教学和自学，既可作为职业技术学校专业教材外，也可供广大电子科技工作者参考和学习。

图书在版编目（CIP）数据

电子技术基础与技能：电子信息类 / 蒯红权，王海涛主编. —北京：电子工业出版社，2015.10
职业教育创新教材
ISBN 978-7-121-22353-2

Ⅰ. ①电… Ⅱ. ①蒯… ②王… Ⅲ. ①电子技术－高等职业教育－教材 Ⅳ. ①TN

中国版本图书馆 CIP 数据核字（2014）第 008838 号

策划编辑：施玉新
责任编辑：郝黎明
印　　刷：涿州市京南印刷厂
装　　订：涿州市京南印刷厂
出版发行：电子工业出版社
　　　　　北京市海淀区万寿路 173 信箱　邮编 100036
开　　本：787×1 092　1/16　印张：16　字数：409.6 千字
版　　次：2015 年 10 月第 1 版
印　　次：2015 年 10 月第 1 次印刷
定　　价：32.00 元

凡所购买电子工业出版社图书有缺损问题，请向购买书店调换。若书店售缺，请与本社发行部联系，联系及邮购电话：（010）88254888。

质量投诉请发邮件至 zlts@phei.com.cn，盗版侵权举报请发邮件至 dbqq@phei.com.cn。

服务热线：（010）88258888。

前　言

本书是根据教育部2009年颁发的《职业学校电子技术与技能教学大纲》，并参照有关行业的职业技能鉴定规范、标准编写的职业教育国家规划教材。依据职业教育的培养目标，围绕电子技术与技能的特点，紧扣教学大纲的内容和要求，以项目任务展开教学内容，体现做中学、学中做的教学理念。

本书覆盖了模拟电路和数字电路的基本内容，主要有：认识与测试二极管及其整流电路、认识与测试三极管及其分立放大电路、集成运算放大电路的制作与测试、正弦波振荡电路的制作与调试、认识与测试高频信号处理电路、直流稳压电源电路的制作与测试、认识与测试基本逻辑门、认识与测试组合逻辑电路、认识与测试时序逻辑电路和认识脉冲整形与模数转换。结合职业学校教学的实际情况，力求体现项目课程的特色与设计思想，内容体现先进性、实用性。典型产品的选取力求科学，体现产业特点，具有可操作性。

本书在编写过程中考虑到目前职业学校学生的实际，尽量降低知识难度，其中打“*”内容为扩展知识或者是一些教学要求较高的教学内容，以供实行弹性教学或教学条件较好的学校选用。

本书在文字表述力求规范、正确、科学，其呈现方式也力求图文并茂。每个项目后都附有适量的思考与练习，全书末尾还附有教学和学习相关的参考资料。

本教材适用于三年制职业学校电类专业，也可作为职业岗位培训教材。总教学时数为192学时，各部分内容的课时分配建议如下：

学习领域		项　目	教学时数	
一	认识与测试二极管及其整流电路	项目1 认识与测试二极管整流电路	8	24
		项目2 认识与测试电容滤波电路	4	
		*项目3 认识与测试晶闸管整流电路	8	
		项目4 制作与测试整流滤波电路	4	
二	认识与测试三极管及其分立放大电路	项目1 认识与测试半导体三极管	10	34
		项目2 认识与测试共射极放大电路	4	
		*项目3 认识场效应管	4	
		*项目4 认识多级放大电路	6	
		项目5 认识与测试功率放大电路	4	
		项目6 制作与测试音频功放电路	6	
三	集成运算放大电路的制作与测试	项目1 认识集成电路和集成运算放大器	6	18
		项目2 认识负反馈电路	6	
		项目3 制作集成比例运算电路	6	
四	正弦波振荡电路的制作与调试	项目1 认识调谐放大器	2	14
		项目2 认识与测试三点式振荡器	6	
		项目3 制作RC正弦波振荡电路	6	

续表

<table>
<tr><th colspan="2">学 习 领 域</th><th>项　目</th><th colspan="2">教 学 时 数</th></tr>
<tr><td rowspan="5">五</td><td rowspan="5">认识与测试高频信号处理电路</td><td>项目 1 认识无线电的基础知识</td><td>2</td><td rowspan="5">16</td></tr>
<tr><td>项目 2 认识调幅与检波</td><td>2</td></tr>
<tr><td>项目 3 认识调频与鉴频</td><td>2</td></tr>
<tr><td>项目 4 认识混频器</td><td>2</td></tr>
<tr><td>项目 5 制作调幅调频收音机</td><td>8</td></tr>
<tr><td rowspan="4">六</td><td rowspan="4">直流稳压电源电路的制作与测试</td><td>项目 1 制作简单串联型直流稳压电路</td><td>6</td><td rowspan="4">20</td></tr>
<tr><td>项目 2 认识集成稳压电源</td><td>4</td></tr>
<tr><td>项目 3 认识开关稳压电源</td><td>4</td></tr>
<tr><td>项目 4 集成稳压电源的制作与测试</td><td>6</td></tr>
<tr><td rowspan="2">七</td><td rowspan="2">认识与测试基本逻辑门</td><td>项目 1 认识数字信号和数字电路</td><td>6</td><td rowspan="2">12</td></tr>
<tr><td>项目 2 测试逻辑门电路</td><td>6</td></tr>
<tr><td rowspan="2">八</td><td rowspan="2">认识与测试组合逻辑电路</td><td>项目 1 认识组合逻辑电路</td><td>6</td><td rowspan="2">14</td></tr>
<tr><td>项目 2 认识译码器和编码器</td><td>8</td></tr>
<tr><td rowspan="4">九</td><td rowspan="4">认识与测试时序逻辑电路</td><td>项目 1 认识触发器</td><td>6</td><td rowspan="4">24</td></tr>
<tr><td>项目 2 认识寄存器</td><td>6</td></tr>
<tr><td>项目 3 认识计数器</td><td>6</td></tr>
<tr><td>项目 4 制作四人抢答器</td><td>6</td></tr>
<tr><td rowspan="3">十</td><td rowspan="3">认识脉冲整形与模数转换</td><td>项目 1 用 555 时基电路构成振荡器</td><td>6</td><td rowspan="3">16</td></tr>
<tr><td>项目 2 认识模数转换和数模转换</td><td>4</td></tr>
<tr><td>项目 3 模数转换与数模转换集成电路的应用</td><td>6</td></tr>
</table>

本教材在江苏教科院马成荣所长、华东师大徐国庆博士指导下，由江苏省盐城市高级职业学校蒯红权、王海涛、刘玉正、盐城机电高等职业学校周同民、阜宁中等专业学校季友明、连云港中等专业学校许长斌等老师共同编写。蒯红权老师担任主编，负责全书的统稿和学习领域一、二的编写，王海涛老师担任主编并承担学习领域三、九、十的编写，许长斌老师担任副主编并承担学习领域八的编写，刘玉正老师承担学习领域四和领域五的编写，周同民老师承担学习领域六的编写，学习领域七由季友明老师编写。盐城市高级职业学校的领导和同事给予本书的编写提供了很大支持和帮助，并提出了很多宝贵意见。在此，谨向各位专家、领导和同事致以衷心的感谢。

由于编者水平有限，加之编写时间紧迫，因此书中谬误与不妥之处在所难免。诚恳希望省内外专家与使用本书的师生和其他读者提出批评指正，以便我们精益求精。

目　录

学习领域一　认识与测试二极管及其整流电路

领域简介

本领域重点通过学习半导体及半导体二极管的基本知识，构建并测试半波、全波和桥式整流电路及相应的滤波电路，掌握并会叙述其工作原理及其应用，最终能独立制作整流滤波电路。

项目1　认识与测试二极管整流电路

学习目标

- ✧ 了解半导体和半导体二极管的结构、电路符号、引脚、伏安特性和主要参数。
- ✧ 了解二极管的单向导电性，会检测二极管。
- ✧ 会用万用表判别二极管的极性和质量优劣。
- ✧ 了解硅稳压二极管、发光二极管、光电二极管、变容二极管等特殊二极管的外形特征、功能和实际应用。
- ✧ 理解整流电路的组成及工作原理。
- ✧ 会测试二极管整流电路。

工作任务

- ✧ 认识半导体二极管。
- ✧ 检测半导体二极管。
- ✧ 认识特殊二极管。
- ✧ 测试二极管整流电路。

第1步：认识半导体二极管

在电子技术中，半导体二极管是应用频繁的器件之一。如整流电路、限幅电路、开关电路、稳压电路、光—电转换与电—光转换电路等。

你见过半导体二极管吗？你知道它的应用吗？什么又是半导体呢？

1．半导体

自然界中的物质按其导电能力的强弱可分为导体、绝缘体和半导体。导体是人们熟悉的一种物质，它的导电性能良好，如铜、铝、银等；绝缘体是导电性能极差的一种物质，如橡皮、陶瓷、塑料和石英等；而半导体是导电性能介于导体和绝缘体之间，且随外界条件显著变化的一种物质。半导体理论证明，在半导体中存在两种导电的带电物质：一种是带有负电的自由电子（简称电子）；另一种是带有正电的空穴（简称空穴），它们在外电场作用下都有定向移动的效应，能够运载电荷而形成电流，故称为载流子。常用的半导体材料有硅（Si）、锗（Ge）、砷化镓（GaAs）等，硅和锗是目前最常用的半导体材料。

半导体具有导电能力受光照、温度和掺杂的影响而发生显著的变化的特点。半导体受热或者光照后，导电性能加强，这就是半导体的热敏特性和光敏特性。如果在本征半导体中掺入微量元素后，导电能力将大大提高，这就是半导体的掺杂特性。在本征半导体中掺入少量硼元素可制成 P 型半导体，掺入少量磷元素可制成 N 型半导体。

2．半导体二极管

半导体二极管是在硅或锗单晶基片上，用杂质渗透的特殊工艺方法，使它的一边形成 P 型区，一边形成 N 型区。构成 P 型区和 N 型区紧密相邻的区域交界处会形成一个很薄的特殊导电层，称为 PN 结。PN 结是构成各类半导体器件的基础。

二极管通常由一个 PN 结，加上接触电极、引线和管壳构成。其结构有三种：点接触型、面接触型和平面型，如图 1-1-1（a）、(b)、(c）所示。为了能使二极管与外电路进行可靠连接，在 P 区和 N 区两端分别引出两个电极引线，与 P 区相连的电极为正极，与 N 区相连的是负极。二极管的图形符号如图 1-1-1（d）所示，其箭头方向代表 PN 结加正向电压时导通电流的方向，二极管的文字符号用“VD”表示。

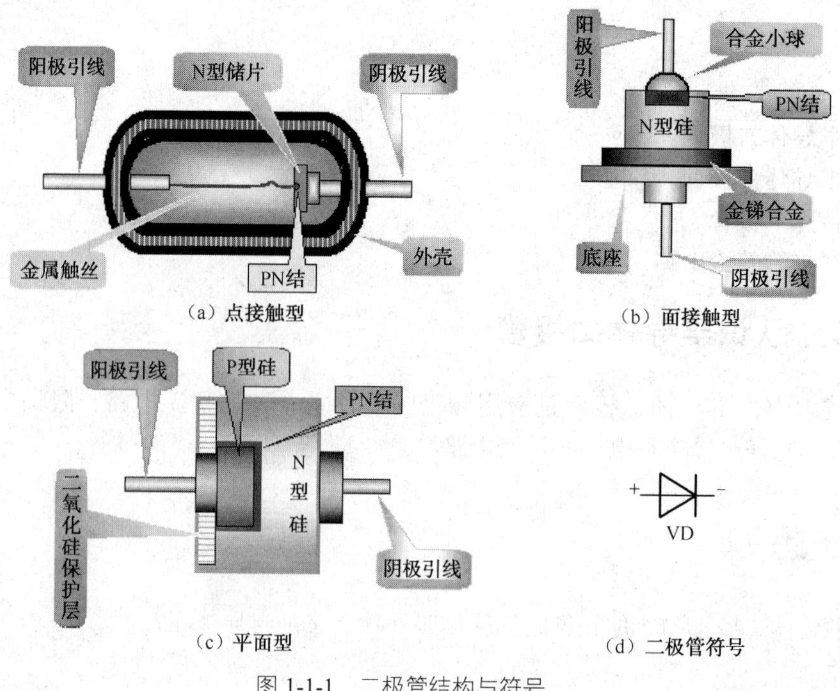

图 1-1-1　二极管结构与符号

第 2 步：测试半导体二极管

如果将半导体二极管接入到电路中它会呈现怎样的特性呢？在实际应用中，又是如何选用二极管和判别二极管的质量好坏呢？

1．测试二极管单向导电性

测试电路如图 1-1-2 所示，由电源 E、二极管 VD、小灯泡 H 和开关 S 组成一个简单的电路。二极管 VD 为 1N4007 整流二极管，S 为拨动开关，小灯泡用来指示电路通断状态，电路的电源由直流稳压电源提供。当闭合图 1-1-2（a）电路中的开关 S 后，灯泡应发光。然后仅将二极管引脚方向对调，见电路图 1-1-2（b），再闭合电路中的开关 S 后，灯泡应不亮。

对照实训室提供的器件和仪器，在老师的指导下正确识读器件，使用直流稳压电源。

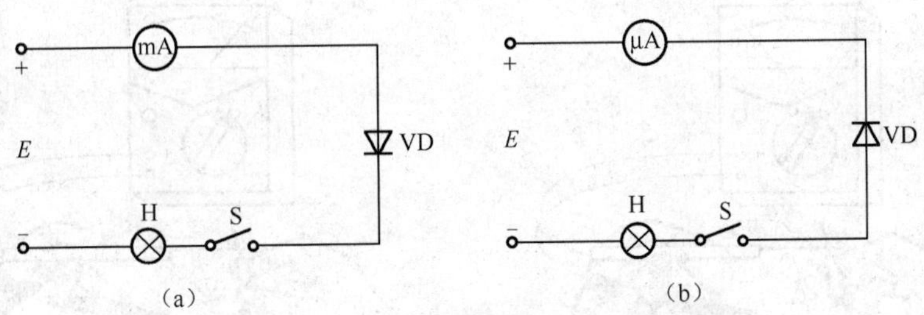

图 1-1-2　测试二极管的单向导电性

（1）对照图 1-1-2（a）接好电路并复查，通电检测。

（2）调节直流稳压电源，使输出电压为 6V 电压，通电后灯泡________（发光/不发光），电流表指针________（偏转/不偏转），观察电流表的读数，用万用表测量灯泡 H 和二极管 VD 两端的电压，并记录：I=________mA，U_H=________V，U_V=________V。

（3）保持步骤（2），仅将二极管极性对调，见图 1-1-2（b），通电后灯泡________（发光/不发光），电流表指针________（偏转/不偏转），观察电流表的读数，用万用表测量灯泡 H 和二极管 VD 两端的电压，并记录：I=________mA，U_H=________V，U_V=________V。

分析以上测试过程，步骤（3）仅仅是在步骤（2）的基础上对调了二极管 VD 的极性，但结果说明：当 VD 两端电压为正向电压时，灯泡就会发光，此时二极管将________（导通/截止）；当 VD 两端电压为反向电压时，灯泡就会熄灭，二极管将________（导通/截止）。

实践证明：二极管具有单向导电性，即二极管加一定的正向电压导通，加反向电压截止。

二极管是不是只要加正向电压就一定导通呢？反向电压如果太高，对二极管有什么影响？

2．判别二极管的极性和质量优劣

二极管具有正向导通、反向截止的单向导电性，因此可用万用表来判断二极管的正、负极及其质量好坏。如图 1-1-3 所示，用指针式万用表检测型号为 1N4007 的整流二极管。在检测过程中，用手指捏住二极管的中间部位或一边引脚，切勿因人体电阻的影响而造成检测的误差。

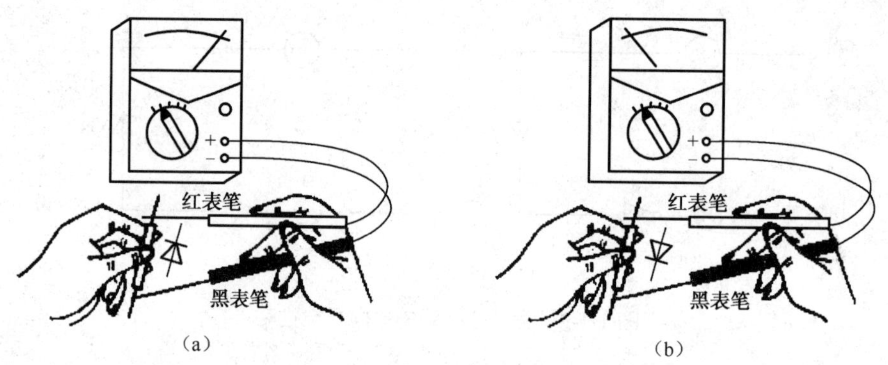

（a）　　（b）

图 1-1-3　判别二极管的极性

（1）将万用表拨到“Ω”挡，一般用 $R\times100\Omega$或 $R\times1\text{K}\Omega$两挡，并进行欧姆调零。

（2）按图 1-1-3（a）搭接二极管，观察表头指针，偏转角度________（大/小），此时二极管的电阻 R=________。

（3）将万用表两表笔对调，再次测量，观察表头指针，偏转角度________（大/小），此时二极管的电阻 R' =________。

用万用表判别二极管极性的原理是利用二极管的单向导电特性，比较步骤（2）和步骤（3）所测二极管的电阻值，相差________（较大/差不多/较小），则表明是二极管是好的。所测得电阻小的那一次电阻称为________（正向/反向）电阻值，与黑表笔相接触的是二极管的________（正/负）极，而与红表笔相接触的是________（正/负）极。二极管的正向电阻值应________（小于/远小于/等于/大于/远大于）反向电阻值。

如果二极管两次测得的正反向电阻都很小，则表明二极管内部已经短路；若两次测得的正反向电阻都很大，则表明二极管内部已经断路。出现这两种情况时，都说明二极管已损坏。

由实训室提供不同的二极管，用指针式万用表判别它们的极性和质量优劣。

议一议

在以上检测二极管过程中，指针式万用表为什么不用 $R\times1\Omega$或 $R\times10\text{K}\Omega$两个挡位？如果使用的是数字式万用表，又是如何来检测的呢？

3．测试二极管的伏安特性

二极管的伏安特性指的是加在二极管两端的电压和流过二极管的电流之间的关系。测试二极管伏安特性的电路如图 1-1-4 所示，二极管 VD 为 5.1V 的稳压二极管，R 为 1kΩ电阻，电路的电源由直流稳压电源提供，电流表串联在电路中用来显示流过二极管电流的大小，电压表并联在二极管两端用来显示二极管两端的电压。

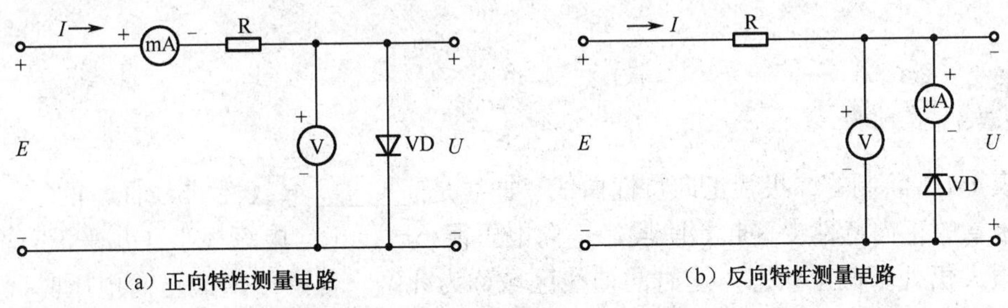

图 1-1-4　二极管伏安特性测试电路

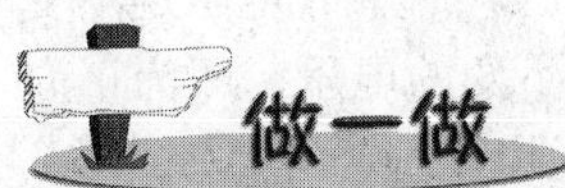

（1）测试二极管的正向伏安特性

① 对照图 1-1-4（a）接好电路并复查，通电检测。

② 按表 1-1-1 的要求调节电源电压使二极管两端电压表显示表值为 0V、0.1V 等值，观察相应电流表指示，填入表中。

③ 根据表 1-1-1 的测量结果，大致绘出二极管的正向伏安特性曲线，即 *I-U* 关系曲线（*U* 为横坐标，*I* 为纵坐标）。

表 1-1-1　二极管正向伏安特性

U/V	0	0.1	0.3	0.5	0.6	0.65	0.7
I /mA							

（2）测试二极管的反向伏安特性

① 对照图 1-1-4（b）接好电路并复查，通电检测。

② 按表 1-1-2 的要求调节电源电压使二极管两端电压表显示表值为 1V、2V 等值，观察相应电流表指示，填入表中。

③ 根据表 1-1-2 的测量结果，大致绘出二极管的反向伏安特性曲线。

表 1-1-2　二极管反向伏安特性

−U/V	1	2	3	4	4.2	4.8	4.9	…
I /μA								

（3）绘制二极管的伏安特性曲线

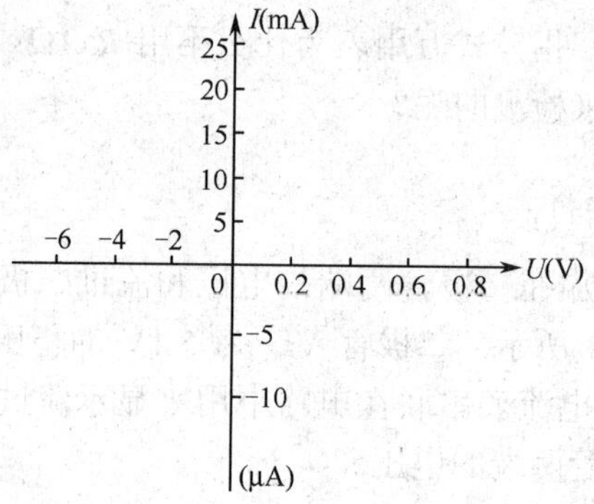

根据表 1-1-1 绘制的二极管正向特性曲线，曲线是________（线性/非线性）的。

在二极管的正向特性上，起始阶段，正向电压很小时，正向电流极小（几乎没有），二极管呈现电阻很大仍处于截止状态，这时的曲线区域称为死区。但继续增大正向电压时，只要超过一定的数值，这个数值即为门坎电压（理论和实践证明：硅管的门坎电压约为 0.5V；锗管的门坎电压约为 0.2V），电流会随电压上升，开始增加较为缓慢，以后急剧增大，二极管电阻逐渐变小，进入完全________（截止/导通）状态，这时二极管上存在一个近似不变的电压，即为正向压降（理论和实践证明：硅管的正向导通电压约为 0.7V；锗管的正向导通电压约为 0.3V）。

根据表 1-1-2 绘制的二极管反向特性曲线，在起始的一定范围内，反向电流很小，它不随反向电压而变化，称为反向饱和电流 I_R，当反向电压继续增大时，达到某一数值，反向电流会突然急剧________（增大/减小），这种现象称为反向电击穿，简称击穿。实践证明，普通二极管发生击穿后，很大的反向电流将会造成二极管内部 PN 上的结温迅速升高而损坏，说明二极管发生了热击穿，这种现象应注意避免发生。

第 3 步：认识特殊二极管

下面介绍一些具有特殊功能和用途的二极管，有的在一般电路中也应用得很多。例如，稳压二极管、发光二极管等。

你见过这些二极管吗？它有什么功能？你知道它们用在什么场合吗？

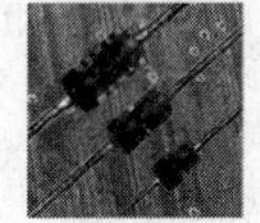
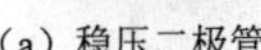
（a）稳压二极管

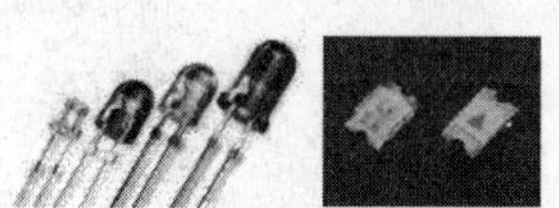
（b）发光二极管

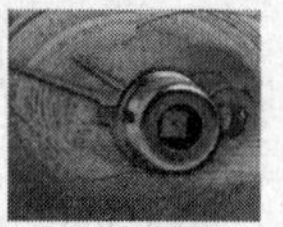
（c）光电二极管

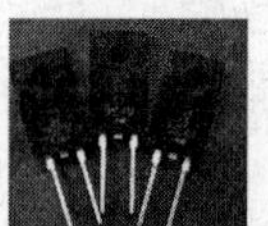
（d）变容二极管

图 1-1-5　常用特殊二极管

1. 稳压二极管

稳压二极管是利用特殊工艺制造的面接触型二极管，其代表符号如图所 1-1-6（a）所示，图 1-1-6（b）所示为稳压二极管的伏安特性，通常工作在反向击穿区。它是利用管子反向击穿时电流在较大范围内变化，而管子两端的电压几乎不变的特点，实现稳压。

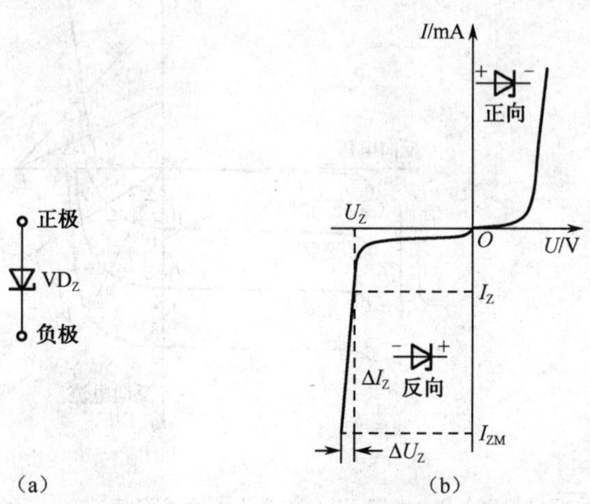

图 1-1-6　稳压二极管的符号和伏安特性

2. 发光二极管

发光二极管就是将电能转变为光能的管子。它是利用特殊的化合物制造而成的。如用磷砷化钾制成的二极管发出波长为 655nm 红光，用磷化镓制成的二极管发出波长为 565nm 绿光。发光二极管的符号如图 1-1-7（a）所示，伏安特性如图 1-1-7（b）所示。发光二极管的死区电压比普通二极管高，发光强度与正向电流的大小成正比。应用时加正向电压，并接入适当的限流电阻。发光二极管常用做显示器件。

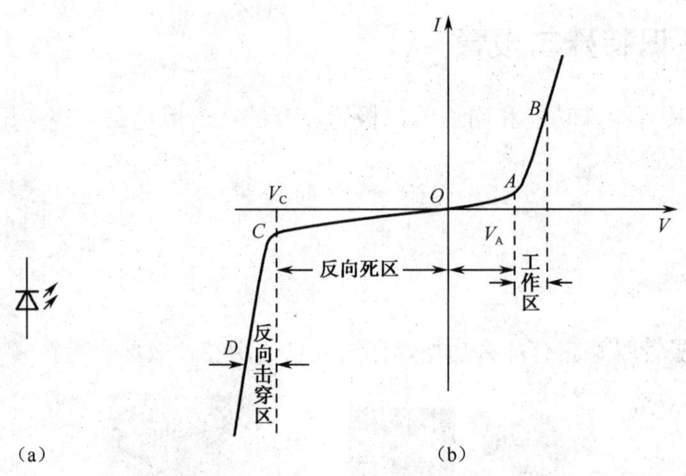

图 1-1-7　发光二极管的符号和伏安特性

3. 光电二极管

光电二极管是利用半导体的光敏特性制成的。当光线照射于 PN 结时，它的反向电流随光照强度的增加而上升，称为光电二极管或光敏二极管。光敏二极管的符号如图 1-1-8（a）所示，伏安特性如图 1-1-8（b）所示。光敏二极管可以用来作为光控元件。

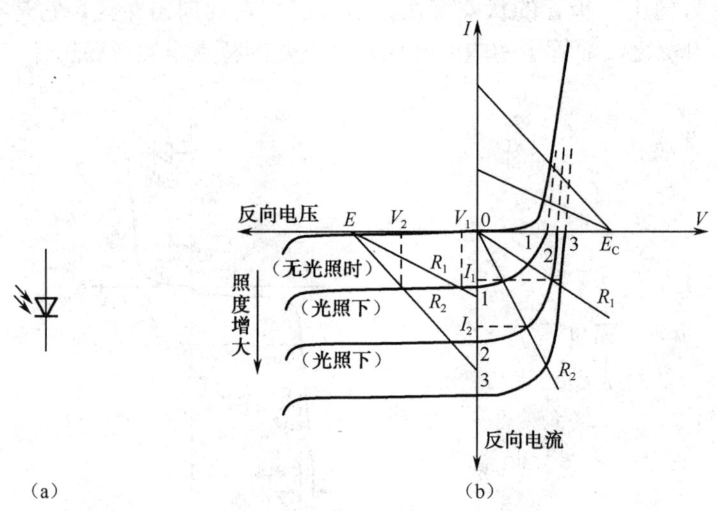

图 1-1-8　光电二极管的符号和伏安特性

4. 变容二极管

二极管具有电容效应，反向偏置时，PN 结变宽，反向电阻加大，可以用来作为电容器。电容器与所加的电压大小有关，可以通过改变其直流电压的大小达到改变电容的目的。这种二极管的电容数值很小为 pF 数量级，通常用于高频电路。变容二极管的符号如图 1-1-9（a）所示，而如图 1-1-9（b）所示为某种变容二极管的电容量 C 与反偏电压（取绝对值）的关系。

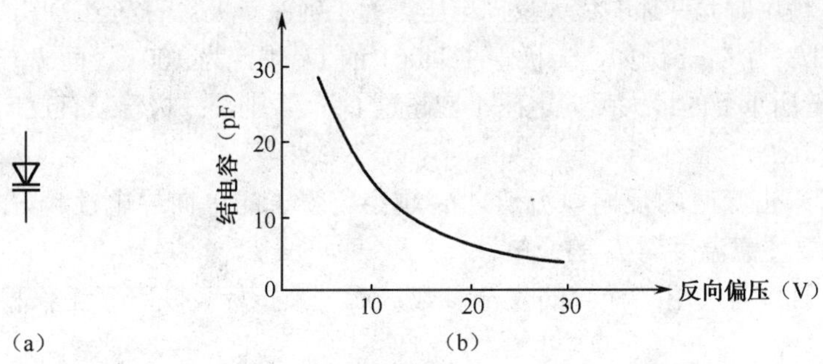

图 1-1-9　变容二极管的符号和 C-U 特性曲线

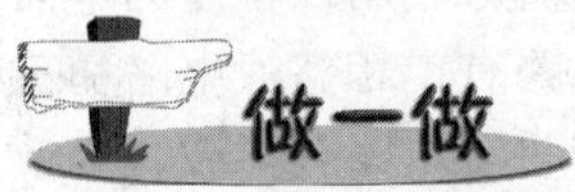

这些特殊的二极管判别极性的方法是否与普通二极管极性判别的方法相同呢？如果不同，又是如何来检测的？请在老师的指导下完成检测。

第 4 步：测试二极管整流电路

二极管因具有单向导电性，所以成为整流电路的主要元件。常用的整流二极管和整流桥堆如图 1-1-10 所示。

以下是整流电路中常用到的整流二极管和整流桥堆，有分立式的，也有贴片的。

（a）整流二极管　　（b）整流桥堆

图 1-1-10　整流二极管和整流桥堆

选择怎样的整流二极管才适用于电路呢？关键取决于二极管的性能参数。下面我们就介绍一下二极管的主要参数。

1．二极管的主要参数

（1）最大整流电流 I_F

I_F 是指二极管工作时允许通过的最大正向平均电流，它与 PN 结的材料、结面积和散热条件有关。因为电流通过 PN 结要引起管子发热，如果在实际运用中通过二极管的平均电流超过 I_F，则管子将过热而烧坏。所以，二极管的平均电流不能超过 I_F，并要满足散热条件。

（2）最大反向工作电压 U_R

U_R 指二极管在使用时允许加的最大反向电压。为了确保二极管的安全工作，通常取二极管反向击穿电压的 1/2 或 1/3 为 U_R。例如，二极管 1N4001 的 U_R 规定为 100V，而 U_B 实际上大于 200V。在实际运用时二极管所承受的最大反向电压不应超过 U_R，否则，二极管就有反向击穿的危险。

（3）反向漏电流 I_R

I_R 是指二极管未击穿时的反向电流值。I_R 越小，管子的单向导电性越好。由于温度升高时 I_R 将增大，使用时要注意温度对 I_R 的影响。

前两个指标一般作为选用二极管的安全参数，后一个指标反映管子工作稳定性的参数。

2. 制作二极管整流电路

将电网的交流电压变换成电子设备所需要的直流电压的过程称为整流。利用二极管的单向导电特性把交流电变为脉动直流电的电路称为二极管整流电路。整流电路有单相整流电路和三相整流电路之分，在常用家用电器设备中，主要是单相整流电路。单相整流电路有半波、全波和桥式整流电路。

（1）制作半波整流电路

图 1-1-11（a）所示为半波整流电路，变压器，将次级交流电压 u_2 加在二极管上，利用二极管的单向导电性，只允许某半个周期的交流电通过二极管加在负载上，这样负载电流只有一个方向，从而实现整流。导通过程为当次级绕组电压极性上正下负时，二极管 VD 导通，R_L 上得到上正下负的输出电压 u_o；当次级绕组电压极性上负下正时，二极管因加反向电压不导通，R_L 上无电压。负载电压电流波形如图 1-1-11 所示，这种整流称为半波整流。

对照实训室提供的器件和仪器，在老师的指导下正确识读器件和使用仪器。所提供的器件有型号为 1N4007 整流二极管，阻值为 2kΩ电阻，以及输出次级电压为 12V 的变压器，使用双踪示波器来观察波形。

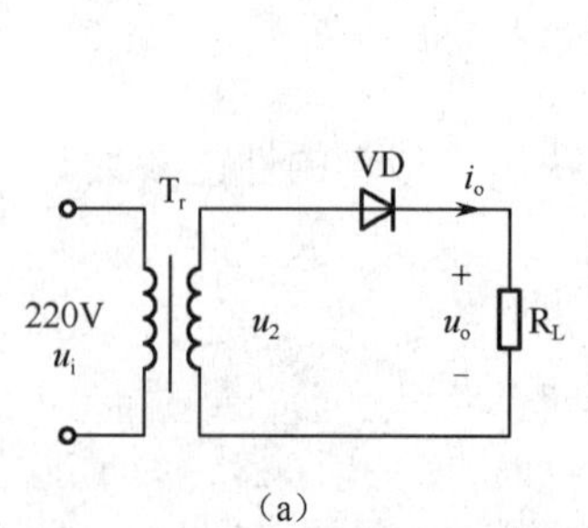

（a）

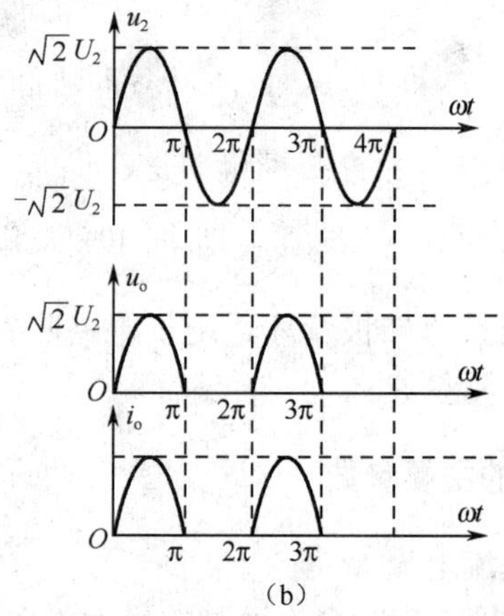

（b）

图 1-1-11　半波整流电路

① 对照图 1-1-11（a）接好电路并复查，通电检测。

② 用双踪示波器同时观察变压器次级电压波形和负载 R_L 两端电压波形，记录并进行比较。

通过观察比较，所测得的次级电压波形和负载电压波形是否和图 1-1-11（b）相似？你能读出它们的电压有效值是多少吗？

半波整流整流电路具有结构简单，使用元件少的优点，但缺点也很明显，是交流电压中只有半个周期得到利用，输出直流电压低，$U_O \approx 0.45U_2$。因此，半波整流只用在输出电压要求不高，输出电流较小的场合。

（2）全波整流电路

图 1-1-12 所示为全波整流电路及整流波形。由图 1-1-12（a）可知，全波整流电路由两个半波整流电路构成。在正半周（u_2 极性如标识“+”和“−”所示）时，由于变压器有中心抽头，A 点电位最高，B 点其次，C 点最低，二极管 VD_1 加正向电压导通，二极管 VD_2 加反向电压截止，$u_o=u_2$，电流 i_{VD1} 由点 A 经 VD_1 和 R_L 至 B 点形成回路，方向由上至下；在负半周（u_2 与前相反）时，C 点电位最高，B 点其次，A 点最低，二极管 VD_2 加正向电压导通，二极管 VD_1 加反向电压截止，$u_o=u_2$，电流 i_{V2} 由点 C 经 VD_2 和 R_L 至 B 点形成回路，方向由下至上。R_L 上的电流应是正负半周的合成，这样就在 R_L 上获得单方向脉动电流，由于整个周期均被利用，故称为全波整流。其输出直流电压 $U_O \approx 0.9U_2$。

看一看

在前面半波整流电路提供的器件基础上，增加一只 1N4007 整流二极管，变压器换成带中心抽头的，输出次级电压为 9V 的变压器，仍然使用双踪示波器来观察波形。

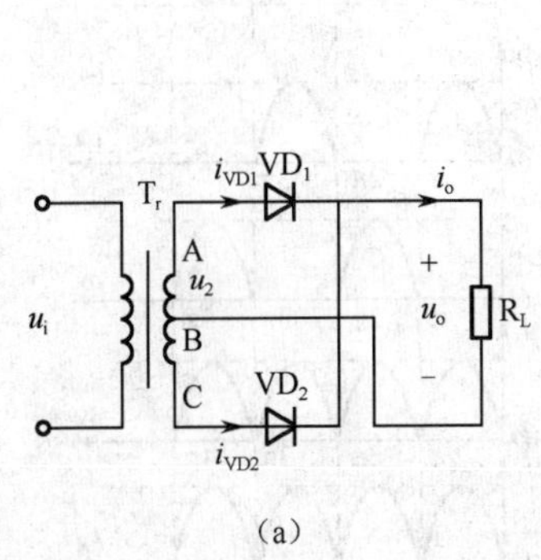

（a）

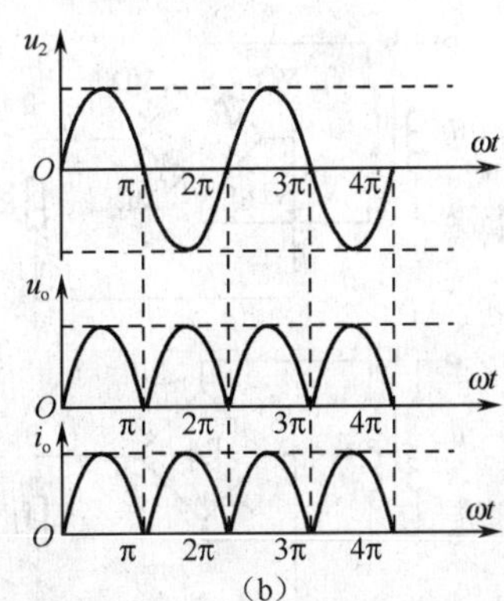

（b）

图 1-1-12　全波整流电路

① 对照图 1-1-12（a）接好电路并复查，通电检测。

② 用双踪示波器同时观察变压器次级电压波形和负载 R_L 两端电压波形，记录并进行比较。

通过观察比较，所测得的次级电压波形和负载电压波形是否和图 1-1-12（b）相似？你能读出它们的电压有效值是多少吗？如果其中一只二极管接反，会有什么后果？

全波整流电路具有输出电压高，输出电流大和电源利用率高等优点，但该电路中要求变压器具有中心抽头，体积大、笨重，电路的利用率低，适用于大功率输出场合。

（3）制作桥式整流电路

桥式整流电路是最常用的一种整流电路。常见桥式电路如图 1-1-13 所示，四个整流元件接成电桥形（简化符号如图），电路因此而得名。由桥式电路可见，当 u_2 为正半周（A 端为“+”，B 端为“−”）时，VD_1 和 VD_3 因加正向电压导通，而 VD_2 和 VD_4 因加反向电压截止，导通电流 i_L 由 A 端→VD_1→R_L→VD_3→B 端，在 R_L 上的电流 i_L 的方向由上至下；当 u_2 为负半周（极性与前相反）时，VD_2 和 VD_4 因加正向电压导通，而 VD_1 和 VD_3 因加反向电压截止，导通电流 i_L 由 B 端→VD_2→R_L→VD_4→A 端，在 R_L 上的电流 i_L 的方向由下至上。在 u_2 的一个周期内 VD_1、VD_3 和 VD_2、VD_4 轮流导通，在 R_L 上获得同全波整流一样的脉动电流或电压。

在前面半波整流电路提供的器件基础上，增加三只 1N4007 整流二极管，仍然使用双踪示波器来观察波形。

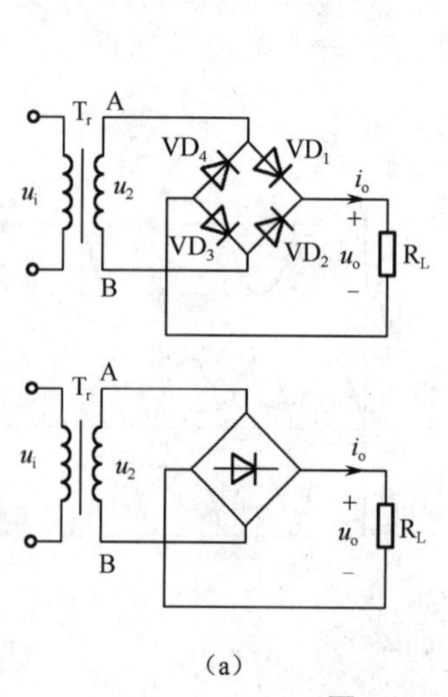

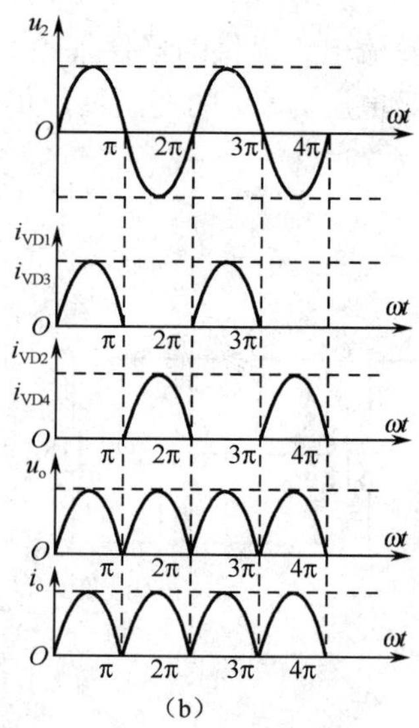

图 1-1-13 桥式整流电路

① 对照图 1-1-13（a）接好电路并复查，通电检测。

② 用双踪示波器同时观察变压器次级电压波形和负载 R_L 两端电压波形，记录并进行比较。

议一议

通过观察比较，所测得的次级电压波形和负载电压波形是否和图 1-1-13（b）相似？负载 R_L 上流过的电流和两端的电压是否和全波整流电路一样？在实际应用时又是如何来选择整流器件呢？

桥式整流电路 R_L 上的直流电压与变压器次级电压的关系为 $U_O \approx 0.9U_2$，流过 R_L 的电流 $I_O \approx 0.9U_2/R_L$。选择整流元件时应考虑到流过二极管的平均电流和二极管截止时承受的最大反向电压，桥式整流电路流过二极管的平均电流为 $I_{VD}=0.5I_O=0.45U_2/R_L$，最大反向电压 $U_{RM}=U_2$。选择二极管时，应选极限参数为 $I_F>I_{VD}$ 和 $U_R>U_{RM}$，I_F 为二极管的最大整流电流，U_R 为最高反向工作电压。

桥式整流电路具有变压器利用率高，平均直流电流高、整流元件承受的反压较低等优点，故应用广泛。

【例 1-1-1】 一桥式整流电路，要求输出直流电压 12V 和直流电流 100mA，如何选择整流元件？现有二极管 VD 是 2CP10，I_F=100mA，U_R=25V；2CP11，I_F=100mA，U_R=50V。

解:变压器次级电压：$U_2=1.11U_O=1.11\times 12V=13.32V$。

流过二极管 VD 的电流：$I_{VD}=0.5I_O=100\ mA\times 0.5=50mA$。

二极管承受的最大反向电压：$U_{RM}=U_2=18.6V$。

可见，选用 2CP10 和 2CP11 都可以，但为了不造成浪费和降低成本，应选用 2CP10。

练一练

一桥式整流电路，负载 $R_L=36\Omega$，流过负载的电流 I_O=3A，试求变压器的次级电压有效值并选择整流二极管。

在老师的指导下学会查阅半导体器件手册来选择合适整流二极管。

看一看

常见三种整流电路的原理图及电路主要参数，参见表 1-1-3。

表 1-1-3 常见整流电路的比较

项　目	半波整流	全波整流	桥式整流
电路原理图			
输出电压 U_o	$0.45U_2$	$0.9U_2$	$0.9U_2$
输出电流 I_o	$0.45U_2/R_L$	$0.9U_2/R_L$	$0.9U_2/R_L$
二极管平均电流 I_{VD}	I_O	$0.5I_O$	$0.5I_O$
二极管最高反向电压 U_{RM}	$\sqrt{2}U_2$	$2\sqrt{2}U_2$	$\sqrt{2}U_2$

除上述单相整流电路之外，还有三相整流电路。单相整流电路的功率一般不超过 1kW，当功率进一步增加或者其他原因要求多相整流时，则需要采用大功率三相整流电路，因为大功率的交流电源是三相供电形式。图 1-1-14 是一个电阻负载三相桥式整流电路，它有 6 个二极管，VD_1、VD_3、VD_5 接成共阴极形式，共阴极用 P 表示；VD_2、VD_4、VD_6 接成共阳极形式，共阳极用 M 表示；零线用 N 表示。原理这里不再介绍。

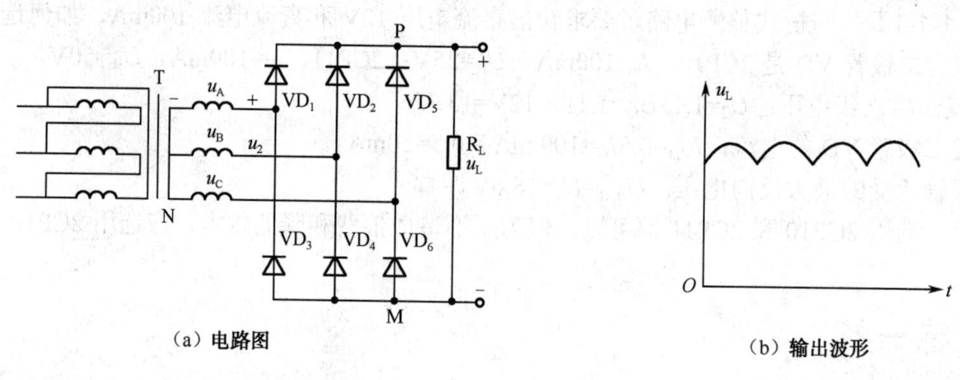

（a）电路图　　（b）输出波形

图 1-1-14 三相桥式整流电路

项目 2 认识与测试电容滤波电路

学习目标

- ✧ 能识读电容滤波、电感滤波、复式滤波电路图。
- ✧ 了解滤波电路的应用实例。
- ✧ 了解滤波电路的作用及其工作原理。
- ✧ 会估算电容滤波电路的输出电压。
- ✧ 会测试电容滤波电路。

工作任务

- ✧ 认识滤波电路。
- ✧ 测试电容滤波电路。
- ✧ 估算电容滤波电路参数。

第 1 步：认识滤波电路

以上我们介绍的单相整流电路，交流电经过整流后得到单向脉动直流电，除了含有直流成分外，还含有较多的交流成分。在一些电压要求不高的场所（如直流电动机、电磁铁等）还可以使用，但对有些电压要求较高的电子设备（如电视机、音响设备等）来说，用这样的电压供电，将会对电子设备的工作产生严重的干扰（音响设备出现交流噪声，电视机图像产生扭曲等）。

为了满足电子设备正常工作的需要，必须采取滤波措施。滤波就是把脉动直流电压中的脉动成分或纹波成分进一步滤除，以得到较为平滑的直流输出电压。能滤除交流成分的电路称为滤波电路。滤波电路一般由 L 和 C 等元件组成，它是利用电容两端电压不能突变和通过电感的电流不能突变这一特性来实现的，使输出直流电压或电流变得平滑。

常用的滤波电路有电容滤波、电感滤波和复式滤波，电路图如图 1-2-1 所示。

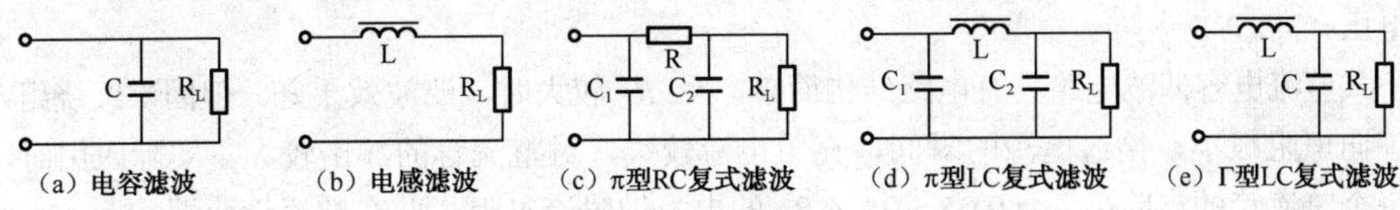

图 1-2-1 常用滤波电路

1. 电容滤波电路

如图 1-2-1（a）所示。主要利用电容两端的电压不能突变的特性，使负载电压波形平滑，电容与负载并联。这种滤波电路结构简单，输出直流电压较高，纹波较小，但带负载能力较差，电源接通瞬间充电电流很大，整流管要承受很大的正向浪涌电流，一般用在负载电流较小且变化不大的场合，是小功率整流电路中的主要滤波形式。

2. 电感滤波电路

如图 1-2-1（b）所示。主要利用通过电感中的电流不能突变的特点，使输出电流波形比较平滑，从而使输出电压的波形也比较平滑，故电感与负载串联。这种电路工作频率越高，电感越大，负载越小，则滤波效果越好，整流管不会受到浪涌电流的损害，适用于负载电流较大，以及负载变化较大的场合。但输出电压较低，且电感铁芯笨重，体积大，故在小型电子设备中很少采用。

3. 复式滤波电路

为了进一步提高滤波效果，可将电感和电容组合成复式滤波电路，常用的有π型 RC、π型 LC 和Γ型 LC 复式滤波电路。

π型 RC 滤波电路：如图 1-2-1（c）所示。结构简单，滤波效果好，能兼起降压、限流作用，但输出电流较小，带负载能力差，故适用于负载电流较小的场合。

π型 LC 滤波电路：如图 1-2-1（d）所示。输出电压高、滤波效果好，但输出电流小，带负载能力差，适用于负载电流较小，要求稳定的场合。

Γ型 LC 滤波电路：图 1-2-1（e）所示。输出电流大、带负载能力较好、滤波效果也不错，但电感线圈体积大，价格高，故适用于负载变动较大，负载电流较大的场合。

第 2 步：测试电容滤波电路

为了提高滤波效果，电容滤波电路一般采用容量较大的电解电容作为滤波器件。如图 1-2-1 所示，在桥式整流电路负载 R_L 两端并联上一只大容量电解电容。在不加滤波电容的情况下，R_L 两端的电压波形为脉动直流电。接入滤波电容 C 后，在接通电源的瞬间，当 U_2 上升时，电容 C 两端的电压跟随上升，如图 1-2-2（b）OA 段，在次级输入电压的一个周期内，第二个 1/4 周期以及第三个 1/4 周期部分时间内，由于 U_2 小于电容 C 上电压，而电容 C 两端电压又不能突变，故电容 C 上的电荷将通过 R_L 放电，直到图的 1-2-2（b）中 B 点，此后 U_2 大于电容 C 上的电压，又开始对 C 充电，如此继续下去。可见，接入电容后，不但脉动大大变小，而且使输出的直流电压升高。

桥式整流电容滤波电路具有电路结构简单，当 R_L 较大时，滤波效果好。但因次级绕组及整流管正向电阻很小，接通电源的瞬间，充电电流较大，对整流管的冲击较大。实际应用时，一般在每个整流管的支路串入（0.05～0.1）R_L 的电阻做限流电阻，并在整流管两端并接一小容量电容器，以此保护整流管。

桥式整流电容滤波电路滤波效果好坏主要取决于电容充放电的时间常数 CR_L，该值越大，放电越慢，平滑程度越好。一般要求 CR_L 的取值满足：

$$CR_L \geqslant (3\sim5)\,T/2$$

由此可确定电容 C 的值为

$$C \geqslant (3\sim5)\,T/(2R_L)$$

桥式整流电容滤波电路的输出直流电压一般为 $U_O=1.2U_2$，整流管承受的最高反向电压为 $\sqrt{2}\,U_2$。

在前面桥式整流电路提供的器件基础上，增加 1 只容量为 1000μF 的电解电容，使用双踪示波器来观察波形。

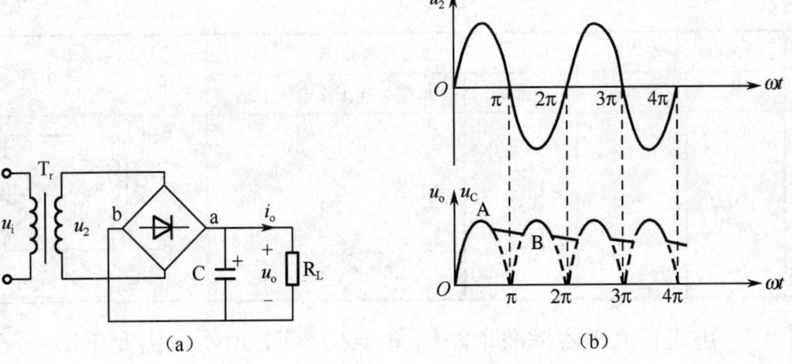

图 1-2-2　桥式整流电容滤波电路

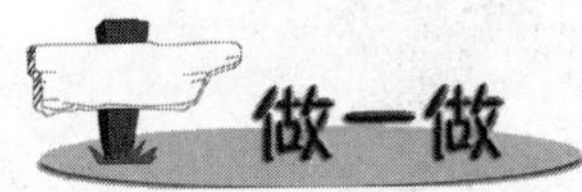

（1）对照图 1-2-2（a）接好电路并复查，通电检测。

（2）未接入滤波电容，示波器观察负载 R_L 两端电压波形并记录。

（3）接入滤波电容，示波器观察负载 R_L 两端电压波形并记录。

比较两次观察的波形，接入滤波电容后，波形有怎样的改善？是不是变得平滑呢？电容容量的大小对滤波有没有影响呢？

第 3 步：估算电容滤波电路参数

各种整流电路经电容滤波后，电路参数会发生变化，估算电容滤波电路的主要参数可以合理的选择整流元件和滤波元件。表 1-2-1 为不同整流滤波电路的计算参数。

表 1-2-1　常用整流滤波电路的主要参数

滤波电路形式	输出电压平均值 U_O		二极管参数		电路原理图
	有载时	空载时	电流 I_{VD}	最高反向工作电压 U_{RM}	
半波整流	U_2	$\sqrt{2}U_2$	I_O	$2\sqrt{2}U_2$	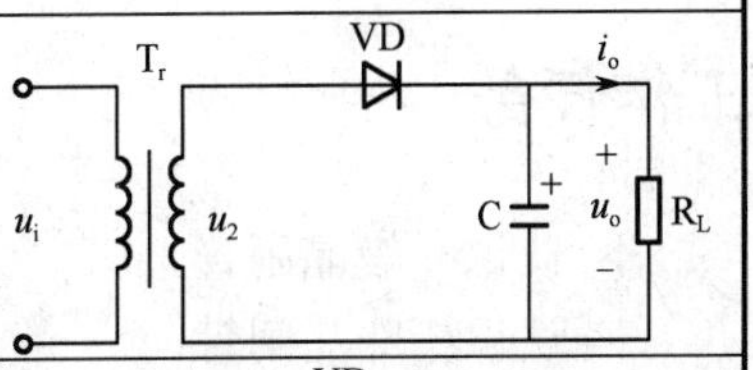
全波整流	$1.2U_2$	$\sqrt{2}U_2$	$0.5I_O$	$2\sqrt{2}U_2$	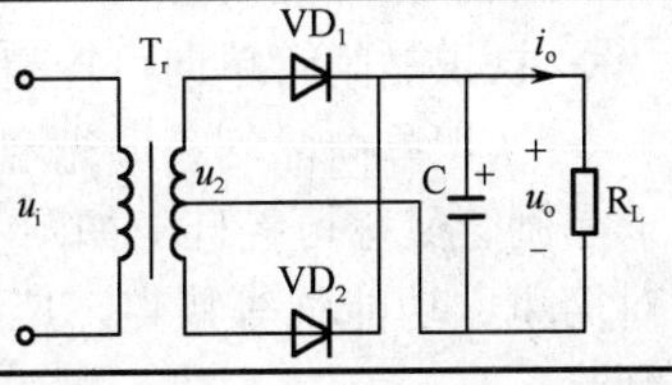

续表

滤波电路形式	输出电压平均值 U_O		二极管参数		电路原理图
	有载时	空载时	电流 I_V	最高反向工作电压 U_{RM}	
桥式整流	$1.2U_2$	$\sqrt{2}U_2$	$0.5I_O$	$\sqrt{2}U_2$	

【例 1-2-1】 一桥式整流电容滤波电路如图 1-2-2（a）所示，由变压器输入 50Hz 的交流市电，要求输出直流电压 24V，I_O=1A，试选择二极管 VD 和滤波电容 C。

解：（1）整流二极管 VD 的选择

查表 1-2-1 可知，通过每个整流管的平均电流为

$$I_{VD}=0.5I_O=0.5\times1A=0.5A$$

取 $U_O=1.2U_2$，则 U_2 为

$$U_2=U_O/1.2=20V$$

$$U_{RM}=U_2=\sqrt{2}\times20V\approx28V$$

查半导体器件手册，由此可选择 2CZ11A（I_F=1A，U_R=100V）型整流管。

（2）滤波电容 C 的选择

因为 $T=1/f=1/50=0.02s$，$R=24V/1A=24\Omega$，

$C\geqslant$（3～5）T/（$2R_L$）=（3～5）×0.05/（2×24）=（0.0031～0.0052）F=（3100～5200）μF

而电容的耐压值取（1.5～2）U_2=2×20V=40V。

故可选择耐压为 40V，容量为 4700μF 的电解电容。

*项目 3 认识与测试晶闸管整流电路

学习目标

✧ 了解晶闸管的基本结构、符号、引脚排列、工作特性等常识。

✧ 了解晶闸管在可控整流、交流调压等方面的应用。

✧ 了解特殊晶闸管的特点。

✧ 了解特殊晶闸管的应用。

工作任务

✧ 认识一般晶闸管。

✧ 认识特殊晶闸管。

✧ 认识晶闸管单向可控整流电路。

✧ 认识单向晶闸管调光台灯电路。

晶闸管又称可控硅，如图 1-3-1 所示，是一种大功率开关型半导体器件，具有体积小、结构相对简单、功能强等特点，广泛应用于各种电子设备和电子产品中，如调光灯、电视机及工业控制等。

图 1-3-1 常用晶闸管

第 1 步：认识一般晶闸管

1. 单向晶闸管结构与符号

晶闸管是 PNPN 四层半导体结构，如图 1-3-2（a）所示，它有三个极：阳极 A、阴极 K 和门极 G。晶闸管工作条件为加正向电压且门极有触发电流。其派生器件有快速晶闸管、双向晶闸管、逆导晶闸管和光控晶闸管等。单向晶闸管也就是人们常说的普通晶闸管，在电路中用图形符号如图 1-3-2（b）所示，文字符号用“V”或“VT”表示。

晶闸管具有硅整流器件的特性，能在高电压、大电流条件下工作，且其工作过程可以控制、被广泛应用于可控整流、交流调压、无触点电子开关、逆变及变频等电子电路中。从晶闸管的电路符号图 1-3-2（b）可以看到，它和二极管一样是一种单方向导电的器件，关键是多了一个控制极 G，这就使它具有与二极管完全不同的工作特性。

2. 双向晶闸管结构与符号

双向晶闸管是在单向晶闸管的基础上研制出的一种新型半导体器件。它是由 NPNPN 五层半导体材料构成的三端半导体材料构成的三端半导体器件，其三个电极分别为主电极 T1、主电极 T2 和门极 G。双向晶闸管的阳极与阴极之间具有双向导电的性能，其内部电路可以等效为由两个普通晶闸管反向并联组成的组合管。双向晶闸管的的结构与符号如图 1-3-4 所示。

晶闸管测试电路如图 1-3-3 所示，晶闸管 VT 与小灯泡 H 串联起来，通过开关 S 接在直流电源E_1上。注意阳极 A 是接电源的正极，阴极 K 接电源的负极，控制极 G 通过按钮开关 SB 接在 E_2 直流电源的正极。晶闸管与电源的这种连接方式称为正向连接，也就是说，给晶闸管阳极和控制极所加的都是正向电压。

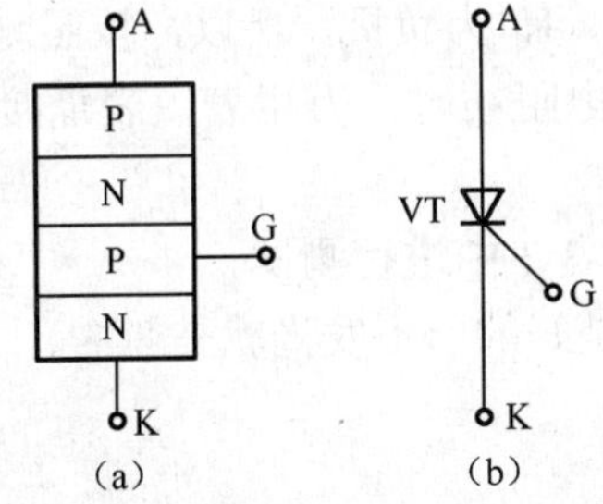

图 1-3-2 单向晶闸管结构与符号

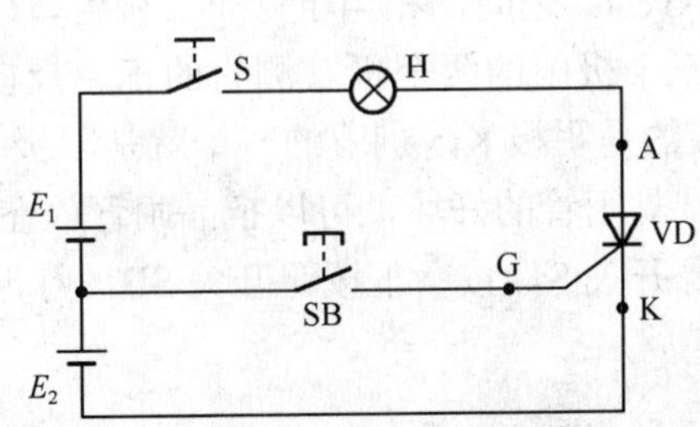

图 1-3-3 晶闸管测试电路

若合上电源开关 S，小灯泡会不亮，说明晶闸管没有导通；再按一下按钮开关 SB，给控制极输入一个触发电压，小灯泡就会亮了，说明晶闸管导通了。

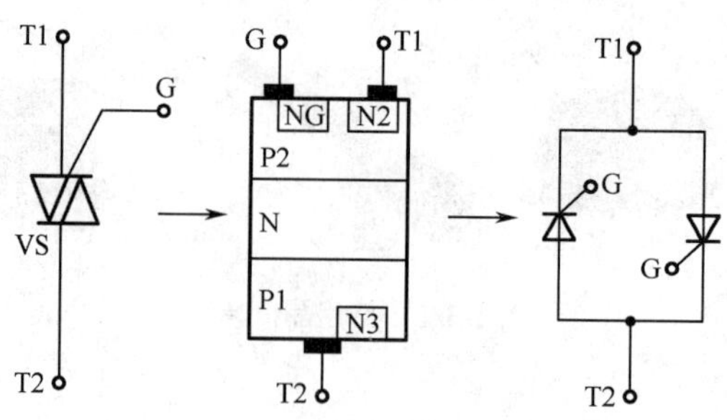

图 1-3-4　双向晶闸管结构与符号

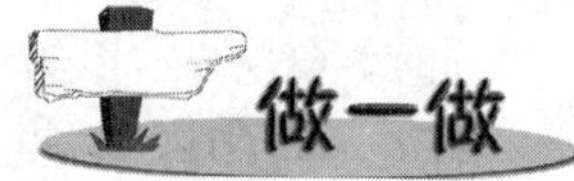

对照图 1-3-3 连接好电路，并接以上所述的过程进行操作，体会晶闸管的控制作用。

以上现象给了我们什么启发呢?

以上现象告诉我们，要使晶闸管导通，一是在它的阳极 A 与阴极 K 之间外加正向电压，二是在它的控制极 G 与阴极 K 之间输入一个正向触发电压。晶闸管导通后，松开按钮开关，去掉触发电压，仍然维持导通状态。

晶闸管的特点是“一触即发”。控制极的作用是通过外加正向触发脉冲使晶闸管导通，却不能使它关断。那么，用什么方法才能使导通的晶闸管关断呢？使导通的晶闸管关断，可以断开阳极电源开关 S 或使阳极电流小于维持导通的最小值（称为维持电流）。如果晶闸管阳极和阴极之间外加的是交流电压或脉动直流电压，那么，在电压过零时，晶闸管会自行关断。

3．简易测试晶闸管

一般来说，用普通指针式万用表可对晶闸管的极性和好坏进行简易测试。

（1）普通单向晶闸管的三个电极可以用万用表欧姆挡 $R\times100$ 挡来检测。

晶闸管 G、K 之间，相当于一个二极管，G 为正极、K 为负极，所以，按照测试二极管的方法，找出三个极中的两个极，测它的正、反向电阻，电阻小时，万用表黑表笔接的是控制极 G，红表笔接的是阴极 K，剩下的一个就是阳极 A 了。

（2）测试晶闸管的好坏，可以把晶闸管放在电路图 1-3-3 中进行测试。

接通电源开关 S，按一下按钮开关 SB，灯泡发光就是好的，不发光就是坏的。

利用以上方法测试实训室所配发的晶闸管，判别其好坏与极性。

第 2 步：认识特殊晶闸管

1. 快速晶闸管

快速晶闸管是一个 PNPN 四层三端器件，如图 1-3-5 所示。其符号与普通晶闸管（见逆阻晶闸管）一样，它不仅要有良好的静态特性，尤其要有良好的动态特性。快速晶闸管的动态参数要求为开通速度和导通扩展速度快，反向恢复电荷少，关断时间短。快速晶闸管在额定频率内其额定电流不随频率的增加而下降或下降很少。而普通晶闸管在 400Hz 以上时，因开关损耗随频率的提高而增大，并且在总损耗中所占比重也增加，所以，其额定电流随频率增加而急速下降。

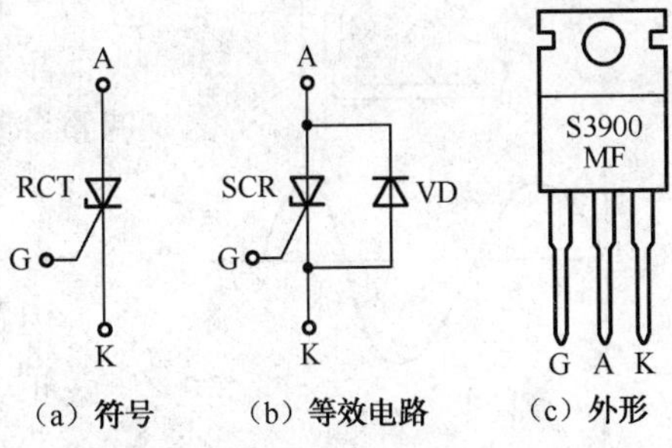

图 1-3-5　快速晶闸管结构与符号

快速晶闸管的结构和工作原理与普通晶闸管相同，但在设计与制造中采取了特殊措施以减少开关耗散功率。通常采用增加门极－阴极周界长度、减薄基区厚度的办法，增加初始导通面积，提高 d*I*/d*t* 耐量和提高扩展速度；采用阴极短路点、非对称结构、掺金、铂或用电子、快中子辐照技术等办法降低少子寿命，提高 d*V*/d*t* 耐量，降低关断时间。

2. 光控晶闸管

光控晶闸管是一种用光信号或光电信号进行触发的晶闸管。它的符号如图 1-3-6（a）所示。光控晶闸管的特点是门极区集成了一个光电二极管，触发信号源与主回路绝缘，它的关键是触发灵敏度要高。光控晶闸管控制极的触发电流由器件中光生载流子提供。光控晶闸管阳极和阴极间加正压，门极区若用一定波长的光照射，则光控晶闸管由断态转入通态。为提高光控晶闸管触发灵敏度，门极区常采用放大门极结构或双重放大门极结构。为满足高的重加电压上升率，常采用阴极发射极短路结构，如图 1-3-6（b）所示。

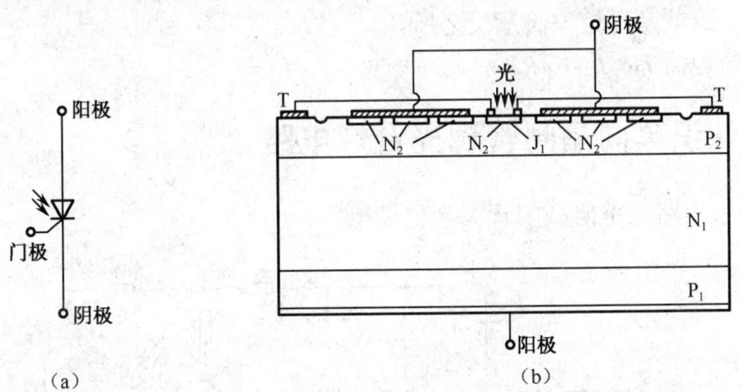

图 1-3-6　快速晶闸管结构与符号

小功率光控晶闸管常应用于电隔离，为较大的晶闸管提供控制极触发；也可用于继电器、自动控制等方面。大功率光控晶闸管主要用于高压直流输电。

第 3 步：认识晶闸管单向可控整流电路

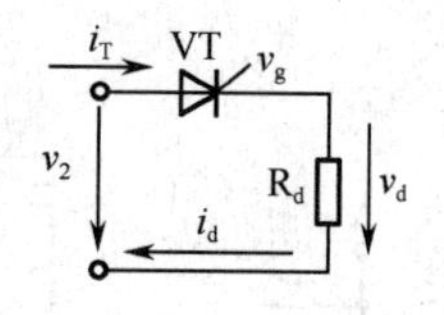

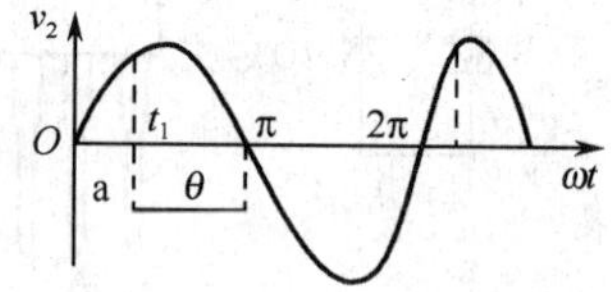

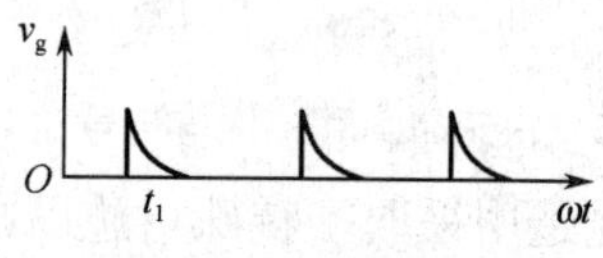

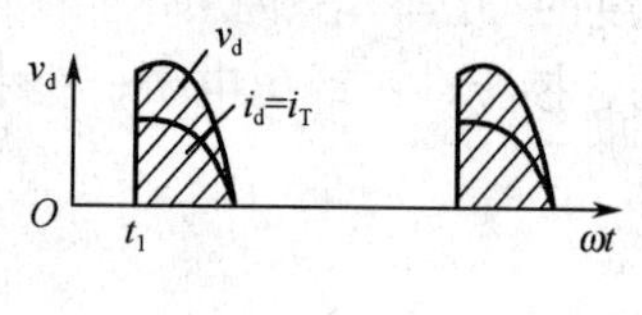

图 1-3-7

可控整流就是把交流电变成可调的直流电供给负载。由晶闸管组成的可控整流电路依据交流电源的相数和电路结构的不同，可以分为单相半波、单相桥式、三相零式和三相桥式等形式。

单相半波可控整流电路实际应用比较少，但是电路结构简单，调整容易，而且对理解可控整流原理十分方便。

1. 工作原理

电路和波形如图 1-3-7 所示，设 $v_2 = \sqrt{2}V_2 \sin \omega t$ 。

正半周：

$0<t<t_1$，$v_g=0$，VT 正向阻断，$i_d=0$，$v_T=v_2$，$v_d=0$。

$t=t_1$ 时，加入 v_g 脉冲，VT 导通，忽略其正向压降，$v_T=0$，$v_d=v_2$，$i_d=v_d/R_d$。

负半周：

$\pi \leqslant t<2\pi$，当 v_2 自然过零时，VT 自行关断而处于反向阻断状态，$v_T=-v_2$，$v_d=0$，$i_d=0$。

从 0 到 t_1 的电度角为α，称为控制角。从 t_1 到π的电度角为θ，称为导通角，显然$\alpha + \theta = \pi$。当$\alpha=0$，$\theta=180°$ 时，可控硅全导通，与不控整流一样，当$\alpha=180°$，$\theta=0°$ 时，晶闸管全关断，输出电压为零。

2. 各电量关系

v_d 其平均值（直流电压）：$V_d=(0.45V_2)[1+\cos\alpha)/2]$

由上式可见，负载电阻 R_d 上的直流电压是控制角α的函数，所以改变α的大小就可以控制直流电压 V_d 的数值，这就是可控整流意义之所在。

流过 R_d 的直流电流 I_d：$I_d=V_d/R_d$

第 4 步：认识单向晶闸管调光台灯电路

如图 1-3-8 所示电路是单向晶闸管调光台灯电路。

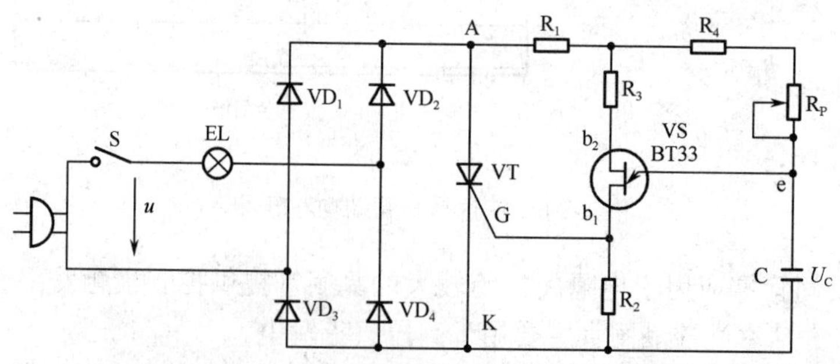

图 1-3-8　单向晶闸管调光台灯电路

调光台灯的电路如图 1-3-8 所示，它是一个由可控整流电路和触发电路组成的晶闸管调压装置。图中，二极管 VD_1～VD_4 组成桥式整流电路，双基极二极管 VS 构成的张弛振荡器作为晶闸管的同步触发电路。如图 1-3-9（a）所示，当合上开关接通市电后，市电交流电通过白炽灯经二极管 VD_1～VD_2 整流，在晶闸管 VT 的 A、K 两端形成一个脉动直流电压（如图 1-3-9（b）所示），该电压由电阻 R_1 降压后作为触发电路的直流电源。在交流电的正半周时，整流电压通过 R_4、R_P 对电容 C 充电，当充电电压 U_C 达到 VS 管的峰点电压 U_P 时，VS 管由截止变为导通，于是电容 C 两端的电压通过 V 管的 e、b_1 结和 R_2 迅速放电，结果在 R_2 上获得一个尖脉冲（如图 1-3-9（c）所示），这个尖脉冲作为控制信号送到晶闸管 VT 的控制极 G，使晶闸管导通。晶闸管导通后的管压降很低，一般小于 1V，所以张弛振荡器停止工作。当交流电通过零点时，晶闸管自动关断。当交流电处于负半周时，电容 C 又重新充电，如此周而复始，便在白炽灯泡两端形成如图 1-3-9（d）所示的电压波形。

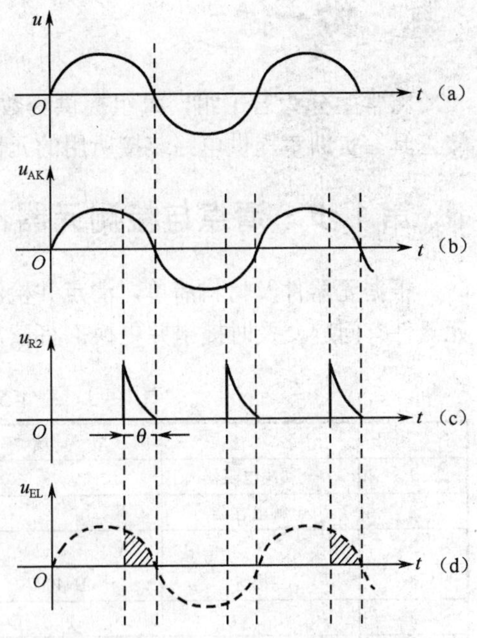

图 1-3-9　单向晶闸管调光台灯电路波形图

调节电位器 R_P 可以改变电容 C 的充电速度，即可改变晶闸管导通时间的长短，从而控制了可控整流器的输出电压。当 R_P 调到阻值较大时，电容 C 充至 U_P 电压的时间较长，因此，晶闸管的导通角 θ 比较小，可控整流器输出的电压较低，灯泡较暗；反之，当 R_P 调到阻值较小时，晶闸管的导通角 θ 比较大，输出电压较高，灯泡就较亮。正常情况下，调节 R_P 能使灯泡两端的电压在 0～200V 范围内变化，从而有效地控制了台灯的明暗程度。

项目 4　制作与测试整流滤波电路

学习目标

- ✧ 在焊接训练的基础上，能焊接整流、滤波电路。
- ✧ 会用万用表和示波器测量相关电量参数和波形。
- ✧ 通过实验，了解滤波元件参数对滤波效果的影响。

工作任务

- ✧ 清点与检测元器件。
- ✧ 制作整流滤波电路。
- ✧ 测试整流滤波电路。

将学生分为若干组，每组提供函数信号发生器、示波器各一台，万用表一块，学生自备焊接工具。实训室提供电路装接所用的元器件及器材，见表 1-4-1。

第 1 步：清点与检测元器件

根据元器件及材料清单，清点并检测元器件。将测试结果填入表 1-4-1，正常的填"√"，如元器件有问题，及时提出并更换。将正常的元器件对应粘贴在表 1-4-1 中。

表 1-4-1 制作整流滤波电路项目元器件及器材清单

序 号	名 称	型号规格	数 量	配件图号	测试结果	元件粘贴区
1	金属膜电阻器		1	R_L		
2	电解电容器		2	C_1		
3				C_2		
4	二极管	1N4007	4	VD_1		
5				VD_2		
6				VD_3		
7				VD_4		
8	拨动开关		2	S_1		
9				S_2		
10	印制电路板	配套	1			
11	焊锡、松香		若干			
12	连接导线		若干			

第 2 步：制作整流滤波电路

整流滤波电路的电路图与装配图，分别如图 1-4-1、图 1-4-2 所示。根据电路图和装配图，完成电路装接。

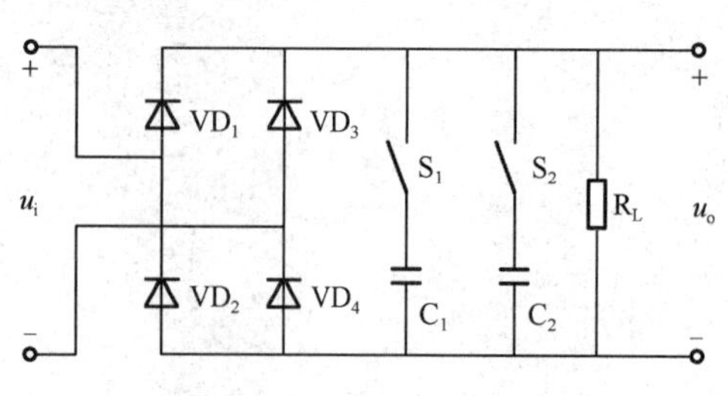

图 1-4-1 整流滤波电路图

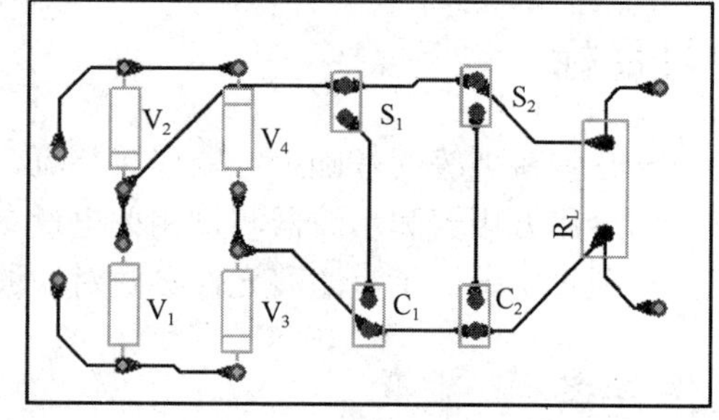

图 1-4-2 整流滤波电路的装配图

友情提醒

装配焊接时应注意以下要求：（1）按装配图进行装接，不漏装、错装，不损坏元器件；

（2）焊接电解电容与二极管时，一定要注意极性；（3）无虚焊，漏焊和搭锡；（4）元器件排列整齐并符合工艺要求。

第 3 步：测试整流滤波电路

调节函数信号发生器，输出 50Hz，$20V_{P-P}$ 的正弦信号。检查各元器件装配无误后，进行以下测试。

1．S_1、S_2 均断开

用示波器观察 u_i 和 u_o 的波形，并在图 1-4-3 中定性画出。用万用表的交流电压挡测量 u_i 的有效值 U_i，用万用表的直流电压挡测量 u_o 的平均值 U_o，记录数据如下：U_i =____________；U_o=______________。

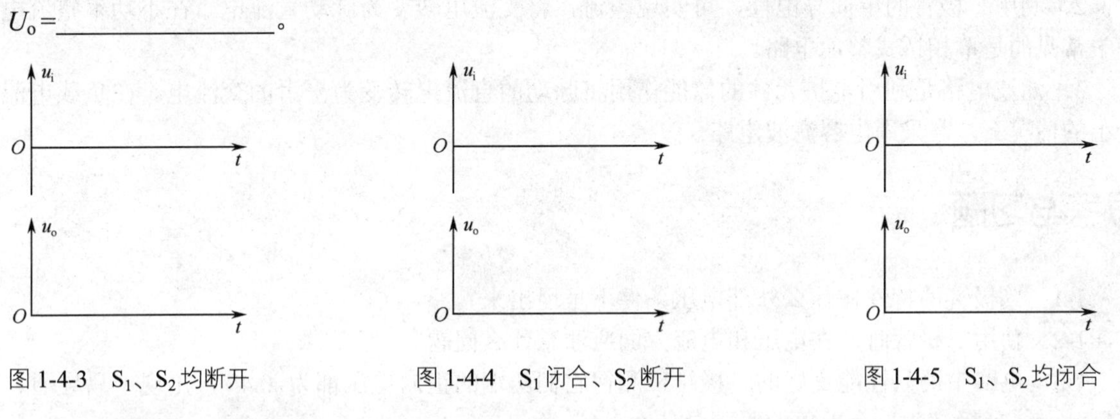

图 1-4-3　S_1、S_2 均断开　　图 1-4-4　S_1 闭合、S_2 断开　　图 1-4-5　S_1、S_2 均闭合

分析 U_o 与 U_i 的关系：

2．S_1 闭合、S_2 断开

用示波器观察 u_i 和 u_o 的波形，并在图 1-4-4 中定性画出。用万用表的交流电压挡测量 u_i 的有效值 U_i，用万用表的直流电压挡测量 u_o 的平均值 U_o，记录数据如下：U_i =____________；U_o=______________。

分析 U_o 与 U_i 的关系：

3．S_1、S_2 均闭合

用示波器观察 u_i 和 u_o 的波形，并在图 1-4-5 中定性画出。用万用表的交流电压挡测量 u_i 的有效值 U_i，用万用表的直流电压挡测量 u_o 的平均值 U_o，记录数据如下：U_i =____________；U_o=______________。

分析 U_o 与 U_i 的关系：

友情提醒

测试时应注意以下要求：（1）电路装接好之后才可通电，不能带电改装电路；（2）交流“接地”与直流“接地”不同。这一点，在对电路进行测试时尤需注意，以免损坏仪器仪表。

1．滤波电容的大小与滤波效果之间有什么关系？

2．电容滤波电路适用于电阻值大一些的还是小一些的负载？为什么？

单元小结

1．二极管是一种具有单向导电性的半导体器件，其工作特性用伏安特性曲线来表示。锗管的死区电压约为0.1V，导通压降约为0.3V；硅管的死区电压约为0.5V，导通压降约为0.7V。

2．利用二极管的单向导电性，可实现整流，将交流电转变为脉动直流电。在小功率整流电路中常见的是单相桥式整流电路。

3．滤波电路是利用电抗元件的储能作用将脉动的直流电转变为平滑的交流电。在负载电流较小的情况下，常采用电容滤波电路。

思考与习题

1-1　二极管的特性在什么外部电压条件下呈现出来？

1-2　使用二极管时，在电压和电流方面应注意什么问题？

1-3　电路中两只性能良好的二极管，测得它们两端的正向电压都为 0.4V，出现一只导通、一只截止，分析产生这个现象的原因是什么？

1-4　简述用万用表测试二极管极性和质量的方法？

1-5　电路如习题 1-1 图所示，判别图（a）、图（b）、图（c）和图（d）中二极管的工作状态是什么？U_{AO} 两端的电压是多少？

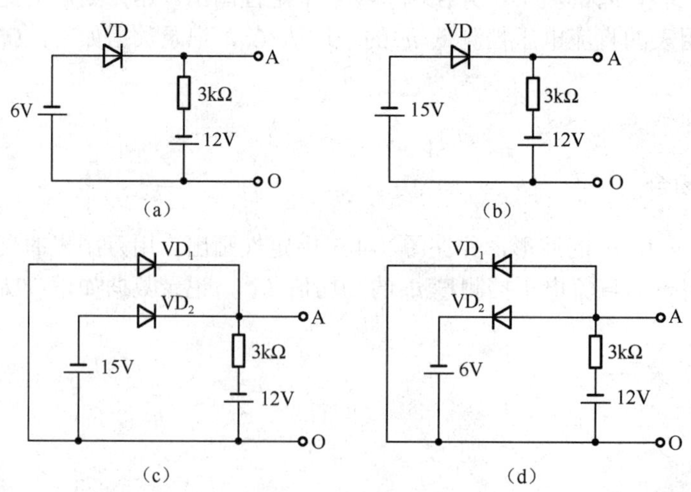

习题 1-1 图

1-6　电路如习题 1-2（a）图和习题 1-2（b）图所示，二极管是理想的，如果 u_i=10sinωt(V)，试作出 u_0 的波形图？

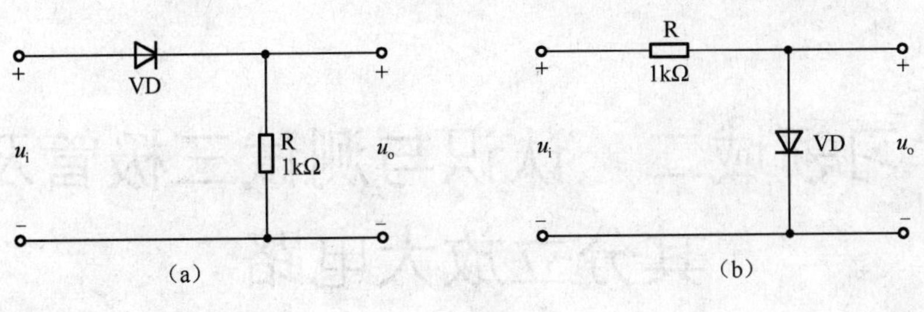

习题 1-2 图

1-7　什么是整流？二极管整流电路有那些类型，试分别画出原理图？

1-8　整流电路是利用二极管的什么特性进行整流？如何选择单相桥式整流电路中的二极管？

1-9　在单相桥式整流电路制作过程中，桥臂上的二极管应怎样连接？如果其中某一只连接错误，会出现什么问题？怎样解决？

1-10　如果桥臂上的 VD_2 脱焊，输出电压的波形有无变化？为什么？

学习领域二　认识与测试三极管及其分立放大电路

领域简介

本领域重点通过学习半导体三极管的基本知识，掌握三极管电流分配关系和电流放大作用，以及输入和输出特性，在此基础上，制作和搭接三极管共射极放大电路，认识场效应管放大电路、多级放大电路、低频功率放大电路，观察并测试其工作状态，理解其工作原理。

项目 1　认识与测试半导体三极管

学习目标

✧ 掌握三极管的结构及符号，能识别引脚；
✧ 了解三极管的电流分配关系和电流放大特点；
✧ 了解三极管的特性曲线、主要参数，以及温度对特性的影响；
✧ 会检测三极管的质量、电极和类型。

工作任务

✧ 认识半导体三极管；
✧ 判别三极管的类型和电极；
✧ 测试三极管的电流分配与放大作用；
✧ 测试三极管共射输入/输出特性；
✧ 合理选用三极管。

第 1 步：认识半导体三极管

你见过半导体三极管吗？你知道它的应用吗？

晶体三极管是由两个 PN 结构成的一种具有电流放大作用的半导体器件。根据 P 型半导体和 N 型半导体的组合方式不同，可分为 PNP 型和 NPN 型两种。它的种类很多，按材料分，有硅管和锗管；按功率大小分，有大、中、小功率管；按工作频率分，有高频管和低频管等。

1. 三极管的结构与符号

如图所示 2-1-1（a）、2-1-2（a）为 NPN 型和 PNP 型三极管结构示意图。两种类型的三极管都有三个区、两个 PN 结和三个电极。三个区分别称为集电区、基区、发射区；由发射区与基区形成的 PN 结称为发射结，由集电区与基区形成的 PN 结称为集电结；从三个取引出来的电极分别称为集电极（用字母 C 或 c 表示）、基极（用字母 B 或 b 表示）和发射极（用字母 E 或 e 表示）。

PNP 型 NPN 型三极管的符号的区别是发射极箭头指向不同，PNP 型三极管的发射极箭头朝内，NPN 型三极管的发射极箭头朝外，箭头方向均表示电流流过发射极的方向。三极管的电气符号如图 2-1-1（b）、2-1-2（b）所示。在电路中三极管文字符号常用字母“VT”来表示。

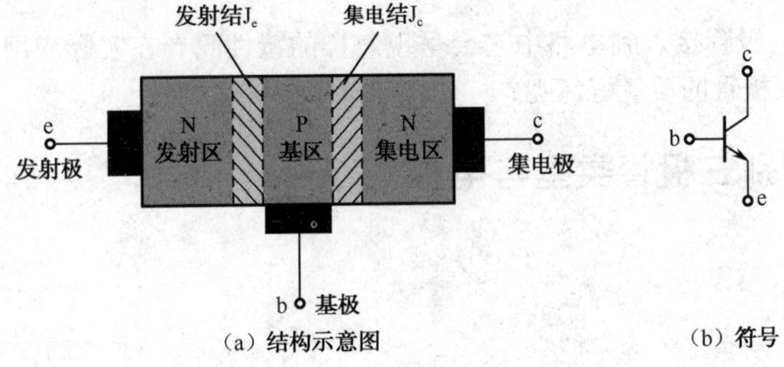

图 2-1-1　NPN 型三极管结构示意图和符号

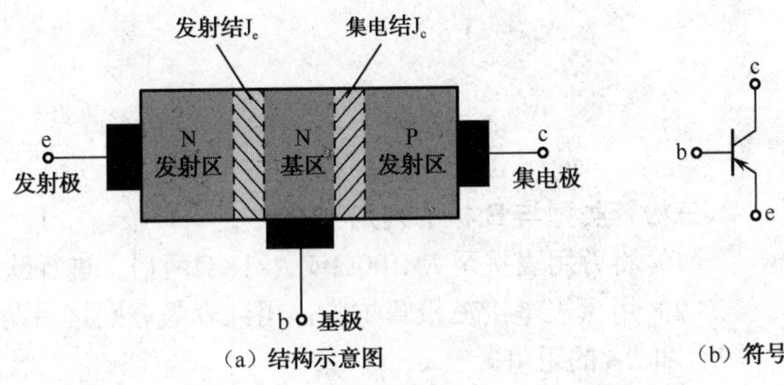

图 2-1-2　PNP 型三极管结构示意图和符号

为了保证三极管具有电流放大作用，在制造三极管时，基区做得很薄，一般只有几微米到几十微米厚。同时，使发射区的掺杂浓度（多数载流子浓度）比基区和集电区的掺杂浓度大得多，但集电区的体积做得比发射区要大，所以使用时，三极管不能用两个二极管代替，也不可以将发射极和集电极互换使用。

2. 三极管在电路中的基本连接方式

利用晶体三极管组成的放大电路可把其中一个电极作为信号的输入端，一个电极作为信号的输出端；另一个电极作为输入/输出回路的共同端。根据共同端的不同，三极管有三种连接方式（三种组态）：共发射极接法、共集电极接法、共基极接法。三种组态如图 2-1-3 所示。

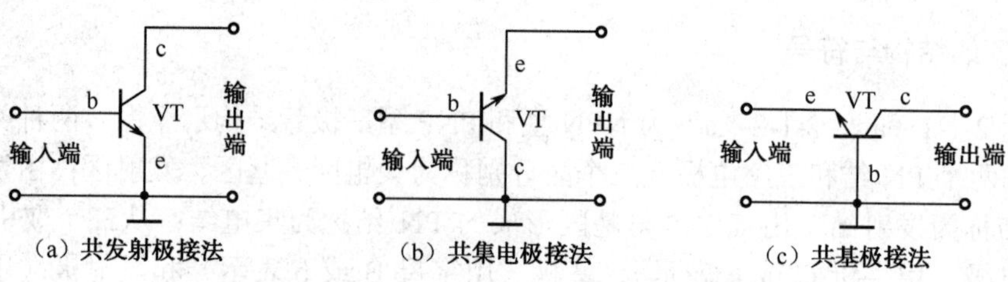

图 2-1-3　三极管在电路中的三种基本连接方式

如果将半导体三极管接入到电路中它会呈现怎样的特性呢？在实际应用中，我们又是如何选用三极管和判别三极管的质量好坏呢？

第 2 步：判别三极管类型与电极

由实训室提供不同型号的小功率三极管，在老师的指导下用万用表正确判别三极管的类型和电极。

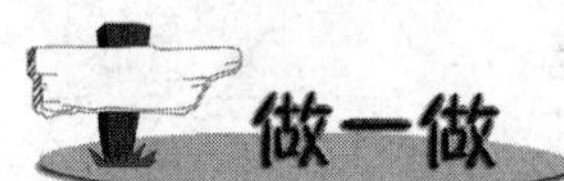

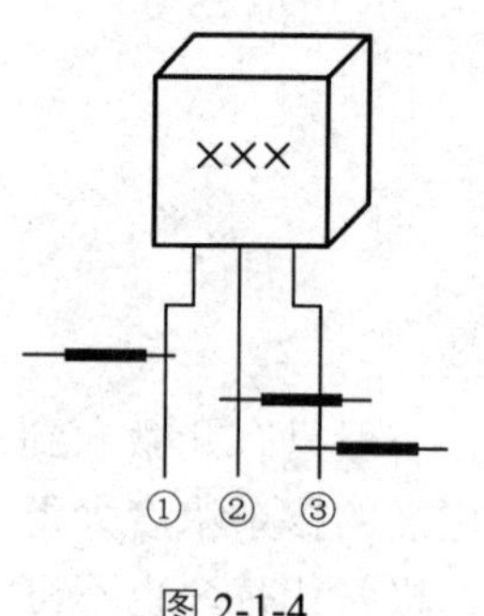

图 2-1-4

三极管类型与 B 极的判别

（1）将万用表拨至 $R\times100\Omega$或 $R\times1\text{K}\Omega$两挡。进行欧姆调零。

（2）用黑表笔接三极管①脚，用红表笔分别接另两个引脚②、③。测得 R_{12} 和 R_{13} 的阻值。

（3）再用黑表笔接三极管②脚，用红表笔分别接另两个引脚①、③。测得 R_{21} 和 R_{23} 的阻值。

（4）再用黑表笔接三极管脚③，用红表笔分别接另两个引脚①、②。测得 R_{31} 和 R_{32} 的阻值。

（5）表 2-1-1 是根据以上方法实际测试的部分三极管的数据。

表 2-1-1　判断三极管的类型和 B 极

三极管名称	挡　位	黑表笔接①脚		黑表笔接②脚		黑表笔接③脚		基　极	类　型
		R_{12}	R_{13}	R_{21}	R_{23}	R_{12}	R_{13}		
C9013	$R\times1\text{k}\Omega$								
C9014	$R\times1\text{k}\Omega$								
C9012	$R\times1\text{k}\Omega$								
C8050	$R\times1\text{k}\Omega$								

续表

三极管名称	挡　位	黑表笔接①脚		黑表笔接②脚		黑表笔接③脚		基　极	类　型
		R_{12}	R_{13}	R_{21}	R_{23}	R_{12}	R_{13}		
C8550	R×1kΩ								
C1815	R×1kΩ								
A1015	R×1kΩ								

你能从以上数据中寻找出判别三极管类型和 B 极的规律吗？将你所判定的结论填入到表中。

从表 2-1-1 测试结果可以看出，利用 PN 结的单向导电性来判别三极管的类型，若万用表的黑表笔固定接三极管的一个引脚，红表笔接其他两脚，两次阻值都很小（约几千欧或几十千欧）且大致相等，则黑表笔所接的引脚为基极，且三极管为 NPN 型。若万用表的红表笔固定接三极管的一个引脚，黑表笔接其他两脚，两次阻值都很小（约几千欧或几十千欧）且大致相等，则红表笔所接的引脚为基极，且三极管为 PNP 型。

NPN 型集电极和发射极的判别

（1）将万用表拨至 R×100Ω或 R×1kΩ两挡。进行欧姆调零。

（2）在确定基极的基础上，按图 2-1-5（a）左图正确连接，假设①脚为集电极 c，在基极和假定的集电极 c 之间接入人体电阻（用手捏着两引脚），黑表笔接假定的集电极 c，红表笔接假设的发射极 e，指针________（偏转/不偏转），R_{13}=________。

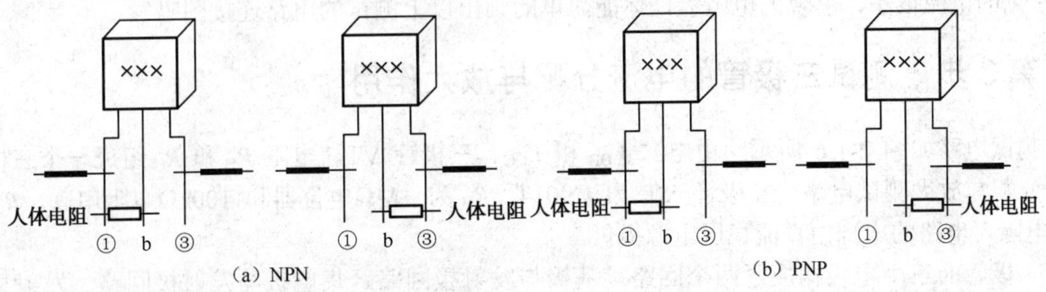

图 2-1-5　三极管集电极和发射极的判别

（3）在确定基极的基础上，按图 2-1-5（a）右图正确连接，假设③脚为集电极 c，在基极和假设的集电极 c 接入人体电阻（用手捏着两引脚），黑表笔接假定的集电极 c，红表笔接假设的发射极 e，指针________（偏转/不偏转），R_{31}=________。

比较两次测得的阻值大小，R_{13}________（大于/小于/等于）R_{31}。则指针摆动幅度大，即阻值较小的一次假设________（①/③）脚为 c 极正确。

PNP 型集电极和发射极的判别

（1）将万用表拨至 $R\times100\Omega$或 $R\times1k\Omega$两挡。进行欧姆调零。

（2）在确定基极的基础上，按图 2-1-5（b）左图正确连接，假设①脚为集电极 c，在基极和假设的集电极 c 接入人体电阻（用手捏着两引脚），红表笔接假设的集电极 c，黑表笔接假设的发射极 e，指针________（偏转/不偏转），R_{13}=________。

（3）在确定基极的基础上，按图 2-1-5（b）右图正确连接，假设③脚为集电极 c，在基极和假设的集电极 c 接入人体电阻（用手捏着两引脚），红表笔接假设的集电极 c，黑表笔接假设的发射极 e，指针________（偏转/不偏转），R_{31}=________。

比较两次测得的阻值大小，R_{13}________（大于/小于/等于）R_{31}。则指针摆动幅度大，即阻值较小的一次假设________（①/③）脚为 c 极正确。

议一议

判别三极管的集电极和发射极，实质上是利用了三极管的电流放大作用，当万用表、人体电阻和三极管正确连接时，流过三极管 C、E 间的电流很大，呈现的电阻小，而错误连接时，C、E 见的电流很小，呈现的电阻大，你能简单的画出以上测试的电路连接图吗？

第 3 步：测试三极管的电流分配与放大作用

测试电路如图 2-1-6 所示，由电源 V_{BB}和 V_{CC}、三极管 VT、电阻 R_B和 R_C组成一个三极管电流分配与放大测试电路。三极管 VT 为 C9014，R_B为 1MΩ电位器和 100kΩ电阻串联，R_C为 1kΩ电阻，电路的电源由直流稳压电源提供。

三极管的三个电极构成了两个回路：基极与发射极回路、集电极与发射极回路。发射极是两个回路的公共端，所以此种接法的电路称为共发射极电路。电源 V_{BB}经电阻 R_B给发射结加上正向电压，V_{CC}经 R_C给集电结加上反向电压，发射结加较小的正向电压，集电结加较大的反向电压，这是保证三极管具有电流放大作用的外部条件。

调节电位器的阻值，基极电流 I_B会发生变化，集电极电流 I_C和发射极电流 I_E也相应地发生变化。

对照实训室提供的器件和仪器，在老师的指导下正确识读器件，使用直流稳压电源。

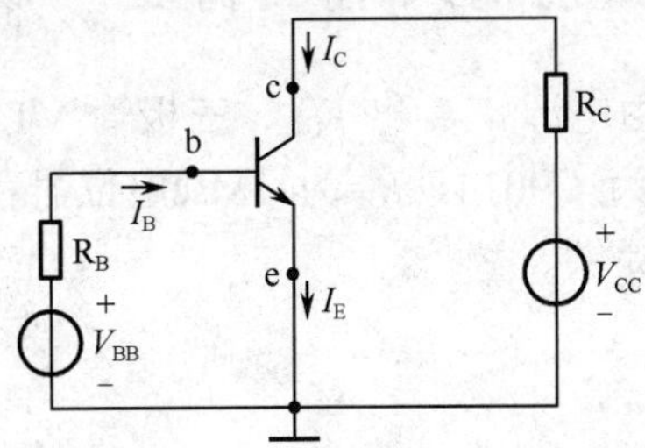

图 2-1-6　NPN 型三极管各极电流分配关系的测量

（1）对照图 2-1-6 接好电路，在基极回路串接 μA 电流表，在发射极和集电极回路中串接 mA 电流表。

（2）接入电源电压 V_{BB}=0V、V_{CC}=12V，观察三极管集电极回路 mA 表中有无集电极电流，并记录。

（3）调节电源电压 V_{BB} 为 6V，调节电位器使 I_B 为表 2-1-2 中所给的各数值，并测出此时相应 I_C 和 I_E 的值，求出 I_C/I_B 值，填入表中。

表 2-1-2　三极管各极电流分配关系的测量

I_B（μA）	0	10	20	30	40	50
I_C（mA）						
I_E（mA）						
I_C/I_B						

根据表 2-1-2 中的数据可以看出，I_B 有一个微小的变化，就能引起 I_C 有较大的变化，我们称这种现象为三极管的电流放大作用。电流放大作用的实质是通过改变________（$I_B/I_C/I_E$）的大小，达到控制________（$I_B/I_C/I_E$）的目的，因此晶体三极管是一种________（电流/电压）控制元件。且 I_C/I_B 的值在 I_B 变化时________（会/基本不会）发生明显变化。

从表 2-1-2 中也可以看出 I_E≈________（I_B/I_C）和 I_E =________[（I_C+I_B）/ I_B]。

三极管实现电流放大作用的外部条件，就是给它设置合适的偏置电压，即在发射结加正向

电压（正向偏置），在集电结加反向电压（反向偏置）。那么从三极管各管脚电位的大小来比较，NPN 管共射极放大电路 U_C、U_B、U_E 三者关系是怎样的？如果是 PNP 管共射极放大电路，又是怎样的呢？

第 4 步：测试三极管共射输入/输出特性

测试电路如图 2-1-7 所示，由电源 V_{BB} 和 V_{CC}、三极管 VT、电阻 R_B 和 R_C 组成一个三极管电流放大测试电路。三极管 VT 为 C9014，R_B 为 1MΩ电位器和 100kΩ电阻串联，R_C 为 1kΩ电阻，电路的电源由直流稳压电源提供。

对照实训室提供的器件和仪器，在老师的指导下正确识读器件，使用直流稳压电源。

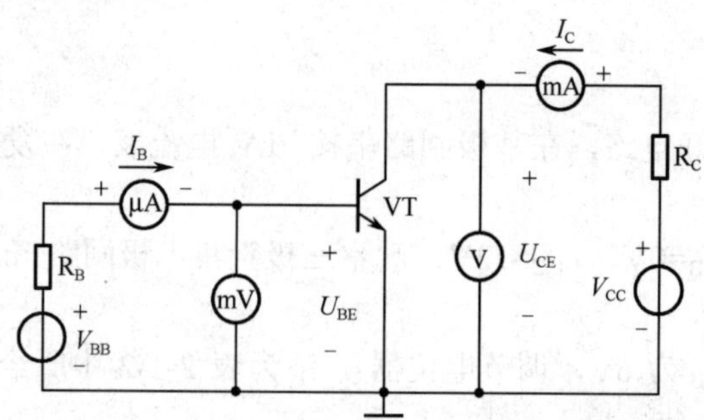

图 2-1-7　测量三极管共射特性曲线电路

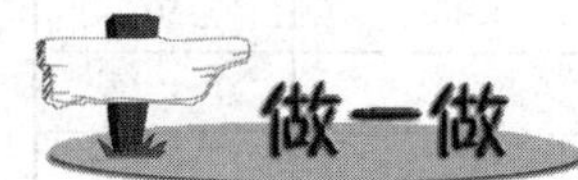

测量三极管共射输入特性曲线

（1）对照图 2-1-7 接好电路并复查，通电检测。

（2）在基极回路串接 μA 电流表，在集电极回路串接 mA 电流表。（在实际测量中，电压表和电流表不要同时接入电路中）

（3）不接电源电压 V_{CC}，将三极管 c，e 间短路（相当于 U_{CE}=0）。

（4）接入并调节电源电压 V_{BB}，使 U_{BE} 或 I_B 为表 2-1-3 中所给的对应于 U_{CE}=0 时的各数值，并测出此时相应的 I_B 或 U_{BE}，将结果填入表中。

（5）去掉三极管 c-e 间短路线，接入电源电压 V_{CC}=20V（此时可保证 U_{CE}>1V），测得 U_{CE}=________V。

（6）调节电源电压 V_{BB}，使 U_{BE} 或 I_B 为表 2-1-3 中所给的对应于 U_{CE}>1V 时的各数值，并测出此时相应的 I_B 或 U_{BE} 值，将结果填入表 2-1-3 中。

（7）根据表 2-1-3 的测试结果，以 I_B 为纵坐标，U_{BE} 为横坐标，绘制三极管共射输入特性曲线（两条）。

表 2-1-3　三极管共射输入特性曲线的测量

U_{CE}=0	U_{BE}（V）	0	0.2						
	I_B（μA）			10	20	40	60	80	80
U_{CE}＞1V	U_{BE}（V）	0	0.5						
	I_B（μA）			10	20	40	60	80	80

根据输入特性曲线可得：（1）U_{CE}=0 时，相当于 c、e 间________（短路/断路），这时的三极管相当于两个二极管________（串联/并联），所以它和二极管的________（正向/反向）伏安特性相似。（2）U_{CE}＞1V，曲线形状________（发生变化/基本不变），曲线位置随 U_{CE} 的增加向________（左/右）平移。（3）和二极管相似，三极管发射结也存在门坎电压（或死区电压）。小功率硅管约为 0.5V，锗管约为 0.2V。（4）工作时发射结正向导通压降变化不大，硅管约为 0.7V，锗管约为 0.3V。

由此可知，三极管共射输入特性曲线的定义：当集电极与发射极之间的电压 U_{CE} 一定时，基极与发射极之间电压 U_{BE} 与基极电流 I_B 之间的关系曲线。

测量三极管共射输出特性曲线

（1）对照图 2-1-7 接好电路并复查，通电检测。

（2）在基极回路串接μA 电流表，在集电极回路串接 mA 电流表。

（3）接入电源电压 V_{BB}=0V，V_{CC}=30V。

（4）调节电源电压 V_{BB}，使 I_B 为表 2-1-4 中所给的各数值；对应于每一个 I_B，调节电源电压 V_{CC} 使 U_{CE} 为表 2-1-4 中所给的各数值，测出此时相应的 I_C 值，将结果填入表 2-1-4 中。

（5）根据表 2-1-4 的测试结果，以 I_C 为纵坐标，U_{CE} 为横坐标，在同一个坐标系中，画出对应于每一个 I_B 的三极管共射输出特性曲线（曲线簇）。

表 2-1-4　三极管共射输出特性曲线的测量

I_B=80μA	U_{CE}（V）	10	5	2	1	0.5	0.3	0.2	0.1	0
	I_C（mA）									
I_B =60μA	U_{CE}（V）	10	5	2	1	0.5	0.3	0.2	0.1	0
	I_C（mA）									
I_B =40μA	U_{CE}（V）	10	5	2	1	0.5	0.3	0.2	0.1	0
	I_C（mA）									
I_B =20μA	U_{CE}（V）	10	5	2	1	0.5	0.3	0.2	0.1	0
	I_C（mA）									
I_B =0	U_{CE}（V）	10	5	2	1	0.5	0.3	0.2	0.1	0
	I_C（mA）									

根据输出特性曲线图，可分成三个工作区来分析三极管的工作状态。(1) 截止区是指所作曲线图中 $I_B=0$ 曲线下面的区域，在 $I_B=0$ 时，I_C 并不等于 0，这个电流称为穿透电流，记作 I_{CEO}。三极管在截止区时，发射结________（正偏/反偏），集电结________（正偏/反偏）。三极管各极之间呈高阻状态。(2) 饱和区是指 $U_{CE}\leqslant U_{BE}$ 的区域。I_C 不受 I_B 的控制，各极之间的电压很小，而电流却较大，呈现低阻状态，故各极之间可近似看成短路。三极管饱和时的电压称为饱和压降，记作 U_{CES}，小功率硅管的 U_{CES} 约为 0.3V，锗管的 U_{CES} 约为 0.1V。在饱和区，发射结________（正偏/反偏），集电结________（正偏/反偏），三极管________（能/不能）起电流放大作用。(3) 放大区，饱和区和截止区之间的区域为放大区，在这个区域里三极管具有电流放大作用。此时集电极电流 I_C 仅受 I_B 的控制，这就是三极管的电流受控特性。对于一定的 I_B，基本不受 U_{CE} 的影响，即 U_{CE} 变化时 I_C 基本不变，这就是三极管的恒流特性。三极管在放大区时，发射结________（正偏/反偏），集电结________（正偏/反偏）。

由此可知，三极管共射输出特性曲线的定义：当基极电流 I_B 一定时，集电极电流 I_C 与集电极—发射极之间的电压 U_{CE} 关系曲线。

第 5 步：合理选用三极管

三极管的参数用来表征其性能优劣和适用的范围，是合理选用三极管的依据。那么哪些参数是三极管选择的关键参数呢？

1. 三极管的主要性能参数

（1）电流放大系数

① 共发射极直流放大系数 $\overline{\beta}\,(h_{FE})$ 为

$$\overline{\beta}=\frac{I_C}{I_B}$$

② 共发射极交流放大系数 $\beta\,(h_{fe})$ 为

$$\beta=\frac{\Delta I_C}{\Delta I_B}$$

三极管的电流放大系数是反映三极管电流放大能力强弱的参数。同一个三极管，$\overline{\beta}$ 和 β 的数值不完全相同，但在同等工作条件下却比较接近，因此，工程计算时认为 $\overline{\beta}\approx\beta$。选用三极管时 β 值应适当，一般 β 值太大的管子工作稳定性比较差。

（2）极间反向饱和电流

① 集电极—基极间反向饱和电流 I_{CBO}

它是指发射极开路，集电结在反向电压作用下形成的反向电流。受温度的影响很大，它随温度的升高而增加。常温下，小功率硅管的 I_{CBO} 小于 1μA，锗管的 I_{CBO} 约为几微安到几十微安左右。图 2-1-8（a）是 I_{CBO} 的测试示意图。

② 集电极—发射极间反向饱和电流 I_{CEO}

它是指基极开路，集电极—发射极间加上一定值的电压时，流过集电极和发射极之间的电流，又称穿透电流。图 2-1-8（b）是 I_{CEO} 的测试示意图。

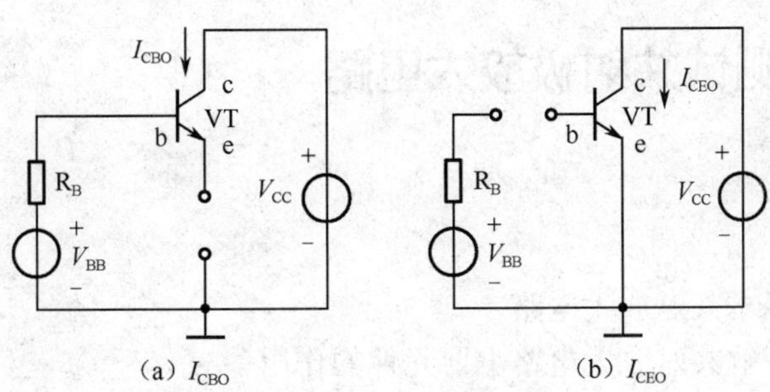

（a）I_{CBO}　（b）I_{CEO}

图 2-1-8　I_{CBO} 与 I_{CEO} 的示意图

I_{CEO} 与 I_{CBO} 的关系为

$$I_{CEO}=(1+\beta)I_{CBO}$$

I_{CEO} 受温度影响更大，在选用三极管时，要求选用 I_{CEO} 小的管子。小功率硅管的 I_{CEO} 在几微安以下，锗管约为几十微安到几百微安左右。

极间反向饱和电流是衡量三极管工作稳定性好坏的重要参数，其值越小，管子的工作稳定性越好。硅管的稳定性比锗管好。

在选用管子时要兼顾 $\overline{\beta}$ 和 I_{CBO} 两个参数，盲目地追求 $\overline{\beta}$ 值大的管子，工作时，将因穿透电流 I_{CEO} 过大而导致工作不稳定。

2．三极管的极限参数

（1）集电极最大允许电流 I_{CM}

当集电极电流太大时，电流放大系数 β 就会下降，一般把 β 值下降到规定允许值（2/3）时的集电极电流值称为集电极最大允许电流。使用中若 $I_C>I_{CM}$，可能其 β 值显著下降，但不至于损坏。一般小功率管的 I_{CM} 约为几十毫安，大功率管可达几安培。

（2）最大反向击穿电压

① 集电极—基极反向击穿电压 $U_{(BR)CBO}$　为射极开路时，集电结上允许所加的最高反向电压。一般为几十伏，有的可达几百伏。

② 集电极—发射极反向击穿电压 $U_{(BR)CEO}$　为基极开路时，集—射之间允许所加的最高反向电压。其值比 $U_{(BR)CBO}$ 小一点。

③ 发射极—基极反向击穿电压 $U_{(BR)EBO}$　为集电极开路时，发射结上的允许所加最高反向电压。一般为几伏到几十伏，甚至更小。

（3）集电极最大允许功耗 P_{CM}

三极管工作时，U_{CE} 与 I_C 的乘积功率转化为热能损耗在管子内，表现在集电结的结温升高。锗管允许结温为 70℃左右，硅管可达 150℃左右，超过这个数值将使管子性能变差，甚至烧毁。小功率管 $P_{CM}<1W$，大功率 $P_{CM}>1W$。P_{CM} 还与散热有关，加装散热装置后，P_{CM} 可以大大提高。

三极管的极限参数是当三极管正常工作时，最大的电流、电压、功率等的极限数值。三极管正常工作时超过此极限，就会使三极管性能下降甚至毁坏，因此，P_{CM}、$U_{(BR)CEO}$、I_{CM} 这三个极限参数是关系管子安全运行和选择三极管的依据。

项目 2　认识与测试共射极放大电路

学习目标

✧ 能识读和绘制基本共射放大电路。
✧ 从实例入手，理解共射放大电路主要元件的作用。
✧ 了解放大器直流通路与交流通路。
✧ 了解小信号放大器性能指标（放大倍数、输入电阻、输出电阻）的含义。

工作任务

✧ 认识放大电路。
✧ 认识共射极放大电路。
✧ 分析共射极放大电路工作原理。
✧ 测试共射极放大电路。
✧ 认识工作点稳定电路。

第 1 步：认识放大电路

1. 放大电路的概念

放大电路（即放大器）是电子设备中最普遍的单元电路。放大电路的作用是将微小的电信号（电压或电流）放大到足够大，以便于向负载输出所需要的电信号，而且要求放大的电信号与输入的信号变化规律一致。

图 2-2-1　放大电路的典型应用

利用扩音机放大声音，是电子学中放大的典型实例。传声器（话筒）将微弱的声音信号转换成电信号，经放大电路放大到足够强的电信号后，驱动扬声器（喇叭），使其发出较原来强得多的声音。

放大是指在输入信号的作用下，通过放大电路将直流电源的能量转换成负载所需要的能量，因此放大的本质是能量的控制过程，而放大电路则是一种能量的控制装置。这样，在放大电路中必须存在能够控制能量的元件，如晶体三极管或场效应管等。

放大电路的种类很多：根据被放大的信号频率的不同，可分为直流放大器、低频放大器、谐振放大器、宽频带放大器。按信号的强弱，可分为小信号放大器和大信号放大器（功率放大器）。

2．放大电路的性能指标

任何放大电路都可以用如图 2-2-2 所示的网络表示，图中左边为输入端口，右边为输出端口，用 U_S 和 R_S 分别表示信号源电压和信号源内阻。U_i 和 U_o 分别表示输入和输出信号电压的有效值。用 I_i 和 I_O 分别表示输入和输出信号电流的有效值。放大电路的主要性能指标有以下几个。

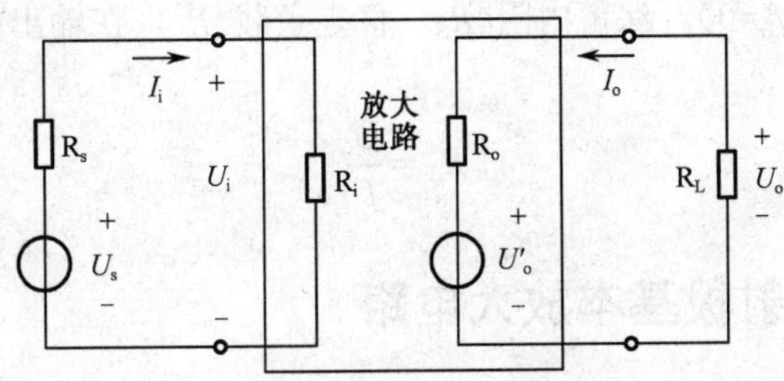

图 2-2-2 放大电路示意图

放大倍数

放大倍数是衡量放大电路放大能力的重要指标。

（1）电压放大倍数

电压放大倍数定义为输出信号电压 U_O 与输入信号电压 U_i 的比值，即

$$A_u = \frac{U_o}{U_i}$$

源电压放大倍数定义为输出信号电压 U_O 与源电压 U_S 的比值，即

$$A_{us} = \frac{U_o}{U_s}$$

（2）电流放大倍数

电流放大倍数定义为输出信号电流 I_O 于输入电流的 I_i 比值，即

$$A_i = \frac{I_o}{I_i}$$

（3）功率放大倍数

功率放大倍数表示放大电路放大信号功率的能力，定义为

$$A_p = \frac{P_o}{P_i} = \left|\frac{U_o I_o}{U_i I_i}\right| = |A_u A_i|$$

输入电阻 R_i

放大电路的输入电阻是从放大电路输入端看进去的等效电阻，定义为输入信号电压 U_i 与输入信号电流 I_i 之比，即

$$R_i = \frac{U_i}{I_i}$$

R_i 越大，表明放大电路从信号源索取的电流越小，放大电路所得到的输入电压 U_i 越接近信号源电压。

输出电阻 R_O

任何放大电路对负载而言都可以等效为一个有内阻的电压源，其等效电压源的内阻就是放大电路的输出电阻。换句话说，放大器的输出电阻就是从放大器输出端看进去的等效电阻。R_o 越小，负载电阻 R_L 变化时，输出电压 U_O 变化越小，放大器带负载的能力越强。

值得注意的是，放大器的输出电阻不等于输出电压 U_O 与输出电流 I_O 的比值，根据戴维宁定理可用以下方法来计算 R_O：

将输入端信号短路（U_S=0）。保留内阻 R_S，移走负载 R_L，在输出端外加信号电压 U，产生信号电流 I，则

$$R_o = \frac{U}{I}$$

第 2 步：认识共射极基本放大电路

采用 NPN 型晶体管的基本共射放大电路如图 2-2-3 所示，U_S 为外接的待放大信号，R_S 是其内阻，R_L 为外接负载。

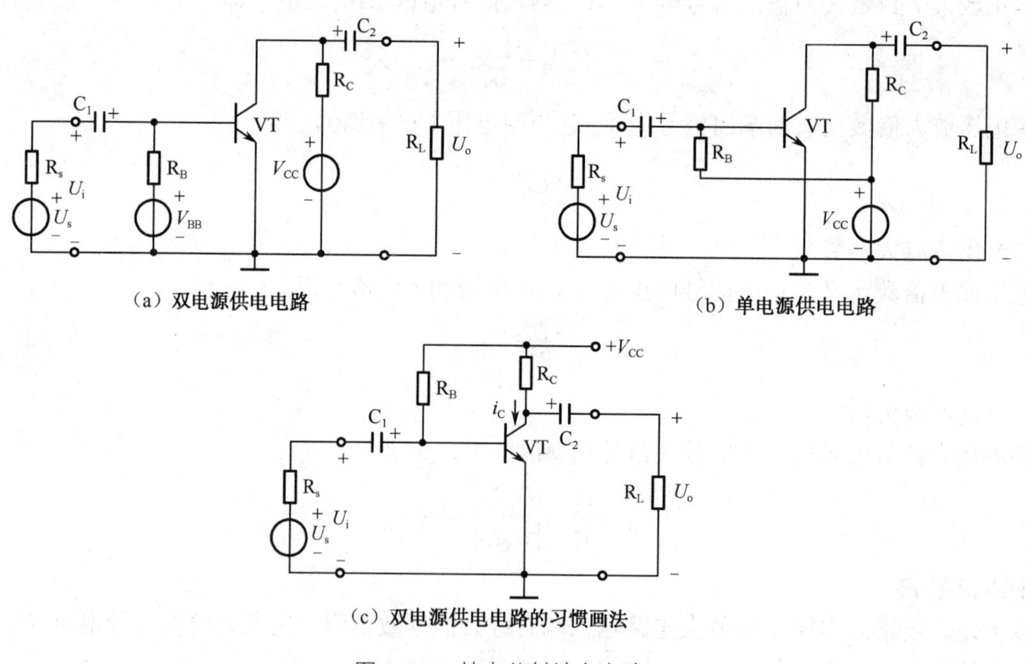

图 2-2-3　基本共射放大电路

1. 电路元件的作用（以习惯画法为例）

（1）VT：晶体三极管，其作用是将电流放大，是整个放大电路的核心。

（2）V_{CC}：直流电源，是整个放大电路能量的提供者，它通过电阻 R_B 向发射结提供正偏电压；通过电阻 R_C 向集电结提供反偏电压。

（3）R_B：基极偏置电阻，由它和直流电源共同决定基极直流电流 I_B 的大小。

（4）R_C：集电极偏置电阻，它的作用是将集电极电流 i_C 的变化转换成集电极电压 u_{CE} 的变化。否则，若 R_C=0，则 u_{CE} 恒等于 V_{CC}，输出电压 u_O 等于 0，电路失去放大作用。

（5）C_1 和 C_2：输入/输出耦合电容，起隔直流、通交流的作用。在低频放大电路中，C_1 和 C_2 通常采用电解电容。

2．电路中电压和电流符号的规定

（1）直流分量：用大写字母和大写下标表示，如 I_B 表示基极的直流电流。

（2）交流分量：用小写字母和小写下标表示，如 i_b 表示基极的交流电流。

（3）瞬时值：是直流分量和交流分量之和，用小写字母和大写下标表示，如，即 $i_B= I_B+i_b$ 表示基极电流的总量。

（4）交流有效值：交流有效值：用大写字母小写下标表示，如 I_b 表示基极正弦交流有效值。

3．交直流通路的画法

以共射极基本放大电路为例绘制交直流通路。

（1）直流通路

画法原则：把电容视为开路，电感视为短路，其他不变。

（2）交流通路

画法原则：把电容和直流电源都简化成一条短路直线，其他不变。

根据上述要点，可把图 2-2-4（a）的放大器电路画成图 2-2-4（b）和图 2-2-4（c）所示的直流通路和交流通路。

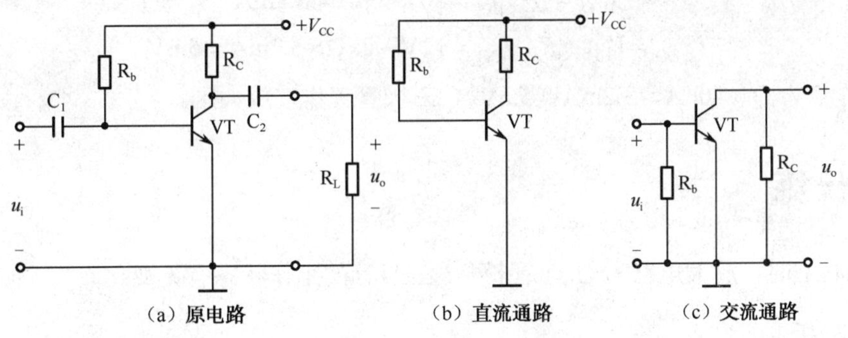

图 2-2-4　直流、交流通路画法

第 3 步：分析共射极放大电路工作原理

放大电路没有输入信号（即 u_i=0），电路各处的电压、电流均为直流，称为直流工作状态，简称静态。当有输入信号 u_i 时，电路中的电压、电流都将随输入信号做相应的变化，这种变化状态称为交流工作状态，简称动态。

1. 静态分析

放大电路无输入信号时的状态称为静态。放大电路建立正确的静态，是保证动态工作的前提，静态就是通过直流通路分析放大电路中三极管的工作状态。

无输入信号时，三极管各电极电压和电流都是恒定的，通常把它们称为静态工作点 Q，常记为 I_{BQ}、V_{BEQ} 和 I_{CQ}、V_{CEQ}。因为 V_{BEQ} 的数值，硅管一般约定为 0.7V，锗管为 0.3V，所以静态工作点一般是指 I_{BQ}、I_{CQ} 和 V_{CEQ}。

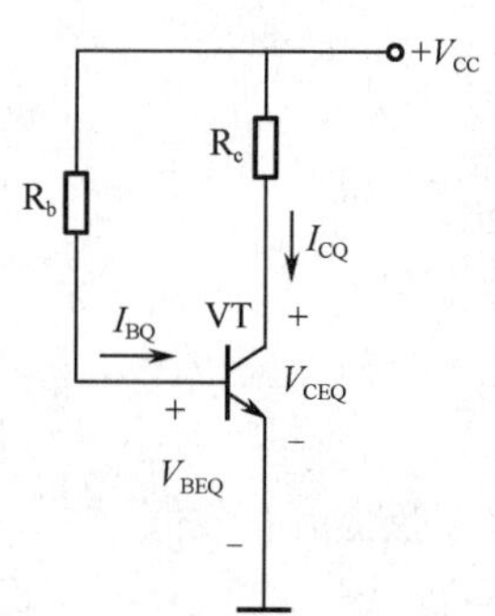

图 2-2-5 直流通路

无输入信号时，在直流电源 V_{CC} 的作用下直流电流所流过的路径，称为直流通路。在画直流通路时，电路中的电容开路，电感短路。图 2-2-4 所对应的直流通路如图 2-2-5 所示。

根据电路中的已知参数（如 V_{CC}、R_b、R_C、β 等），结合下面公式，可以估算静态工作点。

$$I_{BQ}=\frac{V_{CC}-V_{BEQ}}{R_b}$$

$$I_{CQ}=\beta\cdot I_{BQ}$$

$$V_{CEQ}=V_{CC}-R_c\cdot I_{CQ}$$

当电路元器件参数给定后，放大电路的静态工作点是确定的，若某些电路参数改变，则放大电路的静态工作点也将随之改变。

【例 2-2-1】 放大电路如图 2-2-4 所示。已知三极管的β=80，R_b=300kΩ，R_c=2kΩ，V_{CC}=12V，求其静态工作点。

解：

$$I_{BQ}=\frac{V_{CC}-V_{BEQ}}{R_b}\approx\frac{12\text{V}}{300\text{k}\Omega}=40\mu\text{A}$$

$$I_{CQ}=\beta\cdot I_{BQ}=80\times40\mu\text{A}=3.2\text{mA}$$

$$V_{CEQ}=V_{CC}-R_c\cdot I_{CQ}=12\text{V}-2\text{k}\Omega\times3.2\text{mA}=5.6\text{V}$$

静态工作点为 Q（40μA，3.2mA，5.6V），三极管工作在放大区。

当 R_b=100kΩ时，放大电路的 Q 点是多少？三极管的工作状态有无变化？

2. 动态分析

放大电路输入信号不为零时的工作状态称为动态。当放大电路加入交流信号 u_i 时，电路中各电极的电压、电流都是由直流量和交流量叠加而成的，我们通过示波器测试可以得到其波形如图 2-2-6 所示。

观察电路的输出电压和输入电压，不难发现它们之间的关系：频率相同，波形相似，幅度被放大，但相位是相反的。由此说明共射放大电路具有倒相放大作用。

在信号源 u_i 的作用下，只有交流电流所流过的路径，称为交流通路。画交流通路时，放大电路中的耦合电容短路，由于直流电源 V_{CC} 的内阻很小，对交流变化量几乎不起作用，故可视为短路。图 2-2-4 所对应的交流通路如图 2-2-7 所示。

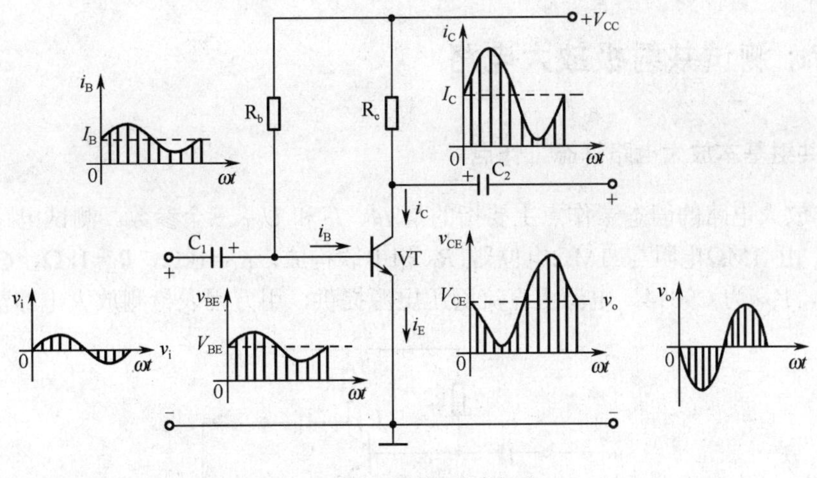

图 2-2-6　示波器观测波形

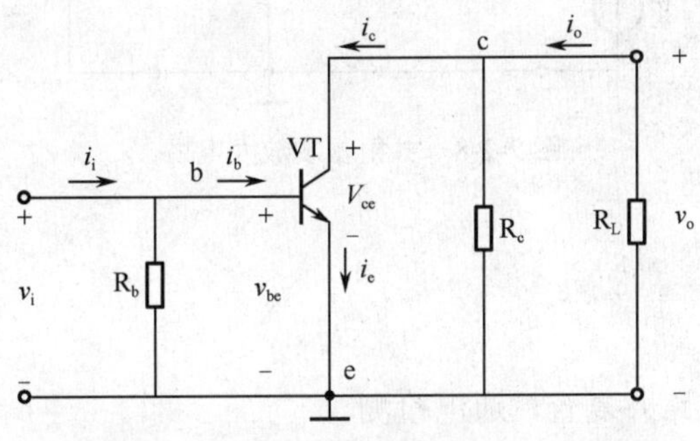

图 2-2-7　交流通路

借助放大电路的交流通路可研究其放大性能。对于放大电路的放大性能一般有两个方面的要求：一是放大倍数要尽可能大；二是输出信号要尽可能不失真。

动态参数的计算

（1）电压放大倍数

$$R'_L = R_C \mathbin{//} R_L$$

$$r_{be} = r_{bb} + \frac{26(\text{mV})}{I_{BQ}(\text{mA})} = 300 + \frac{26(\text{mV})}{I_{BQ}(\text{mA})}$$

$$A_u = -\frac{\beta R'_L}{r_{be}}$$

（2）输入电阻 R_i

$$R_i = R_b \mathbin{//} r_{be}$$

（3）输入电阻 R_o

$$R_o = R_c$$

第 4 步：测试共射极放大电路

1．测量共射基本放大电路静态工作点

共射基本放大电路的静态工作点主要指的是 I_B、I_C 和 U_{CE} 三个参数。测试电路如图 2-2-8 所示，其中，R_b 由 1MΩ电阻与 1MΩ电位器 R_P 相串联构成，R_C=1kΩ，R_L=1kΩ，C_1=10μF/50V，C_2=10μF/50V，V_{CC} 为 C9014。电源由直流稳压电源提供，用万用表检测放大电路静态工作点。

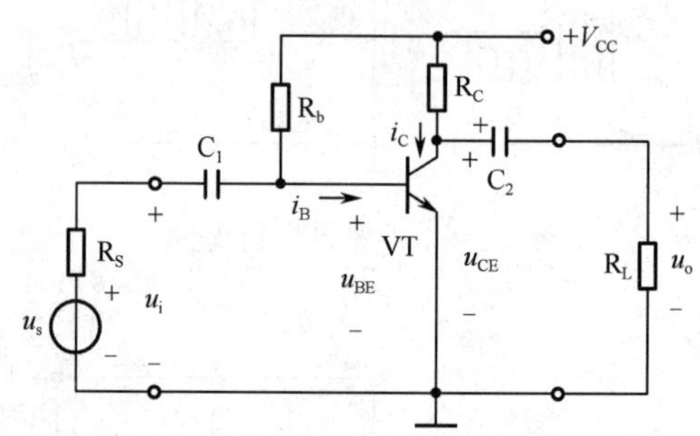

图 2-2-8　共射基本放大电路

（1）按图 2-2-8 接好电路并复查，通电检测。

（2）不接 u_i，接入 V_{CC} = 12V，用万用表测量三极管的静态工作点。

（3）测量 U_{BE}，并记录：U_{BE} =________V。

（4）调节 R_b（R_P），观察 U_{BE} 有无明显变化，并记录：U_{BE}________（有/无）明显变化。由 I_B=可知 I_B________（有/无）明显变化。

（5）调节 R_b（R_P），观察 U_{CE} 有无明显变化，并记录：U_{CE}________（有/无）明显变化。由 I_C=可知，此时 I_C 应________（有/无）明显变化。显然在放大区，I_C 实际上主要受________（I_B/U_{CE}）控制。此时，三极管的发射结________偏，集电结________偏，工作在________区。调节 R_b（R_P），使 U_{CE}=6V，此时 I_B=________，I_c=________。

从测试中可以看出：在放大区，调节 R_b（R_P）时，U_{BE}________（有/无）明显变化，I_B________（有/无）明显变化，而 I_C =βI_B 必然________（有/无）明显变化，因此，U_{CE} = V_{CC}−I_C R_C 也会________（有/无）明显变化，即调节 R_b（R_P）________（不可以/可以）明显改变放大器的工作点和工作状态。

2．放大电路动态工作过程的测量与观察

测试电路如图 2-2-8 所示，其中，R_b 由 1MΩ 电阻与 1MΩ 电位器 R_P 相串联构成，R_C=1kΩ，R_L=1kΩ，C_1=10μF/50V，C_2=10μF/50V，V_{CC} 为 C9014。电源由直流稳压电源提供，用

示波器观察放大电路的动态工作过程。

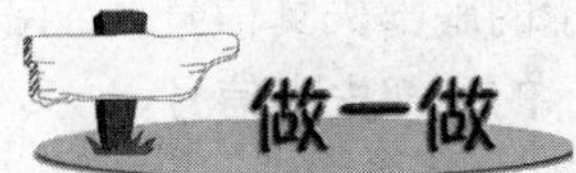

（1）按图 2-2-8 接好电路并复查，通电检测。

（2）不接 u_i，接入 $V_{CC}=12V$，用万用表测量三极管的静态值。

V_B=________V，V_C=________V。

（3）调节 R_b（R_P），使 $U_{CE}=6V$。

（4）保持步骤（2），输入端接入 u_i（f=1kHz，u_i=10mV），用示波器（AC 输入）同时观察 u_i，u_{BE} 波形，并记录 u_i，u_{BE} 波形。

从实践中可以看出，u_i 与 u_{BE} 波形幅度大小________（基本相同/完全不同）。另外，接入 u_i 后，由于 u_{BE} 中________（含有/不含有）直流分量，即 u_{BE} 为________（纯交流量/交直流叠加量），因此，

u_{BE} =____________（$U_{BE}+u_i$ 或 u_i）

i_B =_____________（I_B+i_b 或 i_b）

$i_C=\beta i_B$ =____________________

$[\beta(I_B+i_b)=\beta I_B+\beta i_b=I_C+i_c(\beta I_B=I_C \text{ 或 } \beta i_b=i_c)]$

（5）保持步骤（3），用示波器 Y_2 轴输入（DC 输入/“交替”显示）观察 u_{CE} 波形和幅度大小，并记录 u_{CE} 波形和幅度大小。

从实践中可以看出，输出电压的波形与输入电压波形________（基本相同/完全不同），输出电压波形比输入电压波形的幅度________（变大/变小/基本相同），即________（实现了/没有实现）信号的不失真放大。

从实践中还可以看出，u_{CE} 中________（含有/不含有）直流分量，即 u_{CE} 为________（纯交流量/交直流叠加量），因此，u_{CE} =________（$U_{CE}+u_{ce}$ 或 u_{ce}）。

（6）保持步骤（4），改用示波器 Y_2 轴输入观察 u_o 的波形和幅度大小，并记录 u_o 的波形和幅度大小。从实践中可以看出，由于电容 C_2 的隔直流作用，实际的输出电压 u_o 中________（含有/不含有）直流成分，即 u_o =________（$U_{CE}+u_{ce}$ 或 u_{ce}）。

（7）保持步骤（5），观察和比较 u_i 与 u_o 的相位关系，并记录 u_i 与 u_o 的相位关系为________（同相/反相）。

看一看

u_i 与 u_o________（同相/反相），即共射基本放大电路为________（同相/反相）放大电路。实际上，$u_{CE}=V_{CC}-i_C R_C=V_{CC}-(I_C+i_c)R_C=(V_{CC}-I_C R_C)-i_c R_C=U_{CE}+u_o$，即 $u_o=-i_c R_C$。

3．体验改变电路参数对静态工作点和输出信号波形的影响

在放大电路中，静态工作点不合适，将产生严重的非线性失真。失真是指输出信号的波形与输入信号的波形不成比例的现象。如图 2-2-9 所示，通过信号发生器产生一定频率和幅度的正弦波信号 u_i 接入到放大电路中，调整 u_i 的幅值和电位器 R_P，并通过示波器在输出端可观察到最

大不失真输出信号的波形，如图 2-2-10（a）所示。

调节 R_P 使 R_b 减小，通过示波器在输出端可观察到图 2-2-10（b）所示的底部失真信号。

调节 R_P 使 R_b 增大，通过示波器在输出端可观察到图 2-2-10（c）所示的顶部失真信号。

增强输入信号，通过示波器在输出端可观察到图 2-2-10（d）所示的双向失真信号。

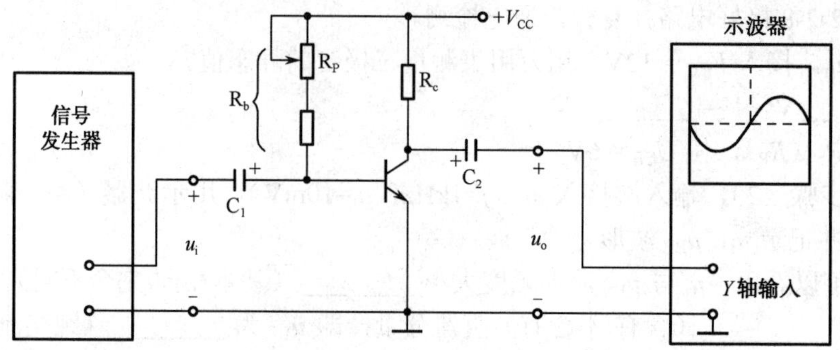

图 2-2-9　放大电路失真电路图

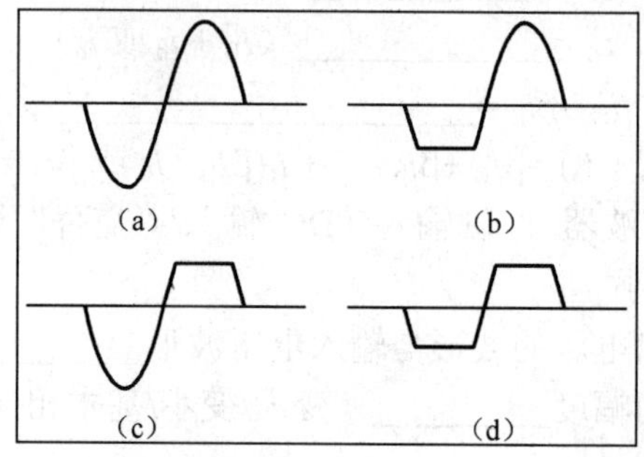

图 2-2-10　示波器输出波形图

放大电路输出信号出现失真的原因是什么？

测试电路如图 2-2-9 所示，其中 R_b 由 1MΩ电阻与 1MΩ电位器 R_P 相串联构成，R_C=1kΩ，R_L=1kΩ，C_1=10μF/50V，C_2=10μF/50V，V_{CC} 为 C9014。电源由直流稳压电源提供，用示波器观察输出信号波形。

当电路的 V_{CC}、R_C、β等其他参数不变时，改变 R_P 阻值，可以改变电路的静态工作点。

若 R_P 减小，则 I_{BQ} 增大，I_{CQ} 随之增大，V_{CEQ} 减小；

若 R_P 增大，则 I_{BQ} 减小，I_{CQ} 随之减小，V_{CEQ} 增大。

根据静态工作点的变化，可以确定电路的工作状态。

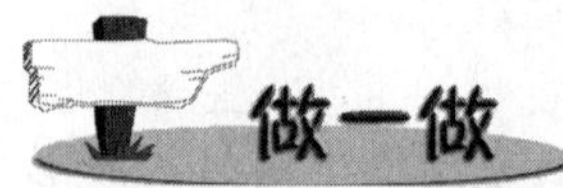

（1）按图 2-2-9 所示正确连接电路，检查无误后接通电源。

（2）调节 R_P，使放大器的静态工作点恰当。

（3）输入端接入 u_i（f=1kHz，u_i=10mV）信号，调整 u_i 的幅值，并通过示波器观测输出端，使输出信号最大且不失真。

（4）用毫伏表分别测试其输入信号和输出信号的大小，计算其电压放大倍数。

（5）调节 R_P 使 R_P 减小，通过示波器在输出端观察是否会出现底部失真信号。

（6）调节 R_P 使 R_P 增大，通过示波器在输出端观察是否会出现顶部失真信号。

（7）在输出信号最大且不失真时增强输入信号，通过示波器在输出端观察是否会双向失真信号。

从以上观察可以知道，改变 R_P 的大小会改变静态工作点，从而改变输出波形，那么如果改变电阻 R_C，其他参数不变，或者改变 V_{CC}，静态工作点又会如何变化，对输出波形会有怎样的影响？

第 5 步：认识工作点稳定电路

对放大电路来说，静态工作点不仅决定电路是否产生失真，而且还影响着电压放大倍数和输入电阻等动态参数的大小。实际上电源电压的波动，元件的老化，以及温度对晶体管参数的影响，都会引起静态工作点的不稳定。其中影响最大的是温度的变化。当 V_{CC} 和 R_b 一定时，放大器的 I_C 与 V_{BE}、β、I_{CBO} 有关，而这三个参数随温度而变化。当温度上升时，I_{CQ} 增大，U_{CEQ} 减小。所以，在温度变化时，如果能设法使 I_{CQ} 维持恒定，就可以解决工作点不稳定的问题。

一种能自动稳定工作点的偏置电路如图 2-2-11 所示，该电路称为分压式偏置电路。分压式偏置电路是目前应用最广泛的一种偏置电路。

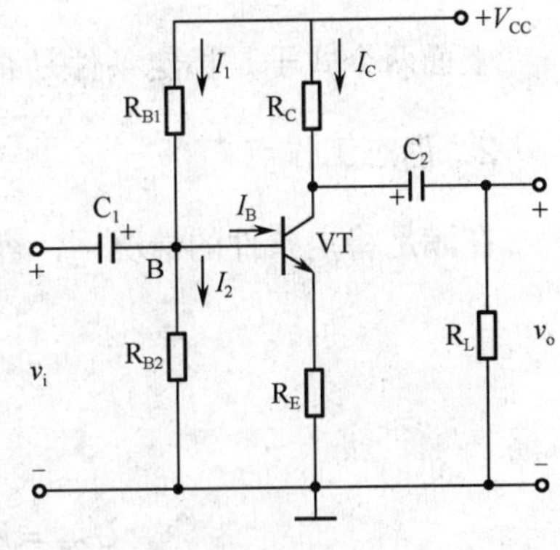

图 2-2-11　分压式偏置电路

1. 稳定工作点的原理和稳定条件

分压式偏置电路与固定式偏置电路的主要不同点在于三极管的发射极接入了电阻 R_E，同时还在三极管的基极接入了一个起辅助作用的电阻 R_{B2}。通常称 R_E 为发射极偏置电阻，R_{B1} 和 R_{B2} 为基极上偏置电阻和下偏置电阻。

分压式偏置电路为什么具有稳定静态工作点的作用呢？其中，发射极电阻 R_E 是问题的关键。由于 R_E 折合到基极回路的电阻为$(1+\beta)R_E$，一般很大（R_E 并不大），而在该电路中，一般总是满足$(1+\beta)R_E \gg R_{B1}$、R_{B2} 的条件，因此有

$$I_1 \gg I_B,\ I_2 \gg I_B,\ I_1 \approx I_2$$

对基极偏置电路来说，可忽略 I_B 而将 R_{B1} 和 R_{B2} 直接看成是串联的。由于电阻的特性相对来说是非常稳定的，因此，可得到稳定的基极电压即 R_{B1} 和 R_{B2} 串联电路中 V_{CC} 在 R_{B2} 上的分压 U_B：

$$U_B \approx \frac{R_{B2}V_{CC}}{R_{B1}+R_{B2}}$$

而

$$I_C \approx I_E = \frac{U_B - U_{BE}}{R_E} \approx \frac{U_B}{R_E} \quad (U_B \gg U_{BE}\text{时})$$

由上式可见，I_E和I_C均为稳定的。

上述工作点稳定的结果还可以这样理解，若温度升高使I_C增大，则I_E也增大，发射极电位$U_E=I_ER_E$也升高。由于$U_{BE}=U_B-U_E$，且U_B基本不变，U_E升高的结果使U_{BE}减小，I_B也减小，于是抑制了I_C的增大，其总的效果是使I_C基本不变。其稳定过程可表示为

$$\text{温度}T\uparrow \to I_C\uparrow \to I_E\uparrow \to U_E\uparrow \xrightarrow{U_B\text{不变}} U_{BE}\downarrow \to I_B\downarrow \to I_C\downarrow$$

由此可见，温度升高引起I_C的增大将被电路本身造成的I_C减小所牵制。这就是反馈控制的原理。

综上所述，分压式偏置电路的稳定条件为$(1+\beta)R_E \gg R_{B1}$、$(1+\beta)R_E \gg R_{B2}$和$U_B \gg U_{BE}$。实际上，根据戴维宁定理，把V_{CC}、R_{B1}和R_{B2}在基极等效为带内阻的直流电压源，可以证明$(1+\beta)R_E \gg R_{B1}$、$(1+\beta)R_E \gg R_{B2}$的条件可以修正为$(1+\beta)R_E \gg (R_{B1}//R_{B2})$。一般可选取

$$\beta R_E > 10(R_{B1}//R_{B2})$$
$$U_B = (5\sim10)U_{BE}$$

上面两个式子是稳定条件是否满足的判断依据。

2. 静态工作点

在满足稳定条件的情况下，容易求出图 2-2-10 所示放大电路的静态工作点，有

$$U_B \approx \frac{R_{B2}}{R_{B1}+R_{B2}}V_{CC}$$
$$I_C \approx I_E = \frac{U_B - U_{BE}}{R_E} \approx \frac{U_B}{R_E}$$
$$U_{CE} = V_{CC} - I_CR_C - I_ER_E \approx V_{CC} - I_C(R_C + R_E)$$
$$I_B = \frac{I_C}{\beta}$$

在分压式偏置放大电路中，静态工作点是如何调整的？

图 2-2-10 为分压式偏置放大电路，其中，R_{B1}由 4.7kΩ电阻与 100kΩ电位器相串联构成，R_{B2}=4.7kΩ，R_C=4.7kΩ，R_L=4.7kΩ，C_1=10μF/50V，C_2=10μF/50V，C_E=47μF/50V，V_{CC}为C9013。电源由直流稳压电源提供，用示波器观察输出信号波形。

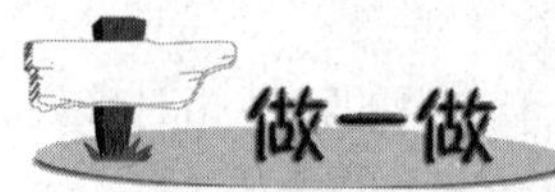

（1）按图 2-2-11 所示正确连接电路，检查无误后接通电源。

（2）输入端接入u_i（f=1kHz，u_i=10mV）正弦波信号，并通过示波器观测输出端。

（3）调节 R_P，使放大器的静态工作点恰当，使输出信号最大且不失真。测量此时电路的静态工作点并记录。

3．动态分析

图 2-2-12 是分压式偏置电路的交流通路。根据交流通路可得

（1）电压放大倍数 A_u：

$$R_B=R_{B1}\,//\,R_{B2}，R'_L=R_C\,//\,R_L，$$

$$u_o=-i_cR'_L=-\beta i_bR'_L$$

$$u_i=i_br_{be}+i_eR_E=i_b[r_{be}+(1+\beta)R_E]$$

$$A_u=\frac{u_o}{u_i}=-\frac{\beta R'_L}{r_{be}+(1+\beta)R_E}$$

其中，r_{be} 为三极管的输入电阻，即

$$r_{be}=r_{bb'}+(1+\beta)\frac{26\text{mV}}{I_E(\text{mA})}\ (\Omega)$$

一般来说，小功率三极管 $r_{bb'}=300\Omega$。

（2）输入电阻 R_i：$R_i=R_B\,//\,R'_i=R_{B1}\,//\,R_{B2}\,//[r_{be}+(1+\beta)R_E]$

（3）输出电阻 R_o：$R_o\approx R_C$

由动态分析可知，由于 R_E 的接入，虽然带来了稳定工作点的好处，但却使 A_u 大大下降（R_E 对交流信号也产生负反馈）。为解决这个问题，可在 R_E 两端并联一个大电容 C_E（几十至几百μF），如图 2-2-13 所示。由于 C_E 对于交流信号而言相当于短路，因此，该电路的交流通路与共射基本放大电路完全相同，其交流性能指标也相同。

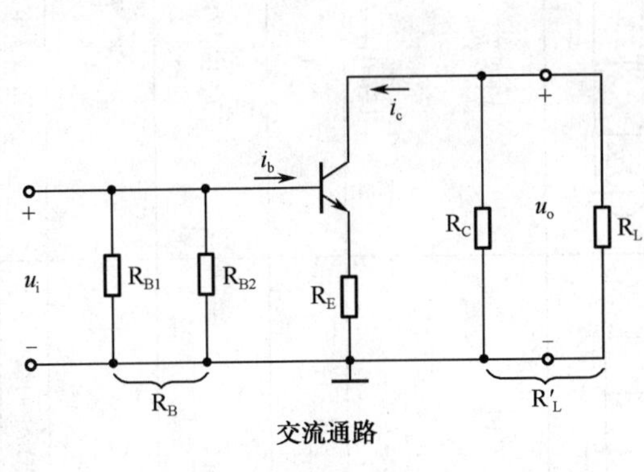

图 2-2-12　分压式偏置电路的交流通路

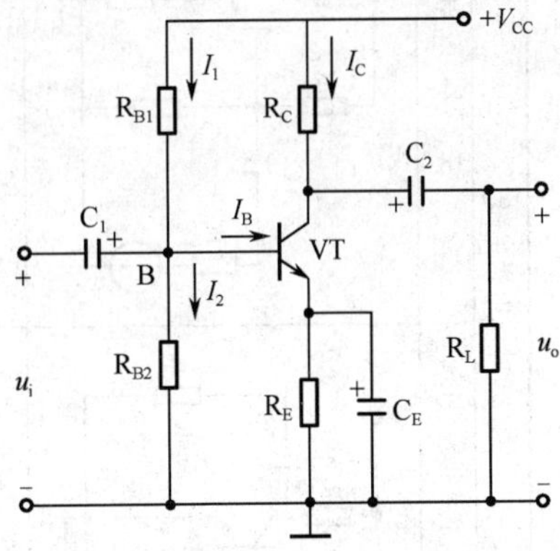

图 2-2-13　接 C_E 的分压式偏置电路

三种组态放大电路的比较

前面对共发射极基本放大电路进行了分析，除了共射极基本放大电路之外，还有共集电极和共基极基本放大电路，现将它们的主要性能放在表 2-2-1 中加以比较。

表 2-2-1　三种组态放大电路的比较

电路名称	共发射极电路		共集电路	共基极电路
	固定式	分压式		
电原理图	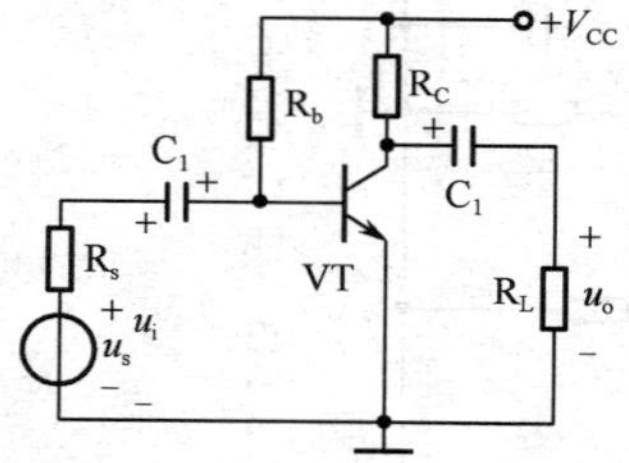	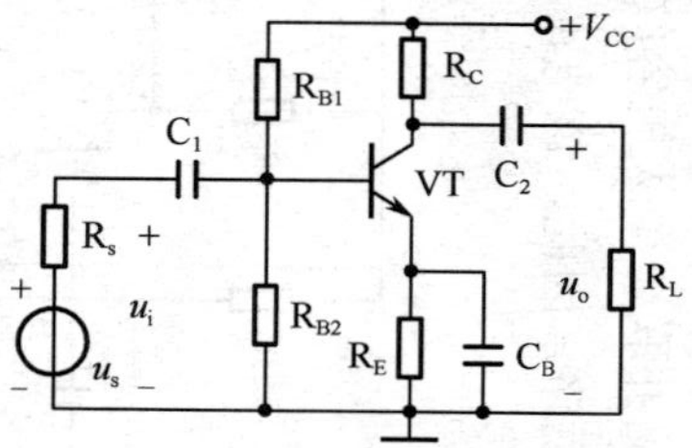	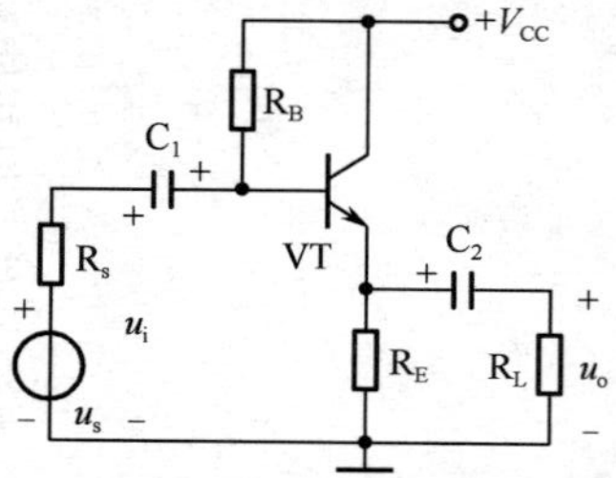	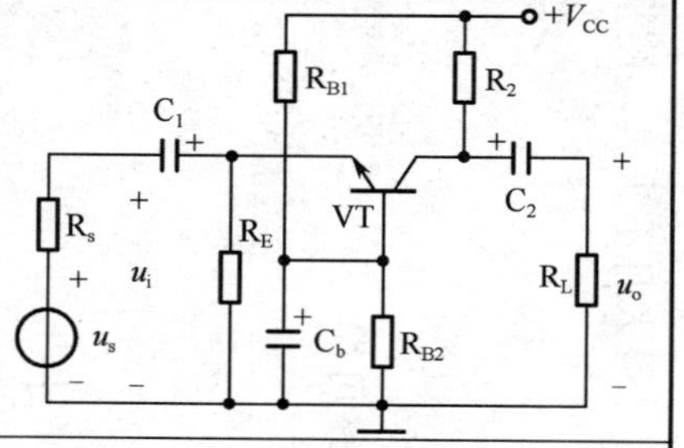
交流通路	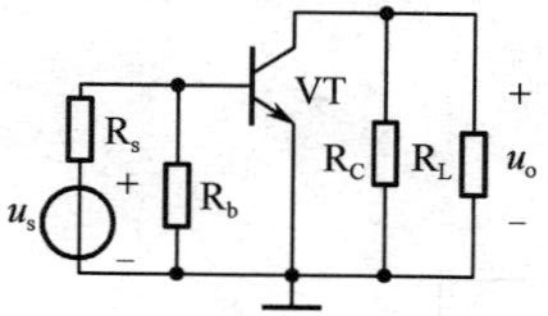	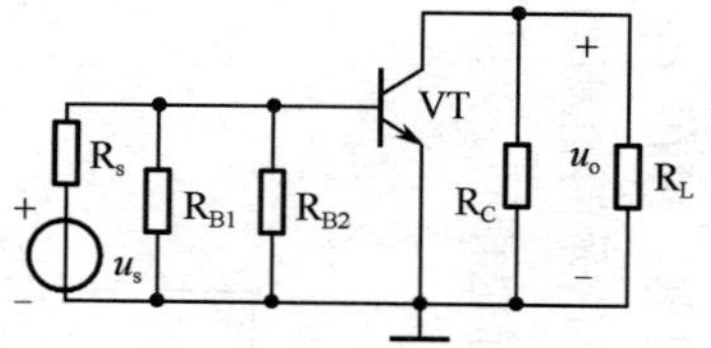	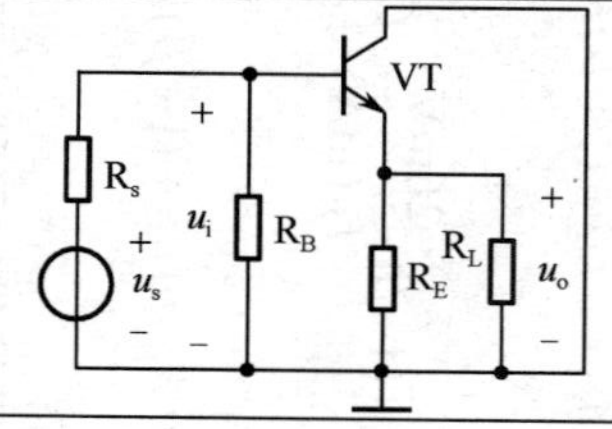	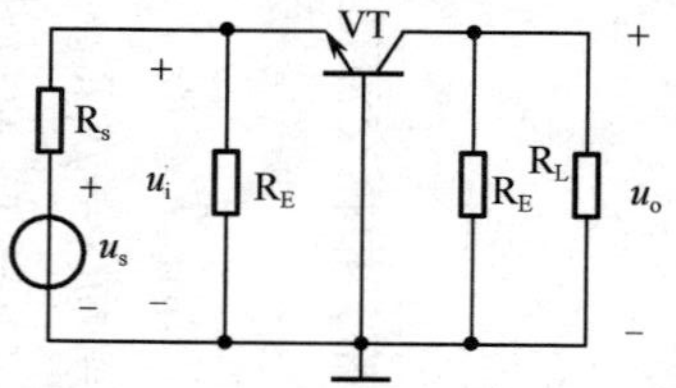
静态工作点	$I_B=\dfrac{V_{CC}-V_{BE}}{R_b}$ $I_C=\beta I_B$ $U_{CE}=V_{CC}-I_C R_C$	$U_B\approx\dfrac{R_{B2}}{R_{B1}+R_{B2}}V_{CC}$ $I_E=\dfrac{U_B-U_{BE}}{R_E}$ $U_{CE}=V_{CC}-I_C(R_C+R_E)$	$I_B=\dfrac{V_{CC}-U_{BE}}{R_B+(1+\beta)R_E}$ $I_C=\beta I_B$ $U_{CE}=V_{CC}-I_C R_E$	$U_B\approx\dfrac{R_{B2}}{R_{B1}+R_{B2}}V_{CC}$ $I_E=\dfrac{U_B-U_{BE}}{R_E}$ $U_{CE}=V_{CC}-I_C(R_C+R_E)$
电压放大倍数	$A_u=-\dfrac{\beta R_L'}{r_{be}}$	$A_u=-\dfrac{\beta R_L'}{r_{be}}$	$A_u=\dfrac{u_o}{u_i}=\dfrac{(1+\beta)R_L'}{r_{be}+(1+\beta)R_L'}$	$A_u=\dfrac{\beta R_L'}{r_{be}}$
输入电阻	$R_i=R_B // r_{be}$	$R_i=R_{B1} // R_{B2} // r_{be}$	$R_i=R_B //[r_{be}+(1+\beta)R_L']$ （高）	$R_i=R_E // \dfrac{r_{be}}{1+\beta}$ （低）
输出电阻	$R_o=R_C$ （高）	$R_o=R_C$ （高）	$R_o=\dfrac{r_{be}+R_s'}{1+\beta} // R_E$ （低）	$R_o=R_C$ （高）
用途	多级放大电路中间级	多级放大电路中间级	输入级、输出级、中间级	高频、宽频放大电路

【例 2-2-2】　电路如图 2-2-14 所示，R_B=280K，R_C=3kΩ，R_L=3kΩ，V_{CC}=12V，β=50，r_{bb}=300Ω，R_S=1kΩ，U_{BEQ}=0.7V。求：（1）电路的静态工作点？（2）电压放大倍数 A_u、输入电阻 R_i、输出电阻 R_o。

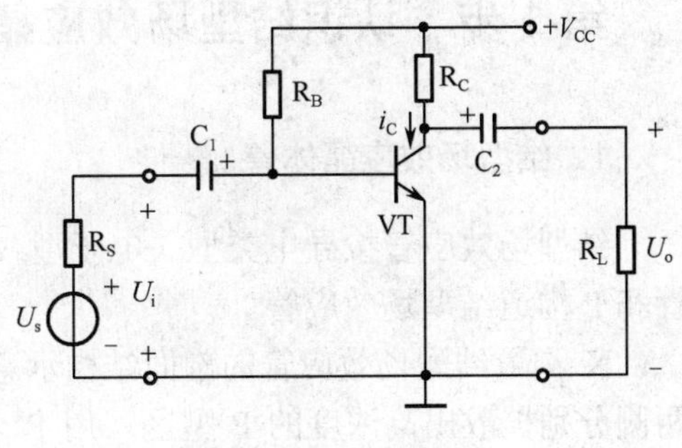

图 2-2-14　基本电路

解：（1）确定静态工作点

$$I_{BQ}=\frac{V_{CC}-V_{BEQ}}{R_B}=\frac{12-0.7}{280}\approx 40\mu A$$

$$I_{CQ}=\beta\cdot I_{BQ}=50\times 40\mu A=2mA$$

$$V_{CEQ}=V_{CC}-R_c\cdot I_{CQ}=12V-3\times 2=6V$$

（2）求 A_u、R_i、R_o

$$r_{be}=r_{bb}+\frac{26(mV)}{I_{BQ}(mA)}=300+\frac{26}{0.04}=950\Omega$$

$$R_L'=R_C//R_L=3//3=1.5k\Omega$$

$$A_u=-\frac{\beta R_L'}{r_{be}}=-\frac{50\times 1.5}{0.95}=-79$$

$$R_i=R_b//r_{be}=280//0.95\approx 0.95k\Omega$$

$$R_o=R_c=3k\Omega$$

*项目 3　认识场效应管

学习目标

✧ 了解场效应晶体管的结构、符号、电压放大作用和主要参数。

✧ 了解场效应晶体管放大器的特点及应用。

工作任务

✧ 认识结型场效应晶体管。

✧ 认识绝缘栅型场效应晶体管。

✧ 场效应晶体管与三极管的比较。

✧ 认识场效应晶体管放大器。

在半导体技术的发展过程中，经过不断探索和实践，研制出一种仍具有 PN 结，但工作机理与三极管全然不同的新型半导体器件——场效应管（Field Effect Transistor），简称 FET。场效应管是一种利用电场效应来控制电流大小的半导体器件，故以此命名。这种器件不仅兼有体积小、质量轻、耗电省、寿命长等特点，而且还有输入阻抗高、噪声低、热稳定性好、抗辐射能力强和制造工艺简单等优点，因而大大扩展了它的应用范围，特别是在大规模和超大规模集成电路中得到了广泛应用。

根据结构的不同，场效应管可分为两大类，即结型场效应管和绝缘栅型场效应管。

第 1 步：认识结型场效应晶体管

1. 结型场效应晶体管

结型场效应管按导电类型（电子型或空穴型）的不同可分为两大类，即 N 沟道结型场效应管和 P 沟道结型场效应管。

N 沟道结型场效应管的剖面结构示意图如图 2-3-1（a）所示。它是在一块 N 型半导体材料两侧分别扩散出高浓度的 P 型区（用 P^+表示）并形成两个 PN 结而构成的。两个 P^+型区外侧各引出一个电极并连接在一起，作为一个电极，称为栅极（gate）G。在 N 型半导体材料的两端各引出一个电极，分别称为源极（source）S 和漏极（drain）D。G、S 和 D 三个电极的作用分别类似于普通三极管 BJT 的 B、E 和 C 极。两个 PN 结中间的 N 型区域，称为导电沟道。由于该导电沟道为 N 型沟道，因此，这种结构的管子称为 N 沟道结型场效应管。图 2-3-1（b）所示为它的电路符号，其中箭头的方向表示 PN 结正偏的方向即由 P 指向 N，因此从符号上可直接看出 D、S 之间是 N 沟道，同时箭头位置在水平方向与 S 极对齐，因此，也可从符号上直接读出 G、S、D 极。

按照类似的方法，在一块 P 型半导体材料两侧分别扩散出高浓度的 N 型区（用 N^+表示）并引出相应的 G、S、D 极就可以得到 P 沟道结型场效应管，其电路符号如图 2-3-1（c）所示（其中箭头的方向与 N 沟道管相反）。

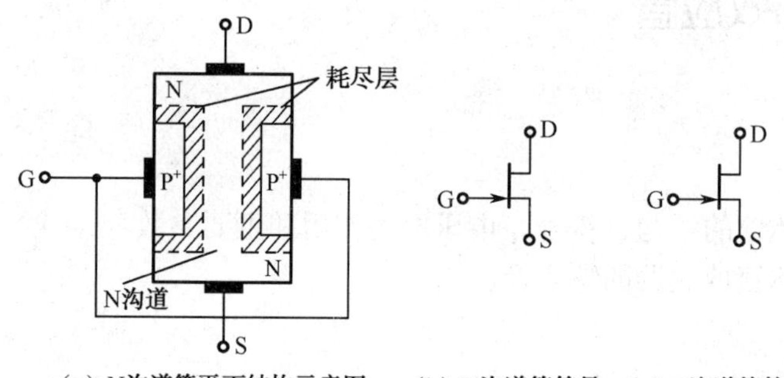

（a）N沟道管平面结构示意图　（b）N沟道管符号　（c）P沟道管符号

图 2-3-1　结型场效应管结构、符号及其偏置

2. 结型场效应管的特性曲线

结型场效应管的输出电流 i_D 不但取决于输出电压 u_{DS}，而且还与输入电压 u_{GS} 有关，即

$$i_D=f(u_{DS},u_{GS})$$

为了在二维平面上绘出它们的关系曲线，可以把 u_{GS} 或 u_{DS} 作为参变量，从而可以得到结型场效应管的输出特性和转移特性曲线。

（1）输出特性

结型场效应管的输出特性是指当栅源电压 u_{GS} 为某一定值时，漏极电流 i_D 与漏源电压 u_{DS} 之间的关系，即

$$i_D = f(u_{DS})\Big|_{u_{GS}=\text{常数}}$$

图 2-3-2（a）所示为某 N 沟道结型场效应管的输出特性曲线。其中，管子的工作情况可分

为三个区域，即可变电阻区、恒流区和击穿区。

（2）转移特性

由于场效应管是电压控制型器件，不同于电流控制型器件三极管，其输入电流（i_G）几乎等于 0，所以讨论场效应管的输入特性是没有意义的。

这里所讨论的转移特性是指当漏源电压 u_{DS} 为某一定值时，漏极电流 i_D 与栅源电压 u_{GS} 的关系，即

$$i_D = f(u_{GS})\Big|_{u_{DS}=\text{常数}}$$

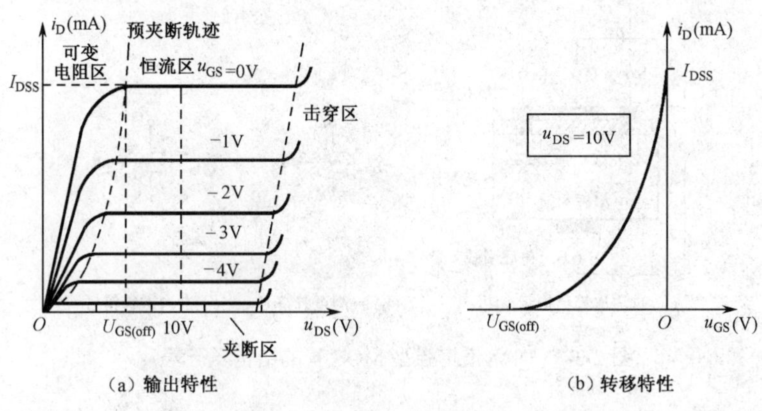

图 2-3-2　N 沟道结型场效应管的特性曲线

容易看出，转移特性与输出特性都是反映 i_D 与 u_{GS}、u_{DS} 的关系，只不过自变量与参变量对换而已。显然，可以直接由输出特性转换而得到转移特性。图 2-3-2（b）所示为与图 2-3-2（a）所示输出特性相对应的转移特性曲线。实际上，每改变一次 u_{DS} 值，就可以得到一条转移特性曲线。但是当 u_{DS} 较大时，管子工作在恒流区，此时 i_D 几乎不随 u_{DS} 而变化，因此不同的转移特性曲线几乎重合，因此可用图 2-3-2（b）所示的一条转移特性曲线来代表恒流区的所有转移特性曲线，从而使分析得以简化。该曲线直观地反映了 u_{GS} 对 i_D 的控制作用。

若 $U_{GS,off} \leqslant u_{GS} \leqslant 0$，则恒流区的转移特性可用下式近似表示

$$i_D = I_{DSS}\left(1-\frac{u_{GS}}{U_{GS,off}}\right)^2$$

由上式可知，只要给出 I_{DSS} 和 $U_{GS,off}$ 值，就可以得到转移特性曲线中的任意一点的值。

第 2 步：认识绝缘栅型场效应晶体管

绝缘栅型场效应管又称金属—氧化物—半导体场效应管，简称 MOS 管。分为增强型和耗尽型两类，每一类又有 N 沟道和 P 沟道两种。N 沟道和 P 沟道仅仅是极性相反，其他是相似的，故以 N 沟道为例来说明绝缘栅型场效应管。

1. N 沟道增强型 MOS 管

（1）结构和符号

N 沟道增强型 MOS 管的结构示意图如图 2-3-3（a）所示。它在一块 P 型硅衬底（低掺杂，电阻率较高）的基础上扩散两个高掺杂的 N^+区，在 N^+区表面上覆盖一层铝并引出电极，分别作

为源极 S 和漏极 D；在 P 型硅表面生成一层很薄的二氧化硅绝缘层，并在绝缘层上面覆盖一层铝并引出电极，作为栅极 G；管子的衬底也引出一个电极 B。由于栅极与源极和漏极均无电接触，因此称为绝缘栅极。

N 沟道增强型 MOS 管的电路符号如图 2-3-3（b）所示，其中的箭头方向表示由 P（衬底）指向 N（沟道）。P 沟道增强型 MOS 管的电路符号如图 2-3-3（c）所示，其箭头方向与 N 沟道 MOS 管相反，表示由 N（衬底）指向 P（沟道）。

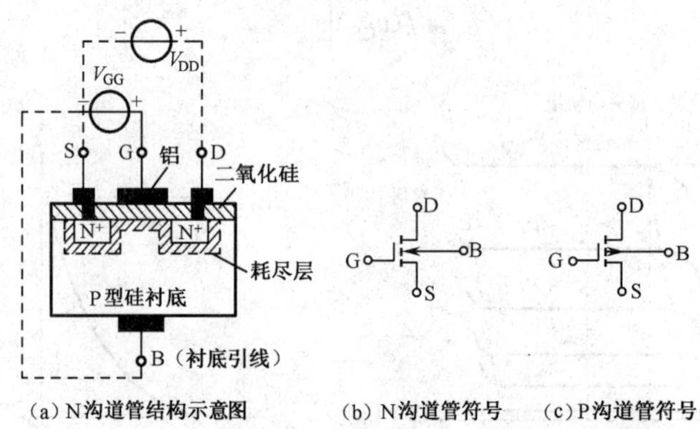

图 2-3-3　N 沟道增强型 MOS 管的结构及符号

由图 2-3-3（a）可以看出，当栅源极短路（即 $u_{GS}=0$）时，源区（N^+型），衬底（P 型）和漏区（N^+型）就形成两个背向串联的 PN 结。因此，不管 u_{DS} 的极性如何，其中总有一个 PN 结是反偏的，所以漏源极之间没有形成导电沟道，$i_D\approx0$。实际上，N 沟道增强型 MOS 管是在一定的 u_{GS} 的作用下才能形成导电沟道并可控制沟道的宽窄变化。

N 沟道增强型 MOS 管的偏置电压的极性如图 2-3-3（a）所示（MOS 管的衬底和源极通常直接相连），栅源极之间加正电压（为了形成导电沟道），即 $u_{GS}>0$；为了使 P 型硅衬底和漏极 N^+区之间的 PN 结处于反偏状态，漏源极之间也应加正电压，即 $u_{DS}>0$。

（2）特性曲线

N 沟道增强型 MOS 管的输出特性曲线和转移特性曲线分别如图 2-3-4（a）、(b）所示。

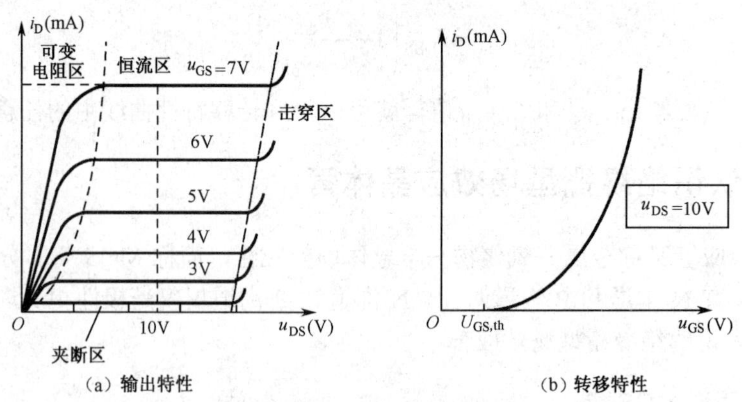

图 2-3-4　N 沟道增强型 MOS 管的特性曲线

与结型场效应管类似，该输出特性曲线也分为可变电阻区、恒流区、击穿区，其中可变电阻区和恒流区的分界线为预夹断轨迹，即 $u_{DS}=u_{GS}-U_{GS,th}$ 或 $u_{GD}=U_{GS,th}$，这时漏端处于反型层刚形成的临界状态。由于 $u_{GS} \geqslant U_{GS,th}$ 时沟道才形成，即有 i_D 产生，因此转移特性曲线从 $U_{GS,th}$ 开始，而当 $u_{GS}<U_{GS,th}$ 时 $i_D=0$。显然，恒流区需满足 $u_{GS} \geqslant U_{GS,th}$ 和 $u_{DS} \geqslant u_{GS}-U_{GS,th}$ 。

与结型场效应管类似，恒流区内，N 沟道增强型 MOS 管的 i_D 可近似表示为

$$i_D = I_{DO}\left(\frac{u_{GS}}{U_{GS,th}}-1\right)^2 \quad （若 u_{GS}>U_{GS,th}）$$

式中，I_{DO} 是 $u_{GS}=2U_{GS,th}$ 时的 i_D 值。

2. N 沟道耗尽型 MOS 管

（1）结构与符号

N 沟道耗尽型 MOS 管的结构如图 2-3-5（a）所示。可以看出，它与 N 沟道增强型 MOS 管的结构基本相同，不过在制造时，在两个 N^+ 区之间的 P 型衬底表面掺入少量 5 价元素，形成局部的低掺杂的 N 区。其电路符号如图 2-3-5（b）所示。图 2-3-5（c）所示为 P 沟道耗尽型 MOS 管的符号。

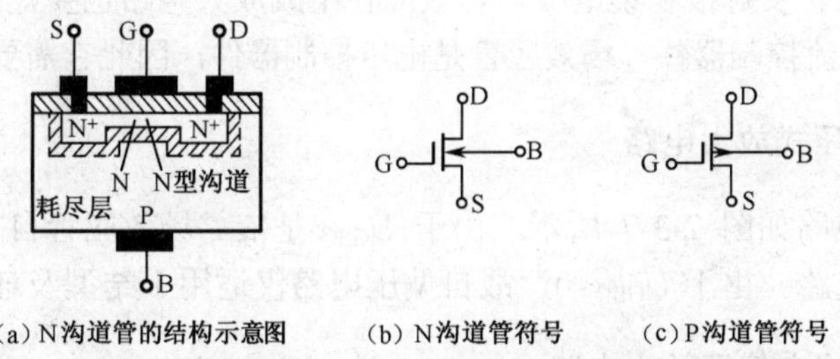

（a）N沟道管的结构示意图 （b）N沟道管符号 （c）P沟道管符号

图 2-3-5 N 沟道耗尽型 MOS 管的结构与符号

（2）特性曲线

N 沟道耗尽型 MOS 管的特性曲线如图 2-3-6（a）、（b）所示，其输出特性曲线也可分为可变电阻区、恒流区、击穿区。由恒流区的转移特性曲线可知，在 $u_{GS}=0$ 时，$i_D=I_{DSS}$ 较大；随着 u_{GS} 的减小，i_D 也减小，当 $u_{GS}=U_{GS,off}$ 时，$i_D \approx 0$；当 $u_{GS}>0$ 时，$i_D>I_{DSS}$。

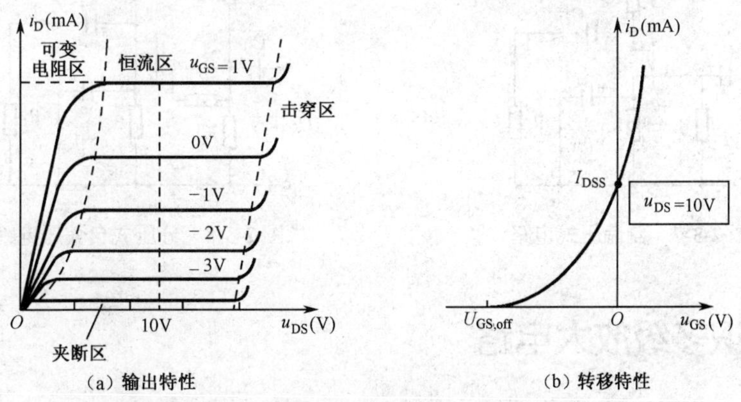

（a）输出特性 （b）转移特性

图 2-3-6 N 沟道耗尽型 MOS 管的特性曲线

第 3 步：比较场效应晶体管与晶体三极管

1．场效应管是电压控制元件，而晶体管是电流控制元件。在只允许从信号源取较少电流的情况下，应选用场效应管；而在信号电压较低，又允许从信号源取较多电流的条件下，应选用晶体管。

2．场效应管是利用多数载流子导电，所以称为单极型器件，而晶体管是即有多数载流子，也利用少数载流子导电。称为双极型器件。

3．有些场效应管的源极和漏极可以互换使用，栅压也可正可负，灵活性比晶体管好。

4．场效应管能在很小电流和很低电压的条件下工作，而且它的制造工艺可以很方便地把很多场效应管集成在一块硅片上，因此，场效应管在大规模集成电路中得到了广泛的应用。

第 4 步：认识场效应晶体管放大电路

场效应管与晶体三极管一样，也具有放大作用，场效应管的三个电极，栅极、源极和漏极分别相当于晶体管的基极、发射极和集电极。场效应管组成放大电路也要建立合适的静态工作点，所不同的是晶体管是电流控制器件，场效应管是电压控制器件，因此它需要合适的栅源电压。

1．场效应管自偏压式放大电路

典型的自偏压式电路如图 2-3-7 所示。由于 U_{GSQ} 是依靠场效应管自身的电流 I_{DQ} 产生的，故该电路称为自偏压电路。由于 $U_{GSD}<0$，故自偏压电路仅适用于结型及耗尽型场效应管。

2．场效应管分压式自偏压放大电路

图 2-3-8 所示为分压式自偏压电路，它是在给偏压电路的基础上，加上分压电阻 R_{g1} 和 R_{g2} 构成的。只要适当选取 R_{g1}、R_{g2} 和 R_g 值，可使栅源间的偏压为负、零和正，故这种偏置电路即可用于耗尽型场效应管，也可用于增强型场效应管。

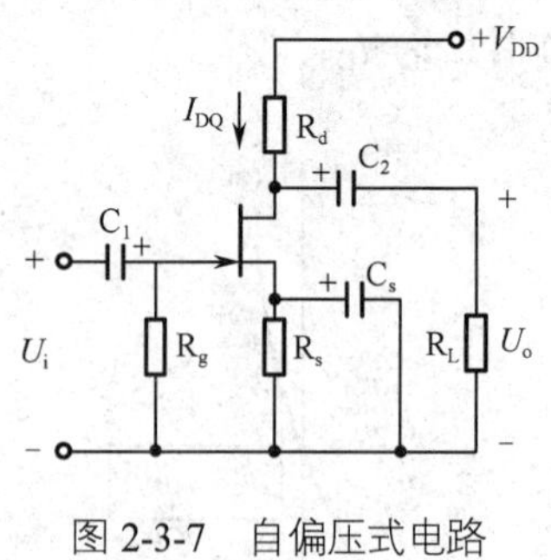

图 2-3-7 自偏压式电路

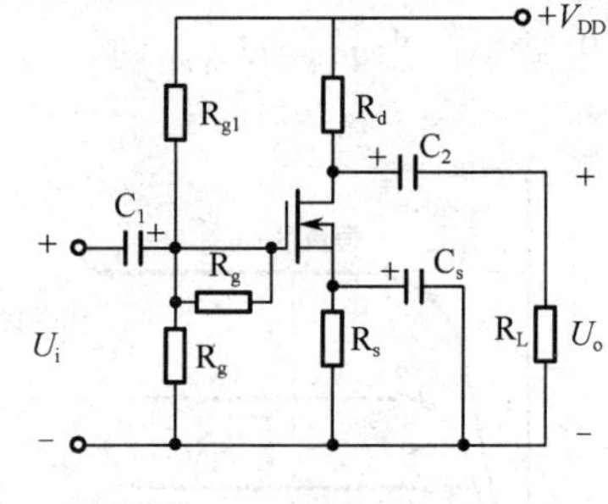

图 2-3-8 分压式自偏压电路

*项目 4 认识多级放大电路

学习目标

✧ 能区分多级放大电路的级间耦合方式。

✧ 通过比较，了解三种耦合方式的优缺点。

✧ 通过电子产品的实例，了解幅频特性指标的重要性。

✧ 了解多级放大器的增益和输入/输出电阻的概念及工程中的应用。

工作任务

✧ 识读多级放大电路的耦合方式。

✧ 认识多级放大电路的性能参数。

✧ 认识多级放大电路的幅频特性。

在实际应用中，单级放大电路往往不能得到足够的放大倍数，这就需要把几个单级放大电路连接起来，组成多级放大电路，多级放大电路级与级之间的连接，称为级间耦合。多级放大电路的组成可用如图 2-1-1 所示的框图来表示。

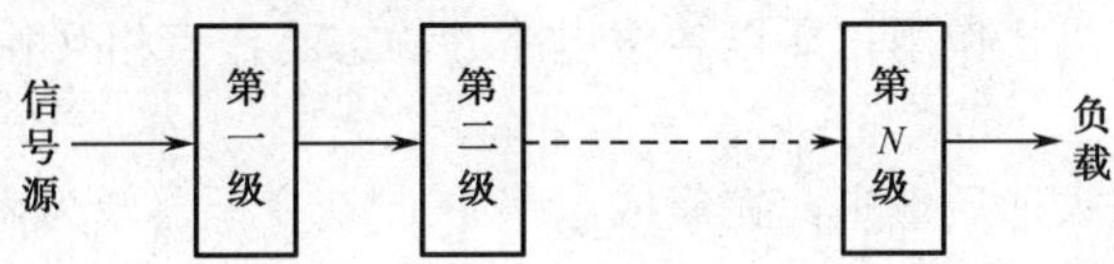

图 2-4-1　多级放大电路组成框图

第 1 步：识读多级放大电路的耦合方式

在多级放大电路中,我们把级与级之间的连接方式称为耦合方式。而级与级之间耦合时,必须满足:（1）耦合后,各级电路仍具有合适的静态工作点;（2）保证信号在级与级之间能够顺利地传输过去;（3）信号在传输过程中失真要小，效率要高。

为了满足上述要求，常用的耦合方式有阻容耦合、直接耦合、变压器耦合。

1. 阻容耦合

级与级之间通过电容连接的方式称为阻容耦合方式。电路如图 2-4-2 所示。

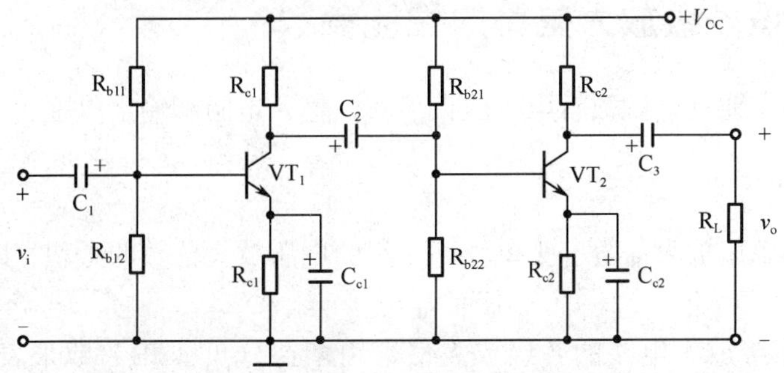

图 2-4-2　阻容耦合两级放大电路

优点：因电容具有隔直作用,所以各级电路的静态工作点相互独立,互不影响。此外,还具有体积小、质量轻等优点。

缺点：因电容对交流信号具有一定的容抗,在信号传输过程中,会受到一定的衰减。尤其对于变化缓慢的信号容抗很大,不便于传输。此外，在集成电路中,制造大容量的电容很困难，所以这种耦合方式的多级放大电路不便于集成化。

2．直接耦合

为了避免电容对缓慢变化的信号在传输过程中带来的不良影响，可以把级与级之间直接用导线连接起来,这种连接方式称为直接耦合。其电路如图 2-4-3 所示。

优点：既可以放大交流信号，也可以放大直流和变化非常缓慢的信号，电路简单,便于集成，所以集成电路中多采用这种耦合方式。

缺点：存在着各级静态工作点相互牵制和零点漂移两个问题。

3．变压器耦合

把级与级之间通过变压器连接的方式称为变压器耦合。其电路如图 2-4-4 所示。

优点：因变压器具有隔直作用，所以各级电路的静态工作点相互独立，互不影响。此外,还具有阻抗匹配等优点。

缺点：因变压器体积大，质量重，在集成电路中,制造变压器较为困难，所以这种耦合方式的多级放大电路不便于集成化。

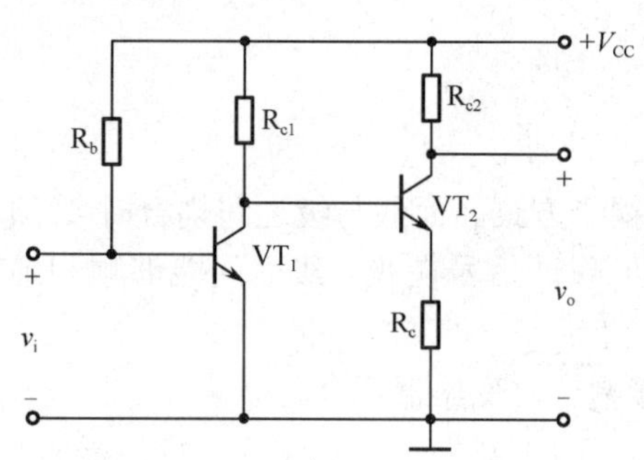

图 2-4-3　直接耦合两级放大电路

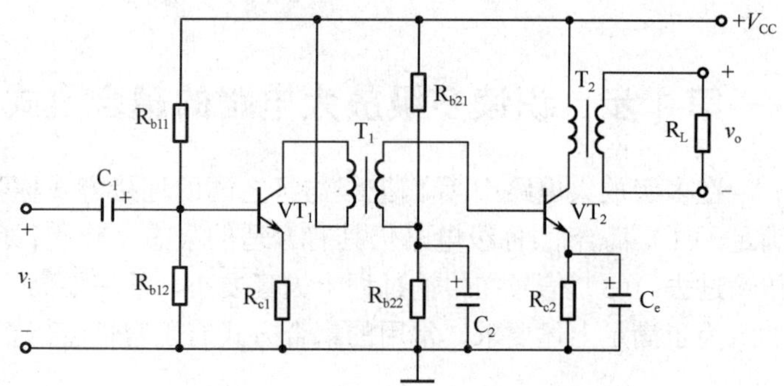

图 2-4-4　变压器耦合两级放大电路

第 2 步：认识多级放大电路的性能参数

多级放大电路的主要性能参数有电压放大倍数、输入电阻和输出电阻。

1．电压放大倍数

多级放大电路的电压放大倍数等于单独每一级的电压放大倍数的乘积。即

$$A_u = A_{u1}A_{u2}\cdots A_{un}$$

在很多场合，多级放大电路的各级放大倍数用增益分贝（dB）数来表示的，在这种情况下，可以利用对数运算法则来简化求总的放大倍数的计算。这是用分贝数表示放大电路放大倍数的好处之一。

【例 2-4-1】　有一收音机，其各级增益为天线输入级-3dB，变频级 20dB，第一中放级 30dB，第二中放级 35dB，检波级-10dB，末前级 40dB，功放级 20dB，求收音机的总功率增益。

解：Gp=-3+20+30+35-10+40+20=132dB

2. 输入电阻

多级放大电路的输入电阻，就是输入第一级的输入电阻，即

$$R_i=R_{i1}$$

3. 输出电阻

多级放大电路的输出电阻就是输出最后一级的输出电阻，即

$$R_o=R_{on}$$

项目 5　认识与测试功率放大电路

学习目标

✧ 了解低频放大电路的基本要求和分类。
✧ 能识读 OTL、OCL 功率放大器的电路图。
✧ 了解功放器件的安全使用知识。
✧ 了解典型功放集成电路的引脚功能和应用。

工作任务

✧ 认识低频功率放大电路的基本要求和类型。
✧ 认识与测试 OCL 功率放大电路。
✧ 认识与测试 OTL 功率放大电路。
✧ 认识典型集成功率放大电路。

在电子设备中，常常要求放大电路的输出级带动负载工作，如音响放大器中的扬声器、电视机的显像管和计算机显视器等。能输出较大功率的放大器称为功率放大器，如图 2-5-1 所示。它们不但要向负载提供较大的信号电压，还要向负载提供足够大的的信号电流。

图 2-5-1　功率放大器

第 1 步：认识低频功率放大电路的基本要求和类型

1. 功率放大电路的要求和特点

放大电路实质上都是能量转换电路。从能量控制的观点来说，功率放大电路和电压放大电路没有本质上的区别。但是功率放大器与一般的电压放大器或电流放大器的要求是不同的。对

一般的电压放大器或电流放大器的主要要求是使负载上得到不失真的电压或电流信号，输出功率不一定大。但功率放大电路则有所不同，它要求获得一定的不失真的输出功率。因此，在功率放大器中存在电压放大器没有出现过的特殊问题，对功率放大器也提出了一定的要求：

（1）输出功率 P_o 尽可能大。

为了获得大的功率输出，要求功放管的电压和电流都有足够大的输出幅度，因此管子往往在接近极限的状态下工作，但又不能超越管子的极限参数。

（2）效率 η 要高。

功率放大器的输出功率是由直流电源提供的，直流电源在提供输出功率的同时，还有一部分功率消耗在功率管上并产生热量，这是一种无用功率，因此这里存在一个效率问题。

（3）非线性失真要小。

功率放大电路是在大信号下工作的，所以不可避免地会产生非线性失真，而且同一功放管输出功率越大，非线性失真就越严重。在测量系统和电声设备中，这个问题显得比较严重，而在工业控制系统中，以输出功率为主要目的，非线性失真对它就成为次要问题了。

（4）功放管的散热性能要好。

在功率放大电路中，即使最大限度地提高效率 η，由于功放管工作在大电流和大电压状态下，仍有相当大的功率消耗在功率管上，造成结温和管壳温度升高，使功放管损坏的可能性也比较大，为此必须考虑管子的散热问题。

2．功率放大器的分类

从功率放大电路静态工作点 Q 在交流负载线上位置不同来看，功率放大器可分为甲类、乙类、甲乙类等。

（1）甲类功放

工作状态如图 2-5-2（a）所示。在输入信号的整个周期内都有电流流过功放管，这种工作方式称为甲类功放。显然，甲类功放的 Q 点位置适中，管子在整个周期内都导通，非线性失真很小，但静态电流较大，效率较低（在理想状态下，其效率最高也只能达到 50%，因此现在已很少采用）。前面学习和制作的电压放大电路就工作在甲类状态。

（2）乙类功放

工作状态如图 2-5-2（c）所示。它只在半个周期有流过功放管，这种工作方式称为乙类功放。显然，乙类功放的 Q 点位于截止区（零偏置）和放大区的交界处，管子在半个周期内导通，非线性失真严重。由于几乎无静态电流，功率损耗最小，使效率大大提高。为了体现乙类功放的优点，往往用两只不同类型的三极管组合起来，构成推挽型的功率放大电路，则既不使效率降低，又可以输出完整的不失真的信号。

（3）甲乙类功放

工作状态如图 2-5-2（b）所示。甲乙类功放是介于甲类和乙类之间的工作状态，它的静态工作点 Q 比乙类功放的 Q 点略为高一点。在大半个周期内有电流流过功放管。显然，其 Q 点较低，管子在大于半个周期内导通，静态电流较小，效率较高，非线性失真也较小。

从以上的讨论可以看出，功放的工作状态从甲类到甲乙类、乙类，其工作点 Q 逐步降低，管子的导通时间逐渐减小，非线性失真越来越严重，但是它们的效率却逐渐得到提高。提高效率和减小非线性失真是一对矛盾，这需要在电路结构上采取措施加以协调。

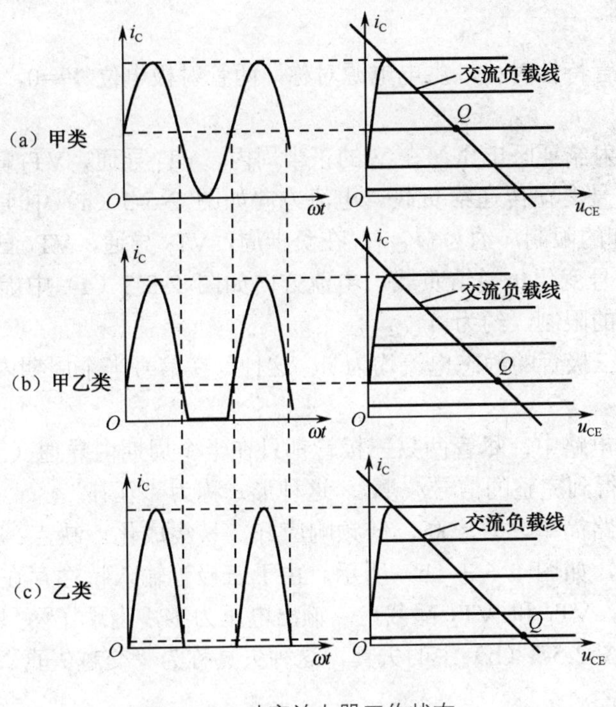

图 2-5-2　功率放大器工作状态

第 2 步：认识与测试 OCL 功率放大电路

1．电路组成及工作原理

互补对称式功率放大电路，简称 OCL 电路， 如图 2-5-3 所示。

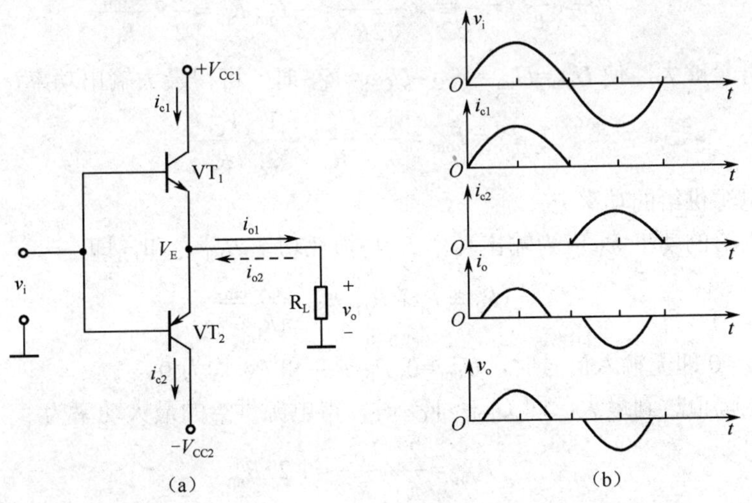

图 2-5-3　互补对称式功率放大电路

电路中两只三极管，VT_1 为 NPN 型，VT_2 为 PNP 型，但两管材料和特性参数相同，特性对称。由$+V_{CC1}$ 和$-V_{CC2}$ 两个对称直流电源供电。该电路可以看成是两个复合的射极跟随器。下面分析电路工作原理。

静态时：由于两管特性对称，供电电源对称，两管射极电位 $V_E=0$，V_1、V_2 均截止，电路中无功率损耗。

动态时：忽略发射结死区电压，在 v_i 的正半周内，VT_1 导通，VT_2 截止。VT_1 以射极输出器的形式将正方向的信号变化传递给负载。电流方向如图 2-5-3（a）中实线箭头所示。最大输出电压幅度受 VT_1 饱和的限制，约为$+V_{CC1}$。在负半周，VT_2 导通，VT_1 截止。VT_2 以射极输出器的形式将负方向的信号变化传递给负载。电流方向如图 2-5-3（a）中虚线箭头所示。最大输出电压幅度受 VT_2 饱和的限制，约为$-V_{CC2}$。

综上所述，两个三极管的静态电流均为 0。这种只在信号半个周期内导通的工作状态称为乙类工作状态。

在图 2-5-3（a）电路中，尽管两只三极管都只在半个周期内导通（工作在乙类状态），但它们交替工作，使负载得到完整的信号波形。 这种形式称为“互补”。

电路的特点：电路简单，效率高，低频响应好，易集成化。缺点：电路输出的波形在信号过零的附近产生失真，如图 2-5-3（b）所示。由于三极管输入特性存在死区，在输入信号的电压低于导通电压期间，VT_1 和 VT_2 都截止，输出电压为零，出现了两只三极管交替波形衔接不好的现象，故出现了图 2-5-3（b）中的失真，这种失真称为“交越失真”。

2．分析计算

如图 2-5-3（a）所示，为分析方便起见，设三极管是理想的，两管完全对称，其导通电压 $U_{BE}=0$，饱和压降 $U_{CES}=0$。则放大器的最大输出电压振幅为 V_{CC}，最大输出电流振幅为 V_{CC}/R_L，且在输出不失真时始终有 $u_i=u_o$。

（1）输出功率（output power）P_o

设输出电压的幅值为 U_{om}，有效值为 U_o；输出电流的幅值为 I_{om}，有效值为 I_o。则

$$P_o=U_oI_o=\frac{U_{om}}{\sqrt{2}}\times\frac{I_{om}}{\sqrt{2}R_L}=\frac{1}{2}I_{om}^2R_L=\frac{1}{2}\times\frac{U_{om}^2}{R_L}$$

当输入信号足够大，使 $U_{om}=U_{im}=V_{CC}-U_{CES}\approx V_{CC}$ 时，可得最大输出功率，即

$$P_o=P_{om}=\frac{1}{2}\times\frac{U_{om}^2}{R_L}\approx\frac{1}{2}\times\frac{V_{CC}^2}{R_L}$$

（2）直流电源供给的功率 P_V

直流电源供给的功率 P_V 应为输出功率 P_o 与损耗功率 P_{VT} 之和，即

$$P_V=P_o+P_{VT}=\frac{2V_{CC}U_{om}}{\pi R_L}$$

显然，当 $u_i=0$ 即无输入信号时，$U_{om}=0$, P_o, P_{VT} 和 P_V 均为 0。

当输出电压幅值达到最大，即 $U_{om}\approx V_{CC}$ 时，得电源供给的最大功率为

$$P_{Vm}=\frac{2}{\pi}\times\frac{V_{CC}^2}{R_L}\approx 1.27P_{om}$$

（3）效率（efficiency）η

$$\eta=\frac{P_o}{P_V}=\frac{\pi}{4}\times\frac{U_{om}}{V_{CC}}$$

当 $U_{om}\approx V_{CC}$ 时，效率达最大，即

$$\eta_m = \frac{P_{om}}{P_{Vm}} = \frac{\pi}{4} \approx 78.5\%$$

这个效率值是假设互补对称电路工作在乙类，且负载电阻为理想值，忽略管子的饱和压降 U_{CES} 和输入信号足够大（$U_{im} \approx U_{om} \approx V_{CC}$）情况下得来的，实际效率比这个数值要略低些。

3．功率三极管的选择

在选择功率三极管时，必须考虑以下几点。

（1）每只三极管的最大允许管耗 P_{CM} 必须大于实际工作时的 $P_{VT1m} \approx 0.2P_{om}$。

（2）当 VT_2 导通时，$U_{CE2} \approx 0$，此时 U_{CE1m} 具有最大值，且等于 $2V_{CC}$。因此，应选用击穿电压 $|V_{BR,CEO}| > 2V_{CC}$ 的三极管。

（3）通过三极管的最大集电极电流为 V_{CC}/R_L，选择三极管的最大允许的集电极电流 I_{CM} 一般不宜低于此值。

4．测试 OCL 功率放大电路

测试电路如图 2-5-4 所示，R_L 为 10kΩ电位器，VT_1 为 8050（NPN），VT_2 为 8550（PNP）。正负电源由直流稳压电源提供，函数信号发生器提供一定频率和幅度的正弦波信号，示波器用来观察波形，交流毫伏表用来检测信号的有效值。

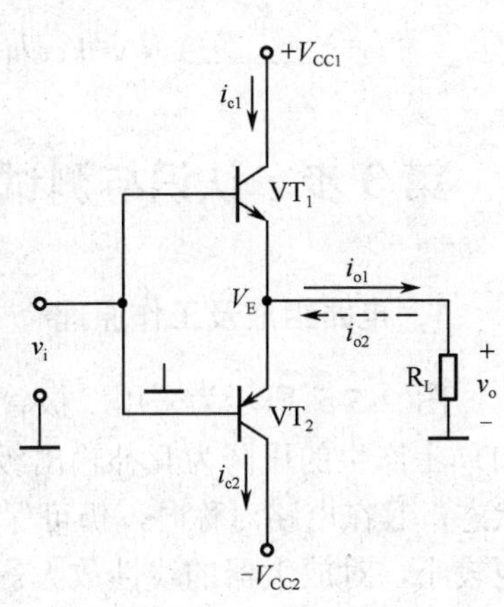

图 2-5-4　乙类互补对称式功率放大电路

（1）按如图 2-5-4 所示正确连接电路并复查，通电检测。

（2）接上双路直流稳压电源，独立输出双电源，V_{CC}=+6V，$-V_{CC}$=−6V。

（3）使 u_i=0，测量两管集电极静态工作电流，并记录：

I_{C1}=__________，I_{C2}=___________

结果表明：互补对称电路的静态功耗________（基本为 0/仍较大）。

（4）保持步骤（2），不接 R_L，改变 u_i，使其 f=1kHz，U_{im}=3.5V，用示波器（DC 输入端）同时观察 u_i, u_o 的波形，并记录波形。

结果表明：互补对称电路的输出波形________（基本不失真/严重失真）。

（5）保持步骤（3），接上 R_L 并改变 R_L，u_i 不变，用示波器（DC 输入端）同时观察 u_i, u_o 的波形，并记录波形。

结果表明：接上 R_L，互补对称电路的输出波形________（出现/不出现）失真。失真出现在上下波形的交接处，我们把这种失真称为交越失真，它是________（甲类/乙类/甲乙类）推挽功率放大电路中的典型现象。

（6）保持步骤（4），不接 VT_2，用示波器（DC 输入端）同时观察 u_i, u_o 的波形，并记录波形。

结果表明：晶体管 VT_1 基本工作在________（甲类状态/乙类状态）。

（7）保持步骤（5），不接 VT_1，接入 VT_2，用示波器（DC 输入端）同时观察 u_i, u_o 的波形，并记录波形。

结果表明：晶体管 VT_2 基本工作在________（甲类状态/乙类状态）。

（8）保持步骤（7），再接入 VT_1，用示波器测量 u_o 幅度 U_{om}，计算输出功率 P_o 并记录：

$$P_o = \frac{1}{2} \times \frac{U_{om}^2}{R_L} = \_\_\_\_\_\_\_\_\_\_$$

（9）保持步骤（8），用万用表测量电源提供的直流电流的平均值 I_0，计算电源提供功率 P_V、管耗 P_{VT} 和效率 η，并记录：

I_0=________，P_V=$V_{CC}I_0$=________，P_{VT}=P_V－P_o=________，$\eta = \frac{P_o}{P_V} =$________%

第 3 步：认识与测试 OTL 功率放大电路

1．电路组成及工作原理

图 2-5-5 所示为采用二极管作为偏置电路的甲乙类双电源互补对称电路。该电路中，VD_1，VD_2 上产生的压降为互补输出级 VD_1、VD_2 提供了一个适当的偏压，使之处于微导通的甲乙类状态，且在电路对称时，仍可保持负载 R_L 上的直流电压为 0；而 VD_1、VD_2 导通后的交流电阻也较小，对放大器的线性放大影响很小。另外，VD_3 通常构成驱动级，为简明起见，其基极偏置电路在这里未画出。

采用二极管作为偏置电路的缺点是偏置电压不易调整。图 2-5-6 所示为利用恒压源电路进行偏置的甲乙类互补对称电路。该电路中，由于流入 VD_4 的基极电流远小于流过 R_1、R_2 的电流，因此可求出为 VD_1、VD_2 提供偏压的 VD_4 的 $U_{CE4} = \left(1 + \frac{R_1}{R_2}\right) U_{BE4}$，而 VD_4 的 U_{BE4} 基本为一固定值，即 U_{CE4} 相当于一个不受交流信号影响的恒定电压源，只要适当调节 R_1、R_2 的比值，就可改变 VD_1、VD_2 的偏压值，这是集成电路中经常采用的一种方法。

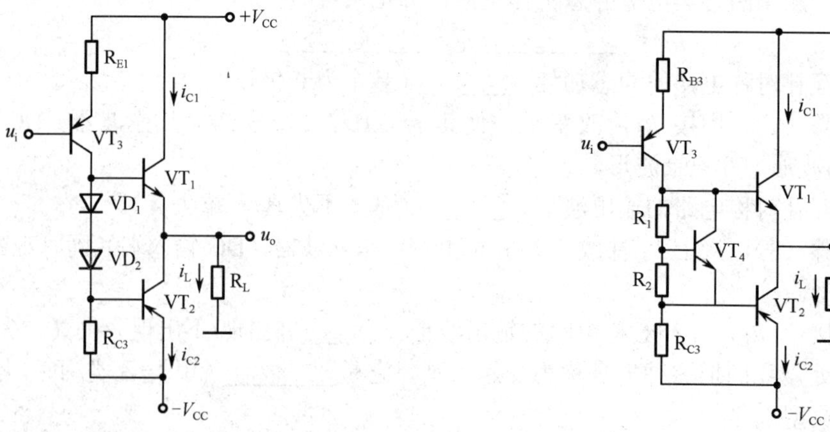

图 2-5-5　利用二极管进行偏置的互补对称电路　　图 2-5-6　利用恒压源电路进行偏置的互补对称电路

为了提高电源的利用率，在有些要求不高而又希望电路简化的场合，可以考虑采用一个电源的互补对称电路，如图 2-5-7 所示。该电路中，C 为大电容，正常工作时，可使 N 点直流电位

$U_N=V_{CC}/2$，而大电容 C 对交流近似短路，因此 C 上的电压 $U_C=U_N=V_{CC}/2$。当信号 u_i 输入时，由于 VD_3 组成的前置放大级具有倒相作用，因此，在信号的负半周，VD_1 导电，信号电流流过负载 R_L，同时向 C 充电；在信号的正半周，VD_2 导电，则已充电的 C 起着双电源电路中的 $-V_{CC}$ 的作用，通过负载 R_L 放电并产生相应的信号电流。即只要选择时间常数 R_LC 足够大（远大于信号的最大周期），单电源电路就可以达到与双电源电路基本相同的效果。

那么，如何使 N 点得到稳定的直流电压 $U_N=V_{CC}/2$，在该电路中，VD_3 的上偏置电阻 R_2 的一端与 N 点而不是与 M 点相连，即引入直流负反馈，因此只要适当选择 R_1、R_2 的阻值，就可以使 N 点直流电压稳定并容易得到 $U_N=V_{CC}/2$。值得指出，R_2 还引入了交流负反馈，使放大电路的动态性能指标得到了改善。

需要特别指出的是，采用单电源的互补对称电路，由于每个管子的工作电压不是原来的 V_{CC}，而是 $V_{CC}/2$（输出电压最大也只能达到约 $V_{CC}/2$），所以计算 P_{om} 公式中的 V_{CC} 要以 $V_{CC}/2$ 代替，即

$$P_{om}=\frac{V_{CC}^2}{8R_L}$$

2．测试 OTL 功率放大电路

测试电路如图 2-5-8 所示，R_{B1} 由 2kΩ的电阻与 47kΩ电位器相串联组成，R_1 为 4.7kΩ电阻，R_2 为 510Ω电阻，R_3 为 470Ω电阻，R_{B2} 为 470Ω的电位器，R_L 为 1kΩ，C_1 为 22μF/25V，C_2 为 47μF/10V，C_3 为 220μF/25V，VD_1 为 8050（NPN），VD_2 为 8550（PNP）。由直流稳压电源提供电源，函数信号发生器提供一定频率和幅度的正弦波信号，示波器用来观察波形。

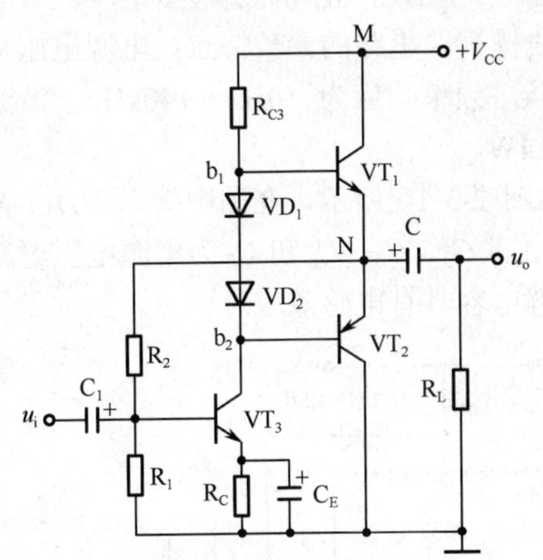

图 2-5-7　单电源互补对称电路

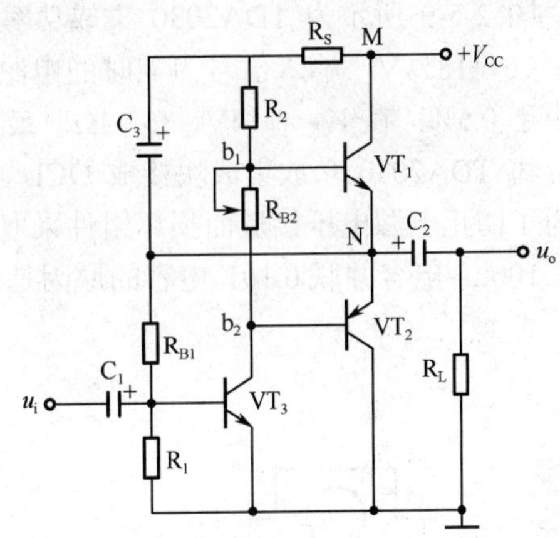

图 2-5-8　甲乙类互补对称式功率放大电路

（1）按如图 2-5-8 所示正确连接电路并复查，通电检测。

（2）接入电源，V_{CC}=12V。

（3）不接 u_i，用示波器（DC 输入端）测量 N 点直流电压值，调节 R_{B1} 并使 U_N=6V。

（4）输入端接入 u_i（f=1kHz，U_{im}=3V），用示波器（AC 输入端）同时观察 u_i，u_o 的波形，

并记录波形。

结果表明：甲乙类互补对称功放电路的输出波形在过零点处__________（基本无失真/有明显失真）。

（5）保持步骤（3），输入端接入 u_i（f=1kHz），并使 U_{im} 分别为 1V、2V、3V 和 4V，用示波器同时观察 u_i、u_o 的波形，并记录波形。

结果表明：甲乙类单电源互补对称电路__________（可以/不可以）实现正常放大，其不失真输出动态范围发生了__________（变化/基本不变）。

（6）输入端接入 u_i（f=1kHz ，U_{im}=3V），如果去掉电容 C_3，用示波器（AC 输入端）同时观察 u_i、u_o 的波形，和步骤（4）的波形进行比较，__________（发生/没有发生）变化。

第 4 步：认识典型集成功率放大电路

随着线性集成电路的发展，集成功率放大器的应用也随之日益广泛。集成功率放大器的种类繁多，国内外集成功率放大器产品型号多种多样，额定输出功率从几瓦至几百瓦不等。但集成功率放大器都具有体积小、稳定性好、便于安装与调试等优点。对应用者来说，要正确进行使用，必须了解它的外部特性和外部电路的正确连接方法。下面以 TDA2030 和 LM386 集成功率放大器为例作一介绍。

1．TDA2030 集成功率放大器

TDA2030 集成功率放大器是一种音频质量好的集成电路。内部含有过载保护电路，外部引脚和外接元件少，散热装置能直接固定在金属板上与地端可靠相连，使用很方便。

图 2-5-9 所示为 TDA2030 集成功率放大器的外引线排列。电路的参数特点：电源电压范围为±（6～18）V，输入信号为零时的电源电流小于 60μA，频率响应为 10Hz～140kHz，谐波失真小于 0.5%，在 V_{CC}=±14V，R_L=4Ω时最大输出功率为 14W。

将 TDA2030 功放集成块接成 OCL 功率放大电路如图 2-5-10 所示，在图中接入 VD_1、VD_2 是为了防止电源电压接反而损坏组件采取的防护措施。电容 C_3、C_4、C_5 和 C_6 为电源电压滤波电容，100μF 电容并联 0.1μF 电容的原因是由于 100μF 电解电容具有电感效应。

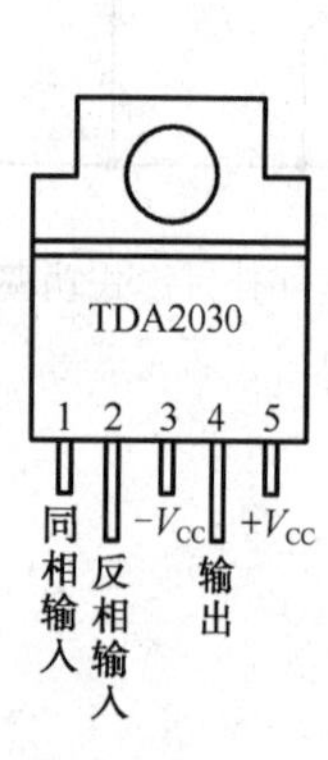

图 2-5-9 TDA2030 的外引线排列

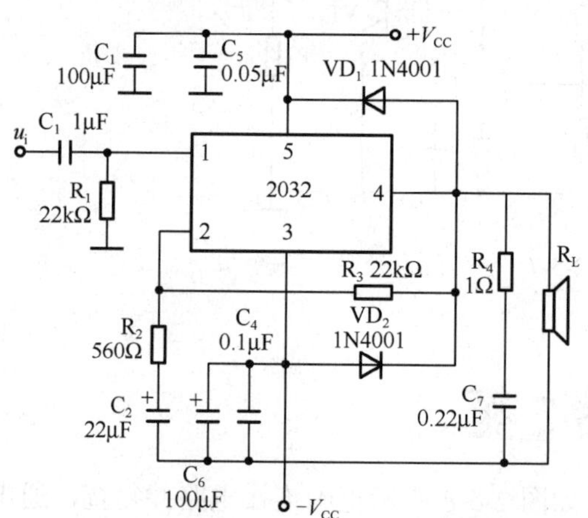

图 2-5-10 TDA2030 接成 OCL 功放电路

2．LM386 集成功率放大器

LM386 的内部电路图及引脚排列图如图 2-5-11、图 2-5-12 所示。其输入级是复合管放大电路，有同相和反相两个输入端，它的单端输出信号传送到中间共发射极放大级，以提高电压放大倍数。输出级是 OTL 互补对称放大电路。

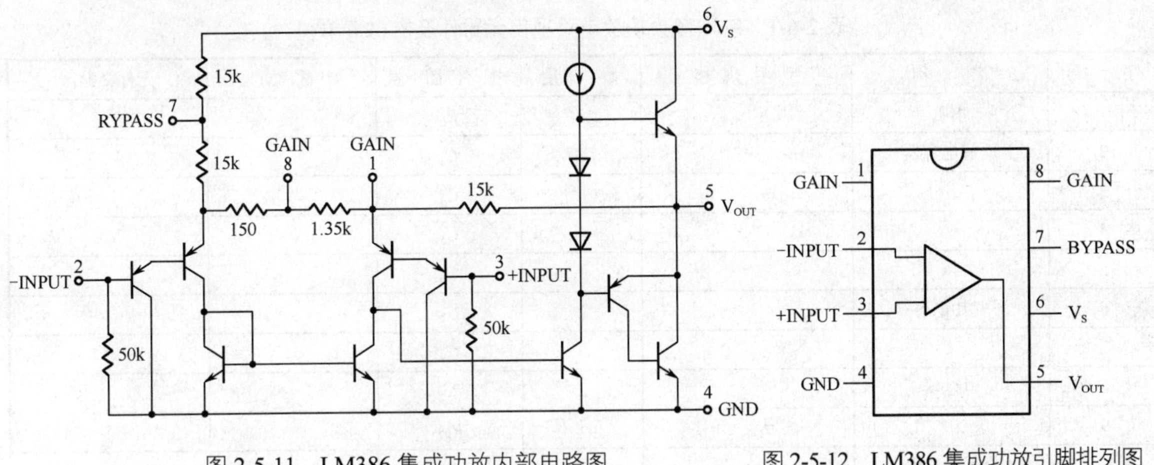

图 2-5-11　LM386 集成功放内部电路图　　图 2-5-12　LM386 集成功放引脚排列图

引脚功能：1、8—增益调节端；2—反相输入端；3—同相输入端；4—接地端；5—输出端；6—电源端；7—去耦端

项目 6　制作测试与音频功放电路

学习目标

- ✧ 认识并会使用集成功率放大电路。
- ✧ 会使用音乐（或语言）专用芯片。
- ✧ 会安装与调试音频功放电路。
- ✧ 会用万用表和示波器测量相关电量参数和波形。
- ✧ 会判断并检修音频功放电路的简单故障。

工作任务

- ✧ 清点与检测元器件。
- ✧ 制作音频功放电路。
- ✧ 测试音频功放电路。

将学生分为若干组，每组提供直流稳压电源、函数信号发生器、示波器各一台，万用表一块，学生自备焊接工具。实训室提供电路装接所用的元器件及器材，参见表 2-6-1。

第 1 步：清点与检测元器件

根据元器件及材料清单，清点并检测元器件。将测试结果填入表 2-6-1，正常的填“√”，如元器件有问题，及时提出并更换。将正常的元器件对应粘贴在表 2-6-1 中。

表 2-6-1 制作音频功放电路项目元器件及器材清单

序 号	名 称	型 号 规 格	数 量	配 件 图 号	测 试 结 果	元件粘贴区
1	喇叭		1	R_L		
2	电解电容器		3	C_1		
3				C_3		
4				C_5		
5				C_6		
6	瓷片电容		2	C_2		
7				C_4		
8	电位器		2	R_{P1}		
9				R_{P2}		
10	金属膜电阻		2	R_1		
				R_{10}		
11	印制电路板	配套	1			
12	焊锡、松香		若干			
13	连接导线		若干			

第 2 步：制作音频功放电路

音频功放电路的电路图与装配图，分别如图 2-6-1、图 2-6-2 所示。图 2-6-1 中 1 脚与 8 脚间可以开路，这时整个电路的放大倍数约为 20 倍。若在 1 脚与 8 脚间外接旁路电容与电阻（如 R_1 及 C_1），则可提高放大倍数。也可以在 1 脚与 8 脚间接电位器与电容（如 R_{P2} 及 C_6），则放大倍数可以进行调节（20～200 倍）。

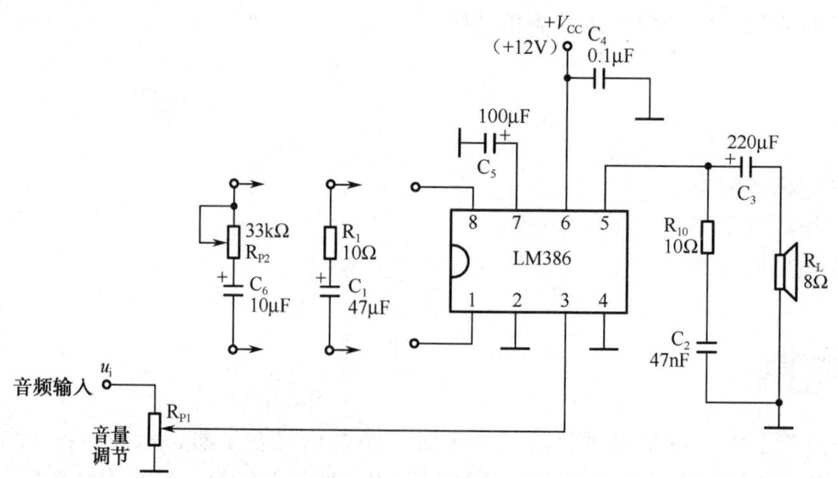

图 2-6-1 音频功放电路的电路图

R_{P1} 调节输入的音频电压的大小，用来调节输出的音量。

图 2-6-3 所示为音乐专用芯片，它所加的电源电压为 2.5～5V，此处取 3V。中央的接线端为音乐信号输出端（另一输出端为地端）。

按照电路图和装配图，完成电路装接。

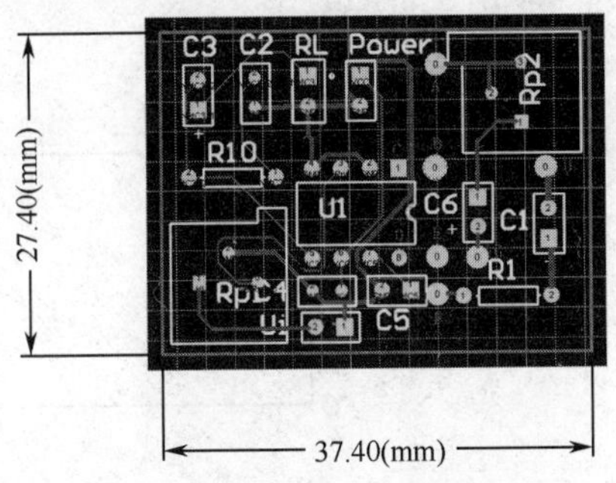

图 2-6-2 音频功放电路的装配图

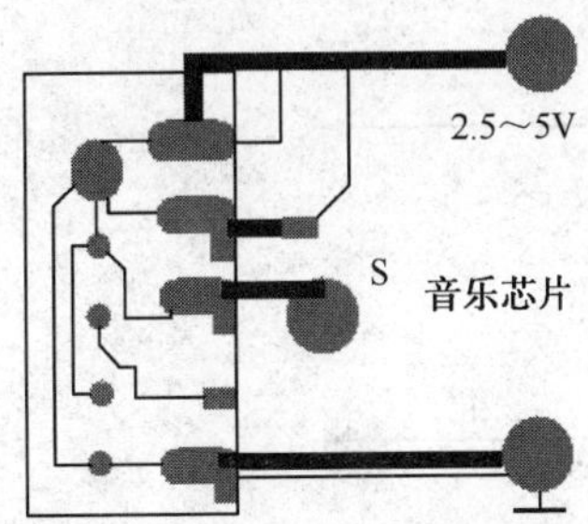

图 2-6-3 音乐专用芯片

友情提醒

装配焊接时应注意以下要求：（1）按装配图进行装接，不漏装、错装，不损坏元器件；（2）焊接电解电容时，一定要注意极性；（3）无虚焊、漏焊和搭锡；（4）元器件排列整齐并符合工艺要求。

第 3 步：测试音频功放电路

调节函数信号发生器，输出 1000Hz 的正弦信号。检查各元器件装配无误后，进行以下测试。

1．1 脚与 8 脚悬空，逐渐增大输入信号 u_i，使输出波形为最大不失真电压。

用示波器观察 u_i 和 u_o 的波形，并在图 2-6-4 中定性画出。记录数据如下：U_{ipp}=__________；U_{opp}=__________。

测量并计算音频功放电路的放大倍数 A_u 与输出功率 P_o。

$$A_u = \frac{U_{opp}}{U_{ipp}} = \_\_\_\_\_\_\_\_ \qquad p_o = \frac{U_o^2}{R_L} = \_\_\_\_\_\_\_\_$$

2．1 脚与 8 脚间外接旁路电容 C_1 与电阻 R_1（H、B、C 点用跳线相连，F、E、D 点用跳线相连），逐渐增大输入信号 u_i，使输出波形为最大不失真电压。

用示波器观察 u_i 和 u_o 的波形，并在图 2-6-5 中定性画出。记录数据如下：U_{ipp}=__________；U_{opp}=__________。

测量并计算音频功放电路的放大倍数 A_u 与输出功率 P_o。

$$A_u = \frac{U_{opp}}{U_{ipp}} = \_\_\_\_\_\_\_\_ \qquad p_o = \frac{U_o^2}{R_L} = \_\_\_\_\_\_\_\_$$

3．1 脚与 8 脚间外接接电位器 R_{P2} 与电容 C_6（A、B、C 点用跳线相连，G、E、D 点用跳线相连），逐渐增大输入信号 u_i，使输出波形为最大不失真电压。

用示波器观察 u_i 和 u_o 的波形，并在图 2-6-6 中定性画出。记录数据如下：U_{ipp}=__________；

U_{opp} =__________。

测量并计算音频功放电路的放大倍数 A_u 与输出功率 P_o。

$A_u = \dfrac{U_{opp}}{U_{ipp}} =$ ________　　　　$p_o = \dfrac{U_o^2}{R_L} =$ ________

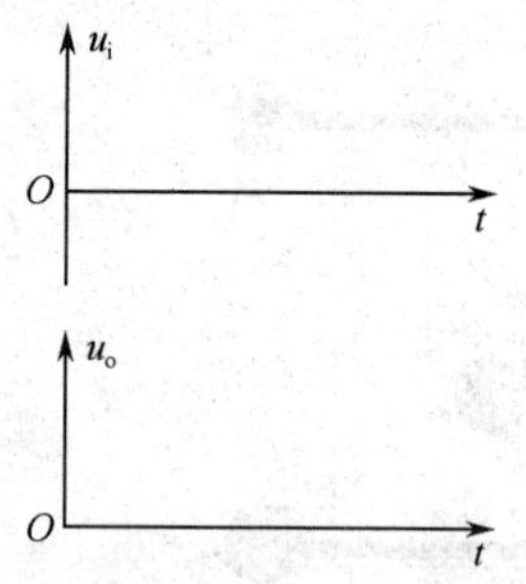

图 2-6-4　1 脚与 8 脚悬空

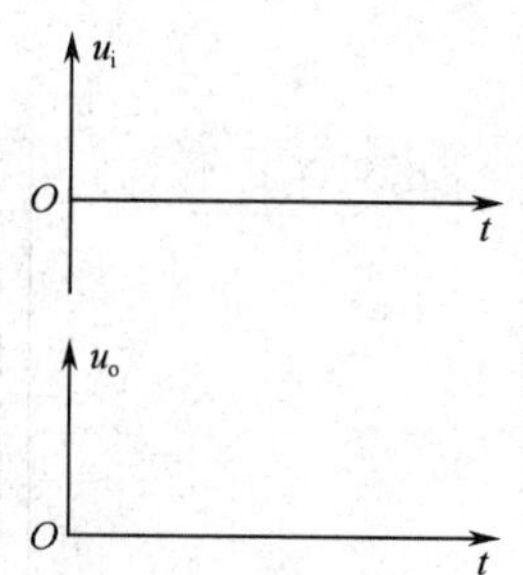

图 2-6-5　1 脚与 8 脚接 R_1、C_1

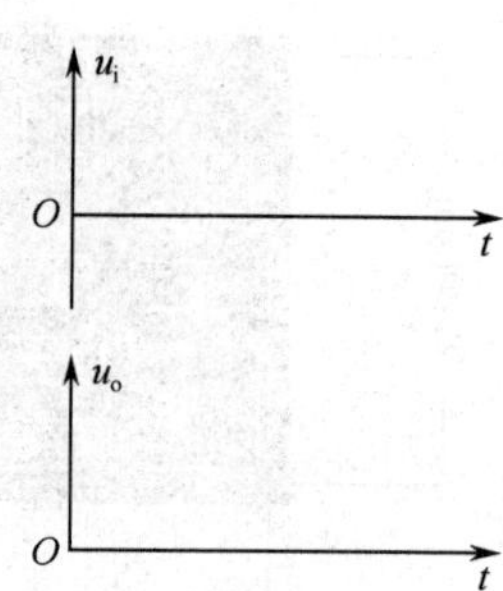

图 2-6-6　1 脚与 8 脚接 RP_1、C_6

4．以音乐芯片的输出取代函数信号发生器的信号，检听扬声器的音响品质。调节音量调节旋钮，检听对音质的音响。

1．扬声器能否发生短接，如果短接会造成怎样的后果？

2．提出改进音质的措施？

3．若 C_3 断路对电路有什么影响？

单元小结

1．三极管是一个通过基极电流控制集电极电流的电流控制器件，具有电流放大作用。

2．三极管的输出特性曲线有三个区域，分别对应三种工作状态。

（1）放大区——放大状态

条件：反射结正偏，集电结反偏。特点：$I_C=\beta I_B$。

（2）饱和区——饱和状态

条件：反射结正偏，集电结正偏。特点：$I_C=U_{RC}/R_C$，I_C 不随 I_B 的增大而增大。

（3）截止区——截止状态

条件：反射结反偏，集电结反偏。特点：$I_C=0$，$I_B=0$。

3．场效应管是一种电压控制器件，具有放大作用，其输入电阻很高。

4．放大电路是利用三极管或场效应管的放大原理，完成小信号输入控制大信号输出，实现放大。

5．单管放大电路的基本形式有共射、共基、共集三种。

6．多级放大电路可以提高电路的增益，但其通频带相应的减小。

7．功率放大器分为甲类、甲乙类、乙类，甲类功放的波形最理想，但功率利用率最低，乙类功放的功率利用率较高，但失真较大。

8．为了克服交越失真，常采用加适当的偏置电路，功率管工作在甲乙类状态。在实际运用中 OCL 和 OTL 电路应用最广。

思考与习题

2-1 三极管有 e、b、c 三个电极，能否将 e、c 两电极交换使用？为什么？

2-2 三极管具有两个 PN 结，可否用两个二极管取代一只三极管进行使用？试说明其理由。

2-3 要使三极管具有电流放大作用，发射结和集电结的偏置电压电路应如何连接？

2-4 有两只相同型号的三极管，VT_1 的β=200，I_{CBO}=200μA，VT_2 的β=50，I_{CBO}=10μA，其他参数大致相同，你认为哪个三极管较稳定？为什么？

2-5 测得电路中的三极管各极对地电位如习题 2-1 图所示，试分析各三极管：（1）是硅管还是锗管？（2）是 NPN 型管还是 PNP 型管？（3）工作在何种状态？有无损坏情况？

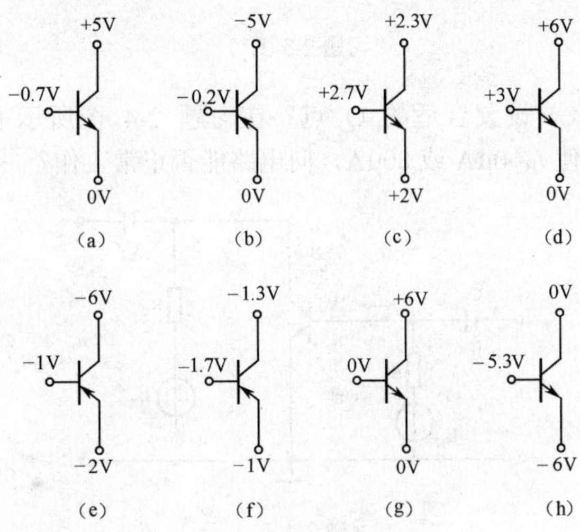

习题 2-1 图

2-6 测得某放大电路中三极管的三个电极 A，B，C 的对地电位分别为 V_A= −9V，V_B = −6V，V_C= −6.2V，试分析指出 A，B，C 对应的基极 b，发射极 e，集电极 c，并说明此三极管是 NPN 管还是 PNP 管。

2-7 测得某放大电路中三极管的两个电极的电流如图 2-2 所示。

① 求另一个电极电流，并在图中标出实际方向。

② 标出 e、b、c 极，并判断该管是 NPN 管还是 PNP 管。

③ 估算其β值。

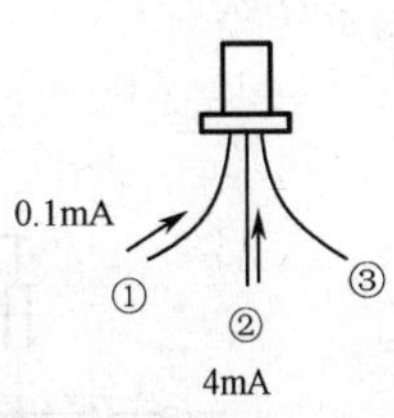

习题 2-2 图

2-8 观察如习题 2-3 图所示各电路，试分析对交流信号有无放大作用，并简述理由。设各电容的容抗可忽略。

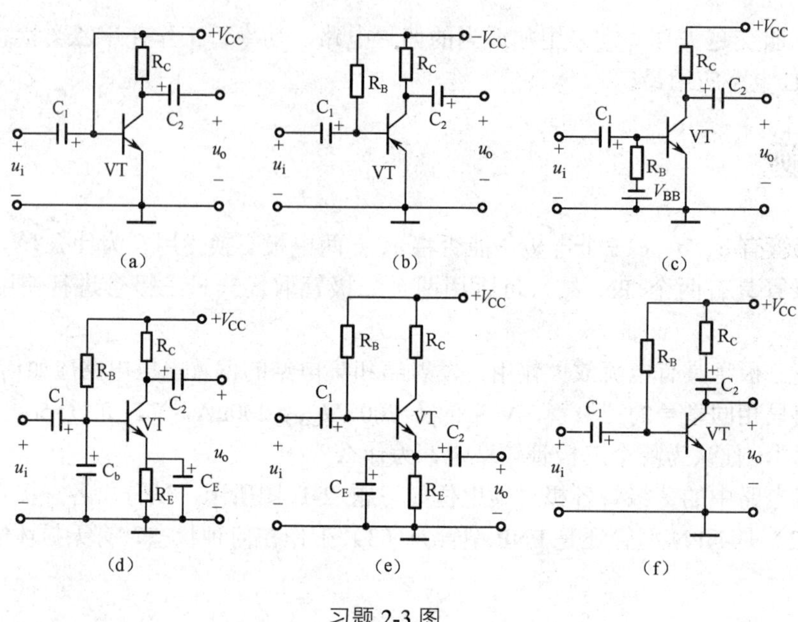

习题 2-3 图

2-9　放大电路为什么要设置合适的 Q 点？在习题 2-4 图所示电路中，设 R_B=300kΩ，R_C=4kΩ，V_{CC}=12V。如果使 I_B=0μA 或 80μA，问电路能否正常工作？

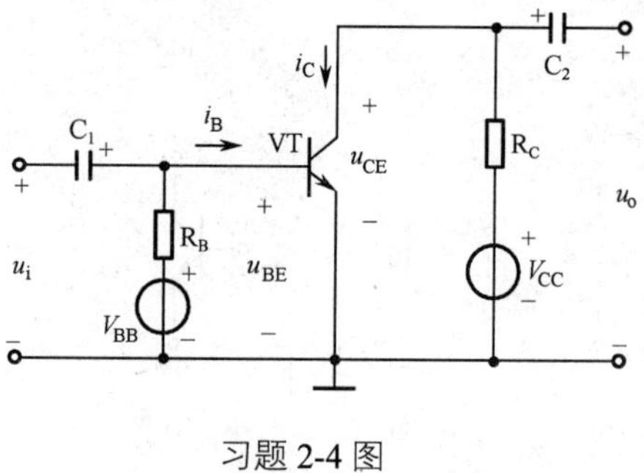

习题 2-4 图

2-10　某同学测量如习题 2-5 图所示的电路中的集电极电压 V_{CE} 时，发现它的值与 V_{CC}=12V 接近，问管子处于什么工作状态？试分析其原因，并排除故障使之正常工作。

2-11　分压式偏置电路如习题 2-6 图所示，已知三极管的 U_{BE}=0.7V，$r_{bb'}$=100Ω，β=60，U_{CES}=0.3V。

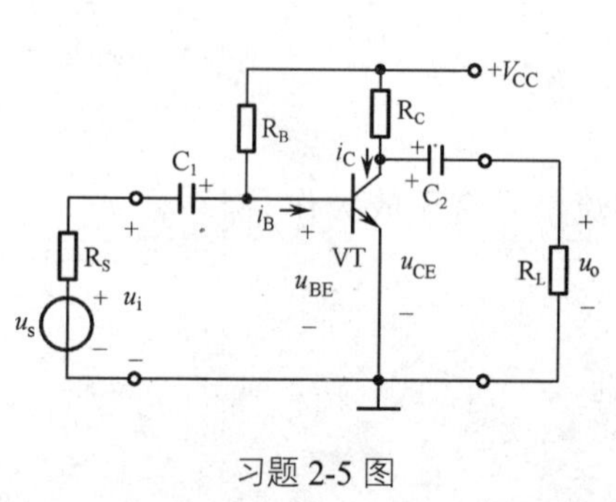

习题 2-5 图

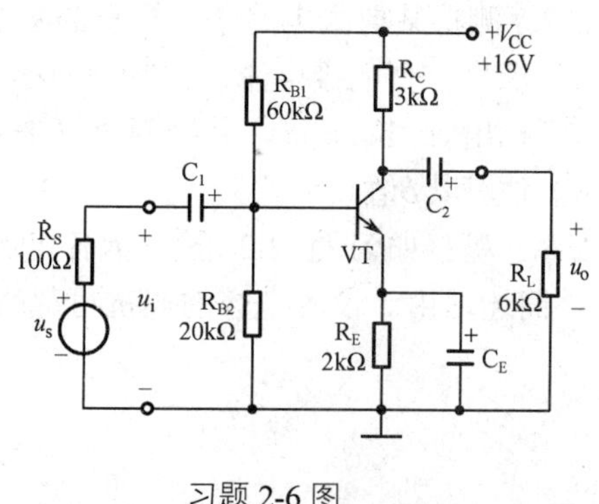

习题 2-6 图

① 估算工作点 Q。

② 求放大电路的 R_i，R_o，A_{us}。

③ 若电路其他参数不变，问上偏置电阻 R_{B1} 为多大时，能使 U_{CE} =4V?

2-12　有同学认为"在功率放大电路中，输出功率最大时，功放管的功率损耗也最大。"这种说法对吗？设输入信号为正弦波，对于工作在甲类的功率放大输出级和工作在乙类的互补对称功率输出级来说，这两种功放分别在什么情况下管耗最大？

2-13　功率放大器与电压放大器相比较，主要有何区别？功率放大器的要求和特点是什么？

2-14　如习题 2-7 图所示为乙类推挽功率放大电路的几种输出电压的波形，试分析产生这几种现象的原因是什么？

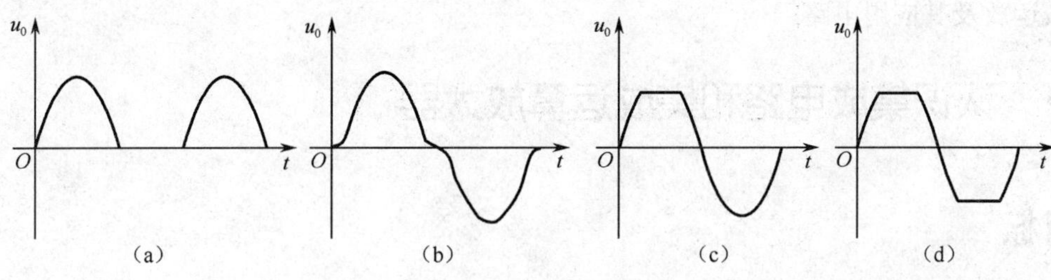

习题 2-7 图

2-15　如习题 2-8 图所示功放电路，试分析：

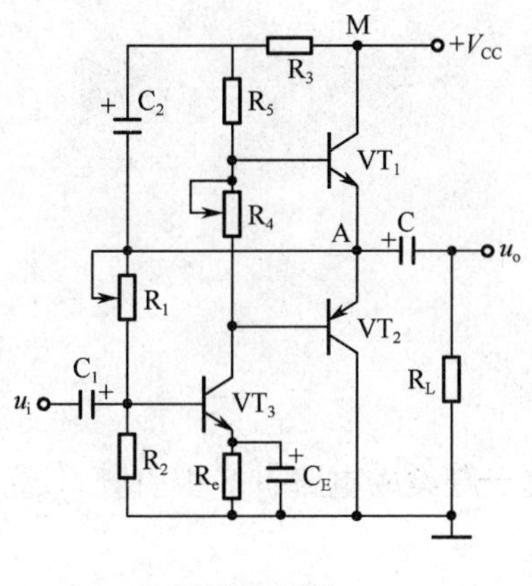

习题 2-8 图

（1）静态时，A 点电位是多少，通过什么来调节？

（2）电位器 R_4 的作用是什么？

（3）电路中 C_2、R_3 的作用是什么？如果去掉会有什么现象？

（4）如果 V_G =24V，R_L=8Ω，则最大不失真输出功率是多少？

（5）如果 V_G 调为 12V，R_L 仍为 8Ω，中点电压为 8V，$v_i=300\sin\omega t$，$A_{VT_1}=10$，$A_{VT_2}=1$，则此时的输出功率是多少？

学习领域三　集成运算放大电路的制作与测试

领域简介

集成运算放大器是模拟集成电路中应用最为广泛的一种，反馈是放大电路性能优化最典型的一种应用形式。本领域主要学习负反馈的原理和类型，体会负反馈对放大电路的影响，认识常用集成运放及其应用电路。

项目 1　认识集成电路和集成运算放大器

学习目标

✧ 了解集成运放的电路结构，掌握集成运放的符号及器件的引脚功能。
✧ 了解集成运放的主要参数，了解理想集成运放的特点。
✧ 了解集成运放使用常识，会根据要求正确选用元器件。

工作任务

✧ 认识集成电路。
✧ 认识集成运放。

你见过集成电路吗？你知道一般集成电路有多少引脚？这么多的引脚是做什么的？它们之间有怎样的联系？

图3-1-1　集成电路

第 1 步：认识集成电路

1．集成电路的概念

近几十年来，随着微电子技术的不断进步，集成电路（Integrated Circuits，IC。）得到了惊人的同步发展。集成电路是把晶体管、必要的元件和连接导线集中制造在一小块半导体基片上而形成具有特定电路功能的器件。

2．集成电路的分类

（1）按所用器件不同分为双极型（即 BJT）集成电路、单极型（即 MOS）集成电路。

（2）按功能可分为模拟集成电路（运算放大器、稳压器、音响电路、电视电路、非线性电路）、数字集成电路（TTL 电路、HTL 电路、ECL 电路、CMOS 电路、存储器、微型机电路）、接口电路（电平转换器、电压比较器、线驱动接收器、外围驱动器）、特殊电路（传感器、通信电路、机电仪电路、消费类电路）。其中模拟集成电路又可分为线性集成电路和非线性集成电路。

（3）按集成度可分为小规模集成电路（SSI，即包含的管子和元件在一百个以下）、中规模集成电路（MSI，即包含的管子和元件在一百至一千个之间）、大规模集成电路（LSI，即包含的管子和元件在一千至十万个之间），以及超大规模集成电路（VLSI，即包含的管子和元件在十万个以上）。

（4）按外形可分为圆形（金属外壳晶体管封装型，适用于大功率）、扁平形（稳定性好、体积小）和双列直插式（有利于采用大规模生产技术进行焊接，因此获得广泛的应用）。

3．集成电路的特点

由于集成电路具有体积小、质量轻、耗电省、成本低、可靠性高和性能优良等突出优点，所以在生产生活中有着极为广泛的应用。

4．认识集成电路的引脚排列

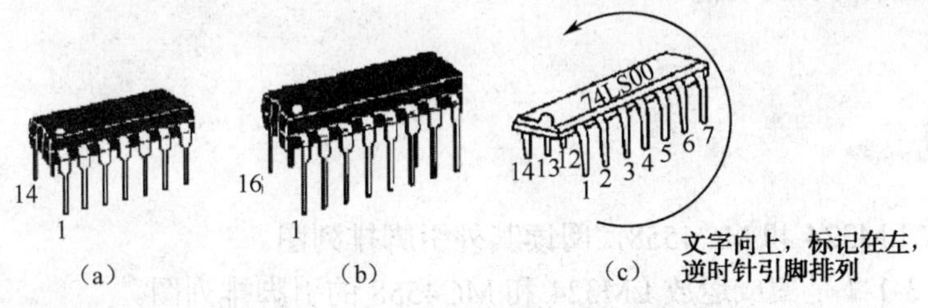

图 3-1-2　双列直插式集成电路引脚排列

图 3-1-2（a）中的集成电路为 14 脚，图 3-1-2（b）集成电路为 16 脚，图 3-1-2（c）表示集成电路引脚排列是从豁口或标志处逆时针递增（小点对着 1 脚）。常用集成电路有 8 脚、14 脚、16 脚、20 脚、22 脚、24 脚、28 脚和 40 脚等。

上面所述为双列直插式集成电路引脚的排列方法，在我们的实际使用中又常会遇到单列直

插式集成电路，如图 3-1-3 所示。请查阅相关资料，了解单列直插式集成电路引脚的排列方法，并标出下列集成电路引脚排列顺序。

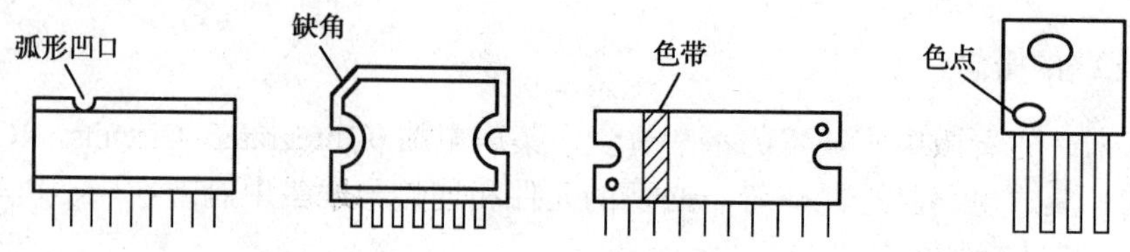

图3-1-3 集成电路的外形及引脚

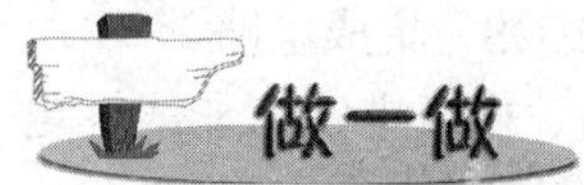

观察实训室所提供的不同形状的集成电路，正确识别引脚排列顺序。

第 2 步：认识集成运放

集成运算放大器（简称集成运放）是一种内部为多级直接耦合高放大倍数的模拟集成电路。图 3-1-4 和图 3-1-5 是集成运放的内部电路结构图和电路符号。

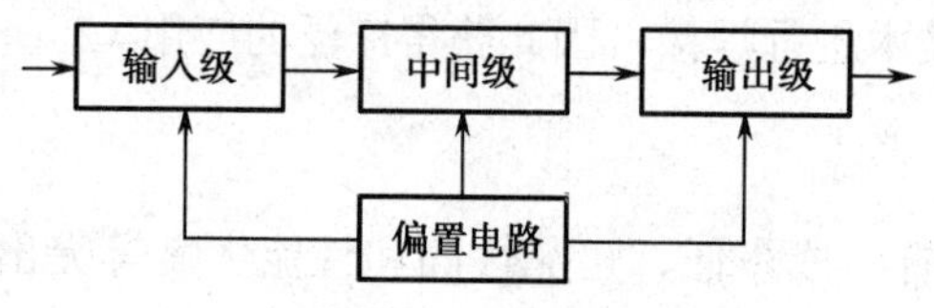

图3-1-4 集成运放内部电路结构图

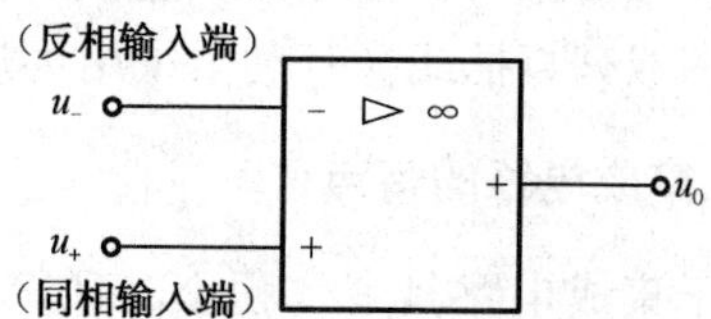

图3-1-5 集成运放的电路符号

1．认识集成运放的引脚功能

观察集成运放 LM324 和 MC4558，阅读其外引脚排列图。

图 3-1-6 和图 3-1-7 是集成运放 LM324 和 MC4558 的引脚排列图。

对于集成运放 LM324，它是由 4 个独立的低功耗、高增益、频率内补偿式运算放大器组成的。能在+3～30V 单电源或+1.5～±15V 双电源下工作。当电源电压 U+=+5V 时，每个运放的功耗仅为 1mW。而集成运放 MC4558，它是由两个独立的低功耗、高增益运算放大器组成。电源电压范围很宽，外围电路简单，价格低廉。

如图 3-1-6 所示，U+、GND 分别为正电源端和地端，IN+为同相输入端，IN−为反相输入端，OUT 为输出端。

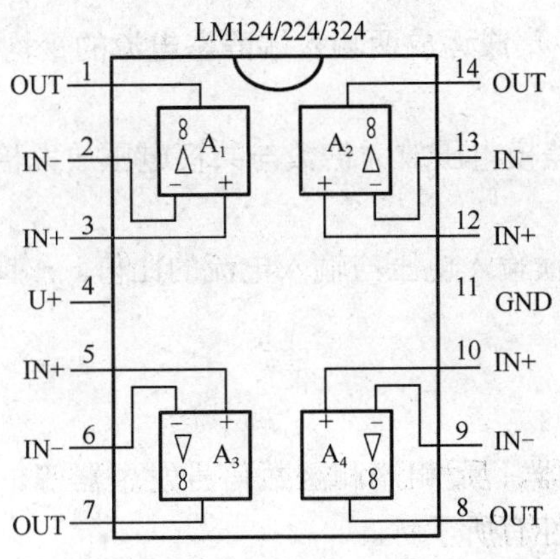

图3-1-6　LM324引脚排列图

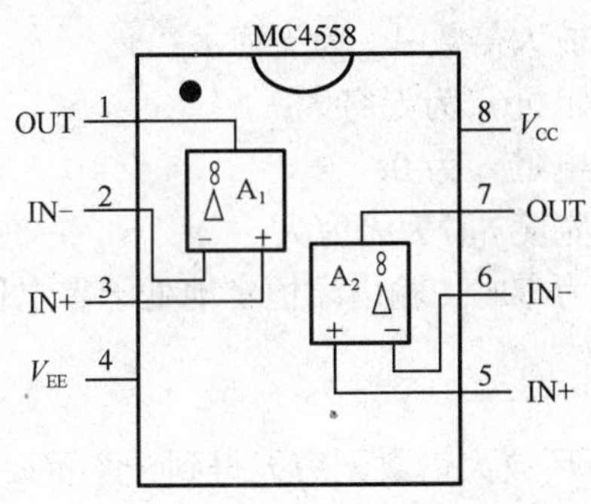

图3-1-7　MC4558引脚排列图

图 3-1-7 所示为 MC4558 集成运放的实物图和引脚图，请根据前面的介绍和以往的经验，说明各引脚的功能，并比较集成运放 LM324 和 MC4558 的不同之处。

2．集成运放的主要参数

（1）开环电压放大倍数 A_{uo}　指集成运放的输出端与输入端之间无外接回路时的差模电压放大倍数，也称开环电压增益。A_{uo} 通常用来说明运算精度，A_{uo} 越大集成运放的性能越好。

（2）最大输出电压 V_{om}　指集成运放在额定电源电压和额定负载下，不出现明显非线性失真的最大输出电压峰值。它与集成运放的电源电压有关。

（3）最大输出电流 I_{om}　指集成运放在额定电源电压下达到最大输出电压时所能输出的最大电流。通用型集成运放一般为几毫安至几十毫安。

（4）输入失调电压 V_{IO}　指输入电压为零时，使输出电压也为零而在输入端所加的补偿电压。它反映了输入级差分电路的不对称程度，一般为几毫伏。V_{IO} 越小越好。

（5）输入失调电流 I_{IO}　指输入电压为零时，使输出电压也为零而流入集成运放两输入端静态基极电流之差。I_{IO} 越小越好。

（6）输入偏置电流 I_{IB}　指输入电压为零时，集成运放两输入端静态电流的平均值。I_{IB} 越小越好。

（7）共模抑制比 K_{CMR}　电路开环状态下，差模电压放大倍数与共模电压放大倍数的比值。K_{CMR} 越高运放性能越好。

（8）开环输入电阻 r_i　电路开环状态下，差模输入电压与输入电流的比值。r_i 越大运放性能越好，一般在几百千欧以上。

3．认识集成运放的理想特性

集成运放广泛的应用于各种电路中，如同相器、反相器和函数信号发生器等。为了进一步分析集成运放电路，首先应对集成运放的理想特性有所了解。

为简化分析，可将实际运放视为理想运放，图 3-1-8 所示为理想运放的符号。理想集成运放具备下列特性：

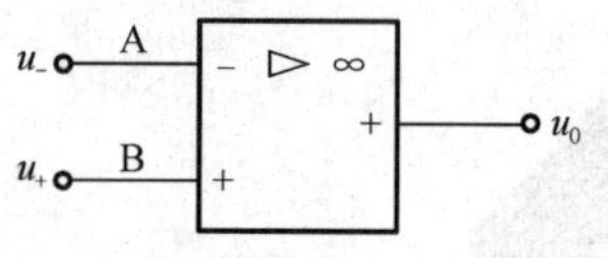

图3-1-8　理想运放的符号

（1）开环电压放大倍数 A_{uo} 为无穷大；

（2）开环输入阻抗 r_i 为无穷大；

（3）开环输出电阻 r_o 为 0；

（4）开环频带宽度 f_{BW} 为无穷大；

（5）输入信号为零时，输出端恒定地处于零电位。

4．认识理想集成运放的两个重要结论

（1）虚短：根据集成运放理想特性中的开环放大倍数无穷大得到一个重要结论“虚短”，即两输入端电位近似相等 $u_+ \approx u_-$，相当于两输入端短路，但不是真正的短路，故称为“虚短”。

（2）虚断：根据集成运放理想特性中的输入电阻无穷大得到一个重要结论“虚断”，即表明两输入端电流近似为零 $i_+ \approx 0$，$i_- \approx 0$，相当于两输入端断路，但不是真正的断路，故称为“虚断”。

项目 2　认识负反馈电路

学习目标

✧ 理解反馈的概念，了解负反馈应用于放大器中的类型。
✧ 了解负反馈对放大电路的影响。

工作任务

✧ 认识反馈及反馈类型。
✧ 判断放大器的反馈类型。
✧ 体验负反馈对放大电路性能的影响。

反馈在电子线路中应用非常广泛。若在放大电路中引入正反馈，则会产生自激振荡，振荡器就是利用正反馈原理工作的。若在电路中引入负反馈，则可以有效改善电路的性能指标，提高电路的质量。集成运放通过与包括负反馈电路在内的不同外围电路的组合，可构成不同功能的放大电路。

图 3-2-1 所示为反相集成比例运算放大电路。其中，R_f 就是构成负反馈电路的负反馈电阻。

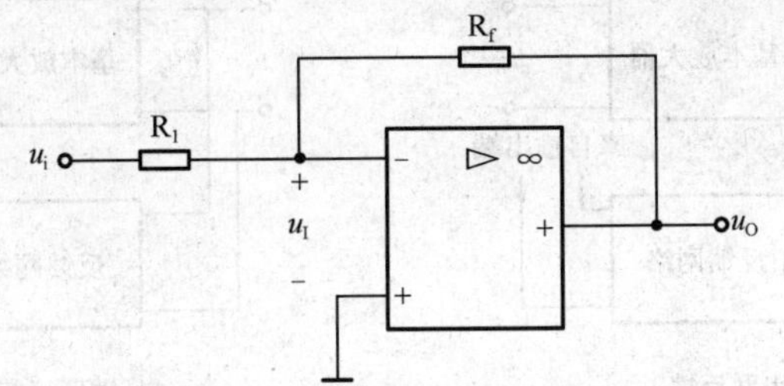

图3-2-1　反相集成比例运算放大电路

第 1 步：认识反馈及其类型

1. 反馈

反馈是将输出量（输出电压或电流）的一部分或全部通过一定的形式返送到输入回路，用来影响其输入量（放大电路的输入电压或输入电流）的过程，如图 3-2-2 所示。完成这个功能的电路称为反馈电路。反馈电路一般由电阻或电容等元件构成。

2. 反馈的类型

在多级放大电路中，往往包含多个反馈网络，有在本级的反馈，也有在级与级之间的反馈（级间反馈），而后者对放大电路的性能有重要影响。由于反馈放大电路在输出和输入端均有两种不同的反馈方式，因此负反馈放大电路的组态可以有四种可能，即电压并联负反馈、电压串联负反馈、电流串联负反馈和电流并联负反馈。

（1）正反馈和负反馈。凡是反馈信号起到增强输入信号的作用的称为正反馈。反之反馈信号起到削弱输入信号的作用的称为负反馈。

（2）电压反馈和电流反馈。如果反馈信号取自输出电压，并且反馈量与输出电压量成正比，则为电压反馈；如果反馈信号取自输出电流，并且反馈量与输出电流量成正比，则为电流反馈。如图 3-2-2 所示。

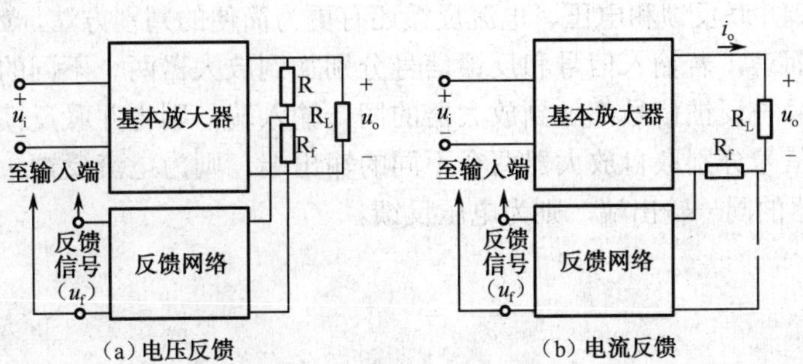

图3-2-2　电压反馈和电流反馈

（3）串联反馈和并联反馈。串联反馈是指放大器的净输入电压u_i'是反馈电压 u_f 与输入电压 u_i 串联而成的；并联反馈是指放大器的净输入电流i_i'是反馈电流 i_f 与输入电流 i_i 并联而成的。如图 3-2-3 所示。

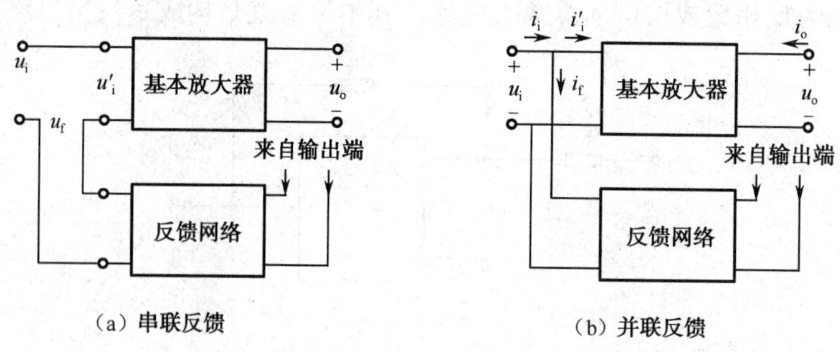

图3-2-3　串联反馈和并联反馈

第 2 步：判别放大电路的反馈类型

（1）判别正反馈和负反馈采用瞬时极性法。即先假设某一瞬时，输入信号极性为“+”，经过一系列反馈再到输入端，若为“+”，则增强输入信号，为正反馈，反之，为负反馈。

（2）判别电压反馈和电流反馈采用短路法。即将放大电路输出端短路，若反馈信号消失的为电压反馈，未消失的为电流反馈。

（3）判别串联反馈或并联反馈采用短路法。即将放大器的输入端短路，若反馈信号被短路掉了的为并联反馈，反馈信号没有被短路掉的为串联反馈。

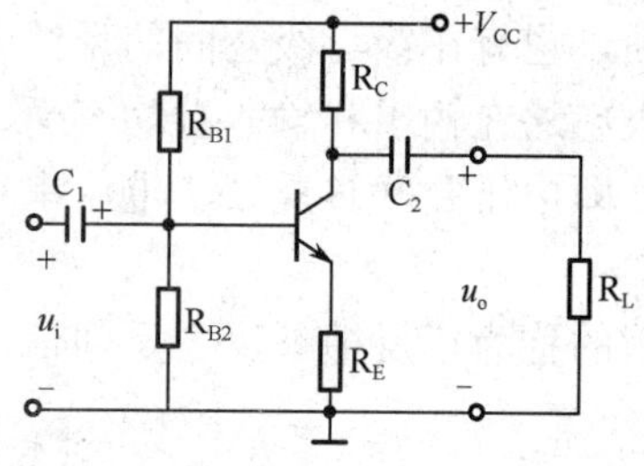

图3-2-4　分压式偏置放大器

【例 3-2-1】　分压式偏置放大器如图 3-2-4 所示，其中发射极电阻 R_E 就是一个负反馈电阻。试判别其引入的是何种反馈。

解：（1）先判断正、负反馈：用瞬时极性法。这个过程可表示为

$$u_i(+) \rightarrow V_1 \text{的基极}\ u_i(+) \rightarrow I_b \text{上升} \rightarrow I_c \text{上升} \rightarrow V_e(+) \rightarrow u_{be}(-)$$

因此，这个电路的级间反馈为负反馈。

（2）再判断电压、电流反馈：把输出端短路，此时反馈 u_f 仍然存在，因此反馈为电流反馈。

（3）最后判别串联、并联反馈：把输入端短路，反馈信号仍然存在，因此反馈为串联反馈。

实际上，对串、并联反馈和电压、电流反馈还有更为简便的判别方法，如图 3-2-4 所示，可以发现，对输入端而言，若输入信号和反馈信号分别加到放大器两个不同的输入端，则为串联反馈；如果输入信号与反馈信号都加到放大器的同一输入端，则为并联反馈。对输出端而言，若输出信号和反馈信号分别取自放大器两个不同的输出端，则为电流反馈；如果输入信号与反馈信号都取自放大器的同一输出端，则为电压反馈。

参照以上解题思路，判别图 3-2-1 中的反馈元件 R_f 引进的是何种反馈类型？

第 3 步：体验负反馈对放大电路性能的影响

负反馈对放大电路性能的影响有放大倍数降低，但稳定性提高；改善了输出波形，减小信号失真；展宽了通频带；稳定静态工作点和改变放大电路的输入/输出电阻。下面我们将通过对负载反馈引入前后电路相关参数的测试，体验负反馈对放大电路性能的影响。

测试对象如图 3-2-5 所示，其中，R_{B1} 用 1MΩ电阻与 1MΩ电位器 R_{P1} 相串联代替，R_{C1} 为 2kΩ，R_L 为 2kΩ，C_1 为 1μF/10V，C_2、C_3 为 47μF/10V，VT_1 为 C9014。当 S 断开时，电阻 R_E 不仅反馈直流信号，也反馈交流信号；当 S 闭合时，交流信号被 C_3 短路，R_E 中无交流信号通过，即电阻上无交流分压，所以电阻 R_E 仅反馈直流信号，不反馈交流信号。

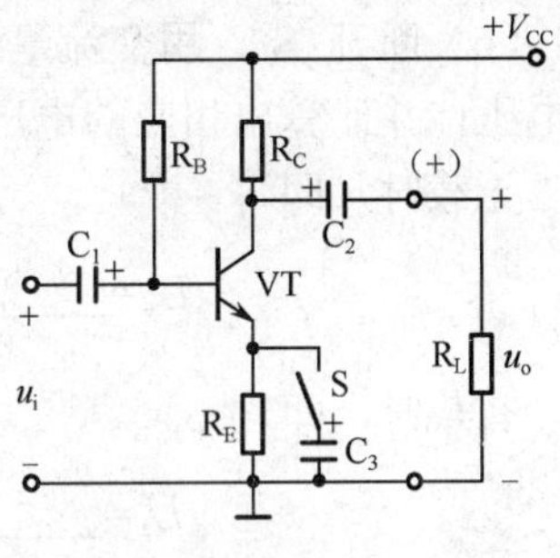

图3-2-5　负反馈放大电路图

1. 体验增益稳定性的提高

对一般放大器而言，其电压增益会随负载变化而变化，这一变化会导致放大器工作不稳，影响放大器性能的提高。引入负载反馈是抑制电压增益随负载变化而变化，提高电压增益稳定性的有效措施之一。下面我们就通过具体观测，来体验负反馈对放大电路电压增益稳定性的影响。

如图 3-2-5 所示，要通过此电路要体验负反馈对电路电压增益稳定性的影响，首先应调节 R_B（即 R_P）使用电路的第一级工作于合适的静态工作点。

要体验电压增益的变化，就必须测试电路的电压增益，即必须用交流毫伏表测试相同状态下的输入电压信号的大小和输出电压信号的大小。

电压增益的测试，应在放大器正常工作的前提下进行。所以在具体电压增益测试前，要用双踪示波器 Y_1 和 Y_2 输入端同时观察放大器的输入和输出电压波形，若输出电压波形有失真，则应调节输入电压大小，使输出电压的波形基本正常。

观测应包括无反馈（开环，即 S 闭合）和有反馈（闭环，即 S 断开）两大方面，每一方面又应观测空载和有载两组，共四组八个数据。

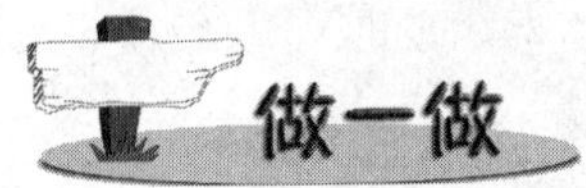

（1）按图 3-2-5 连接好电路，闭合 S。

（2）接入 R_L 和 V_{CC}=+12V，调节 R_B（R_P），使 U_{CE}=4V。

（3）断开负载 R_L，输入端接入输入信号 u_i（f =1kHz，U_i=10mV），同时用示波器 Y_1 和 Y_2 输入端同时观察输入和输出电压波形，并调节输入电压大小，使输出电压基本无失真。

（4）用交流毫伏表分别测量此时输入电压 U_i 和输出电压（记为 U_o'）的大小，并计算出此时（开环、空载）的电压增益。

$$U_i=\_\_\_\_\_\_\_\text{mV}，\ U_o'=\_\_\_\_\_\_\_\text{mV}，\ A_u'=\frac{U_o'}{U_i}=\_\_\_\_\_\_\_\_。$$

（5）接入 R_L，用交流毫伏表测量输入电压 U_i 和输出电压 U_o 的大小，并计算出此时（开环、有载）的电压增益，以及无负反馈（开环）时空载到有载的电压增益变化。

$$U_i = \_\_\_\_\_\_\_\_ \text{mV}，U_o = \_\_\_\_\_\_\_\_ \text{mV}，A_u = \frac{U_o}{U_i} = \_\_\_\_\_\_\_\_\_\_。$$

$$\Delta A_u = A'_u - A_u = \_\_\_\_\_\_\_\_\_，\frac{\Delta A_u}{A_u} = \_\_\_\_\_\_\_\_\_$$

（6）断开 S，用交流毫伏表分别测量放大器在闭环无载和闭环有载条件下的输入电压和输出电压，并计算出相应的电压增益和空载到有载的增益变化。

无载时，即

$$U_i = \_\_\_\_\_\_\_\_ \text{mV}，U'_o = \_\_\_\_\_\_\_\_ \text{mV}，A'_{uf} = \frac{U'_o}{U_i} = \_\_\_\_\_\_\_\_\_$$

有载时，即

$$U_i = \_\_\_\_\_\_\_\_ \text{mV}，U_o = \_\_\_\_\_\_\_\_ \text{mV}，A_{uf} = \frac{U_o}{U_i} = \_\_\_\_\_\_\_\_\_$$

$$\Delta A_{uf} = A'_{uf} - A_{uf} = \_\_\_\_\_\_\_\_\_，\frac{\Delta A_{uf}}{A_{uf}}\ \_\_\_\_\_\_\_\_\_$$

（1）当改变负载时，开环（无反馈）放大器增益变化大吗？

（2）放大电路中引入负反馈后，其增益会发生怎样的变化？

（3）当负载改变时，闭环（有反馈）放大器增益的相对变化量大还是开环（无反馈）放大器增益的相对变化量大？放大电路中引入负反馈后，其增益的稳定性提高了吗？

2．体验放大电路输出信号波形的改善

负反馈的引入，能有效改善放大器的输出信号波形，减轻波形失真。下面通过具体观测来体验之，方法如下：

首先要将放大器调整到合适的静态，然后在无反馈的情况下于放大器的输入端加上相应的输入信号，并调节输入信号的大小使输出端出现明显但又不很严重的失真，最后引入负反馈，即可观测到失真波形较无反馈时有明显改善。

（1）按图 3-2-5 连接好电路，闭合开关 S，接入 R_L 和 V_{CC}=+12V，调节 $R_B(R_P)$，使 U_{CE}=4V。

（2）输入端接入 u_i（f =1kHz，U_i =10mV），用示波器观察输出电压波形，调节输入电压大小，使输出电压波形顶部产生明显失真但尚未产生平顶失真。

（3）断开 S，观察并记录此时输出电压波形较原来波形的失真有无明显改善。

（4）认识负反馈对放大电路静态工作点的稳定作用。

为了提高放大电路的稳定性，实际的放大电路多采用分压式偏置放大电路，如图 3-2-6 所示。图中的 R_E 就是一只负反馈电阻，它在电路中的主要作用就是稳定电路的静态工作点。

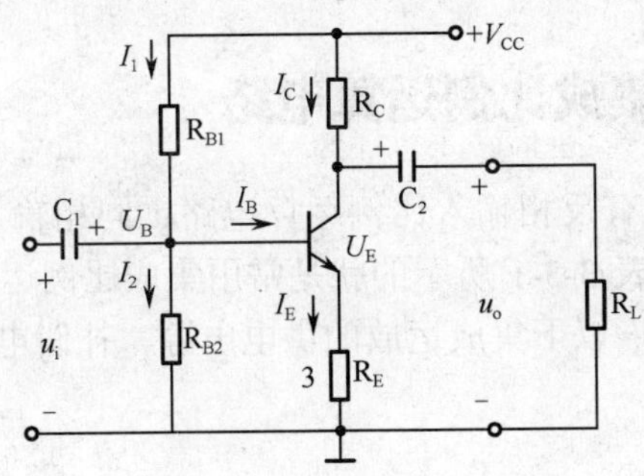

图3-2-6　分压式偏置放大电路

在该电路中，一般满足$(1+\beta)R_E \gg R_{B1}$、R_{B2}的条件，因此有$I_1 \gg I_B$，$I_2 \gg I_B$，$I_1 \approx I_2$。

上述稳定工作点的过程可以这样理解，若温度升高使 I_C 增大，则 I_E 也增大，发射极电位 $U_E=I_ER_E$ 也升高。由于 $U_{BE}=U_B-U_E$，且 U_B 基本不变，U_E 升高的结果使 U_{BE} 减小，I_B 也减小，于是抑制了 I_C 的增大，其总的效果是使 I_C 基本不变。其稳定过程可表示为

$$\text{温度}T\uparrow \rightarrow I_C\uparrow \rightarrow I_E\uparrow \rightarrow U_E\uparrow \xrightarrow{U_B\text{不变}} U_{BE}\downarrow \rightarrow I_B\downarrow \rightarrow I_C\downarrow$$

由此可见，温度升高引起 I_C 的增大将被电路本身造成的 I_C 减小所牵制，这就是反馈控制的原理。

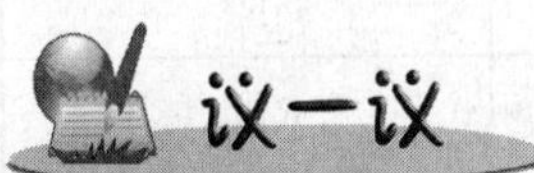

试分析电源电压变化或元件参数发生变化，分压式偏置放大电路又是如何稳定静态工作点的？

项目 3　制作集成比例运算电路

学习目标

✧ 能识读由理想集成运放构成的常用电路（反相输入、同相输入和加、减法运算电路），会估算输出电压值。
✧ 会安装和使用集成运放组成的应用电路。

工作任务

✧ 认识常用集成比例运算电路。
✧ 分析集成比例运算放大电路输出与输入的关系。
✧ 集成比例运算电路的制作与测试。
✧ 认识同相器和反相器。

集成运放之所以被称为运算放大器，是因为该器件最初主要用于模拟计算机中实现数值比例运算的缘故。

第 1 步：认识常用集成比例运算电路

常用的集成比例运算电路有反相输入比例运算电路、同相输入比例运算电路、加法比例运算电路和减法比例运算电路。表 3-3-1 所示的就是常用集成比例运算电路的电路图及其输出与输入之间的关系。为了分析方便，以下集成运放的供电电源、补偿电路及引脚标号均不标出。

1．四种常用集成比例运算电路都有一个共同点，就是有一个反馈电阻 R_f，这个电阻在四个电路中的所接位置是否有异？它是正反馈还是负反馈？

2．输入信号是直接加在集成运放的同相输入端或反相输入端上吗？找出加法比例运放的相加信号和减法比例运放的相减信号接入集成运放的不同点。

表 3-3-1　常用集成比例运算电路比较

名　称	反相输入比例运算	同相输入比例运算	加法比例运算	减法比例运算
电路图				
u_o和u_i的关系	$u_o=-\frac{R_f}{R_1}u_i$	$u_o=\left(1+\frac{R_f}{R_1}\right)u_i$	$u_o=-R_f\left(\frac{u_{i1}}{R_1}+\frac{u_{i2}}{R_2}\right)$	$u_o=\frac{R_f}{R_1}(u_{i2}-u_{i1})$

第 2 步：分析集成比例运算放大电路输出与输入的关系

分析的基本出发点就是前面的“虚断”和“虚短”。如图 3-3-1 所示，运用“虚断”和“虚短”两个重要结论，可推导反相比例运算放大电路输出与输入之间的关系。

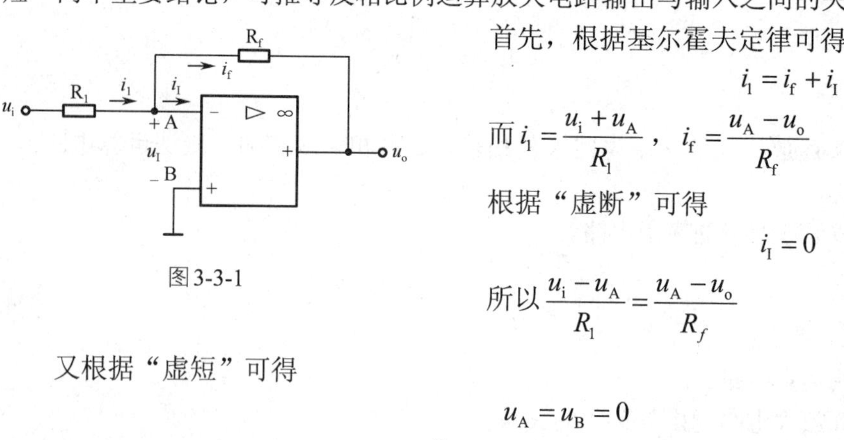

图 3-3-1

首先，根据基尔霍夫定律可得

$$i_1=i_f+i_I$$

而 $i_1=\frac{u_i+u_A}{R_1}$，$i_f=\frac{u_A-u_o}{R_f}$

根据“虚断”可得

$$i_I=0$$

所以 $\frac{u_i-u_A}{R_1}=\frac{u_A-u_o}{R_f}$

又根据“虚短”可得

$$u_A=u_B=0$$

所以 $\frac{u_i}{R_1}=\frac{-u_o}{R_f}$　　即　　$u_o=-\frac{R_f}{R_1}u_i$

因此 $A_{uf}=\frac{u_o}{u_i}=-\frac{R_f}{R_1}$

在以上电路中，虽然 A 端不像 B 端那样真正接地，但因为$u_A = u_B = 0$，A 端的点电位也为零，通常把 A 端称为“虚地”。

用同样的方法，运用“虚断”、“虚短”的方法，推导同相输入运算放大电路的输出与输入之间的关系。

首先，根据基尔霍夫定律：$i_1 = i_f + i_I$ 而 $i_1 =$ ________　$i_f =$ ________

根据“虚断”可得

$$i_I = 0$$

所以 $\dfrac{u_A}{R_1} = \dfrac{u_o - u_A}{R_F}$　即 $u_o =$ ________

又根据“虚短”可得

$$u_A = u_B = 0$$

所以　$u_o = \left(1 + \dfrac{R_f}{R_1}\right) u_i$

故 $A_{uf} = \dfrac{u_o}{u_i} =$ ________。

运用“虚断”和“虚短”两个重要结论，推导加法比例和减法比例运算电路输出与输入之间的关系。

第 3 步：集成比例运算电路的制作与测试

1. 同相输入比例运算电路的制作与测试

电路如图 3-3-2 所示，MC4558 为集成运算放大器，R_1为 1kΩ、R_f为 10kΩ的电阻。电路的电源由直流稳压电源提供，用低频信号发生器为电路提供信号，用双踪示波器观测信号的波形和信号的大小。

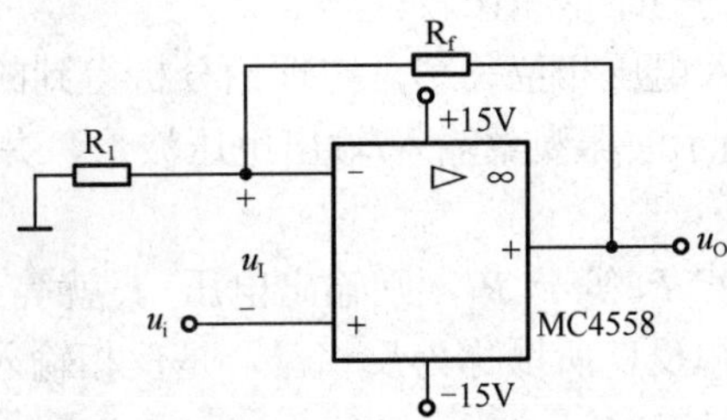

图 3-3-2　同相输入比例运算电路

（1）按图接好电路并复查，接通正、负电源。

（2）信号发生器输入 u_i 为 1V、1kHz 的正弦信号。

（3）用示波器观察输入/输出电压波形，记录输出电压幅值和输入电压幅值，并计算它们的比值，同时与前面理论分析得到的结论相比较。

（4）并观察输出电压与输入电压相位关系，与理论分析得到的“同相”结论是否相符。

（5）将 R_f 短路，再用示波器观察输入/输出电压波形，并记录输出电压幅值和输入电压幅值。

在同相比例运算电路中，若 R_f 等于零，则输出电压 u_o 就等于输入电压 u_i，即输出电压 u_o 与输入电压 u_i 相位相同，大小相等，所以称为电压跟随器。这是同相输入比例运算电路的特例。

2．反相输入比例运算电路的制作与测试

电路如图 3-3-3 所示，MC4558 为集成运算放大器，R_1 为 1kΩ、R_f 为 10kΩ的电阻。电路的电源由直流稳压电源提供，用低频信号发生器为电路提供信号，用双踪示波器观测信号的波形和信号的大小。

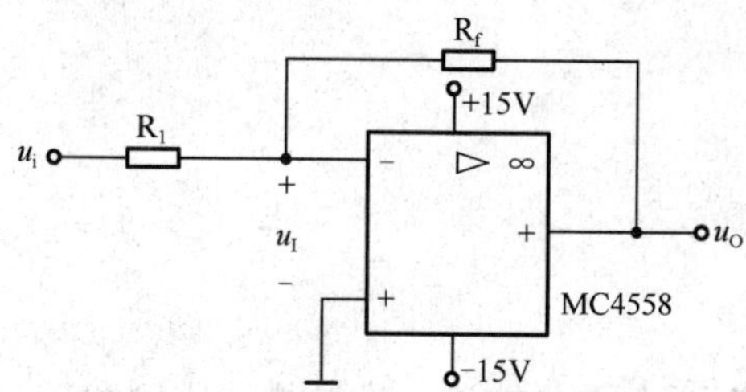

图3-3-3　反相输入比例运算电路

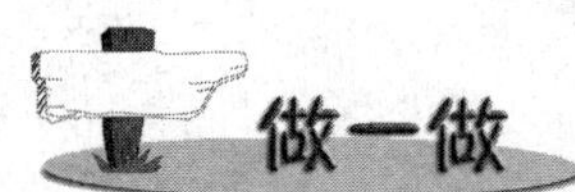

（1）按图接好电路并复查，接通正、负电源。

（2）信号发生器输入 u_i 为 1V、1kHz 的正弦信号。

（3）用示波器观察输入/输出电压波形，记录输出电压幅值和输入电压幅值，并计算它们的比值，同时与前面理论分析得到的结论相比较。

（4）并观察输出电压与输入电压相位关系，与理论分析得到的“反相”结论是否相符。

（5）将 R_f 改为 1kΩ，再用示波器观察输入/输出电压波形，并记录输出电压幅值和输入电压幅值。

在反相比例运算电路中，若 R_f 等于 R_1，则输出电压 u_o 就等于输入电压 u_i，即输出电压 u_o 与输入电压 u_i 大小相等，相位相反，所以称为反相器，是反相输入比例运算电路的特例。

3．加法比例运算电路的制作与测试

电路如图 3-3-4 所示，MC4558 为集成运算放大器 R_1、R_2 为 1kΩ的电阻，R_f 为 10kΩ的电

阻。电路的电源由直流稳压电源提供，用低频信号发生器为电路提供信号，用双踪示波器观测信号的波形和信号的大小。

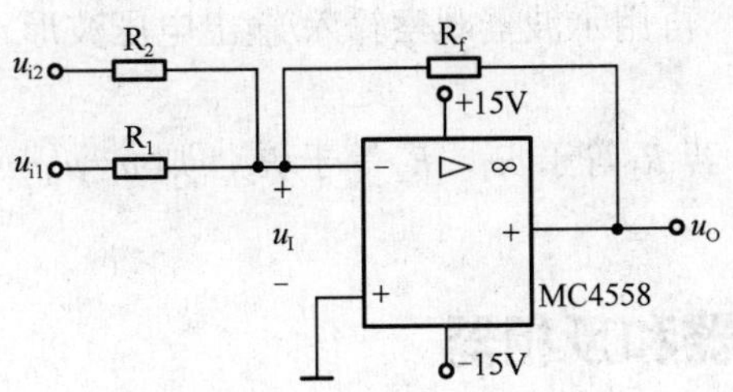

图3-3-4　加法比例运算电路

（1）按图接好电路并复查，接通正、负电源。

（2）信号发生器输入 u_{i1} 和 u_{i2} 为 0.1V，1kHz 的正弦波信号。

（3）用示波器观察输入/输出电压波形，记录输出电压幅值和输入电压幅值，并计算它们的比值，同时与前面理论分析得到的结论相比较。

（4）将 R_f 改为 1kΩ，再用示波器观察输入/输出电压波形，并记录输出电压幅值和输入电压幅值。

在加法比例运算电路中，若 R_f 等于 R_1，则 $u_o=-(u_{i1}+u_{i2})$，且输出电压相对于输入电压是负极性的。

4．减法比例集成运算电路的制作与测试

减法比例运算电路如图 3-3-5 所示，MC4558 为集成运算放大器 R_1、R_2 为 1kΩ的电阻，R_3、R_f 为 10kΩ的电阻。电路的电源由直流稳压电源提供，用低频信号发生器为电路提供信号，用双踪示波器观测信号的波形和信号的大小。

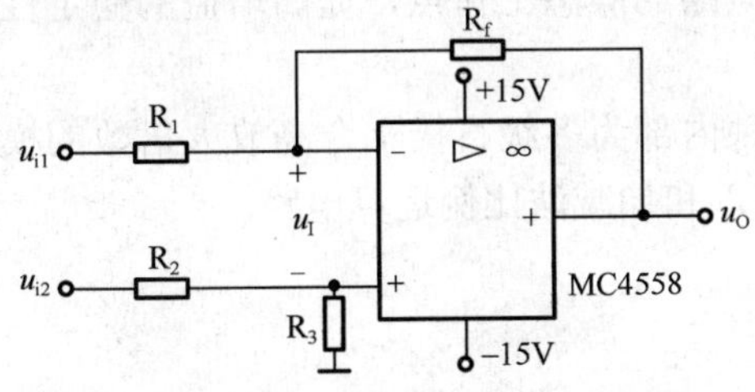

图3-3-5　减法比例运算电路

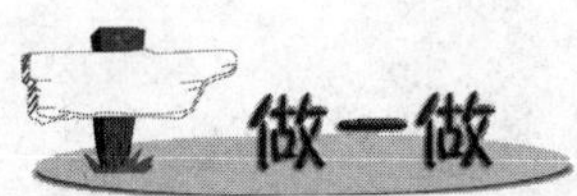

（1）按图接好电路并复查，接通正、负电源。

（2）信号发生器输入 u_{i1} 为 1V、1kHz 的正弦波信号和 u_{i2} 为 2V、1kHz 的正弦波信号。

（3）用示波器观察输入/输出电压波形，记录输出电压幅值和输入电压幅值，并计算它们的比值，同时与前面理论分析得到的结论相比较。

（4）将 R_3、R_f 改为 1kΩ，再用示波器观察输入/输出电压波形，并记录输出电压幅值和输入电压幅值。

在减法比例运算电路中，若 R_f 等于 R_1，R_2 等于 R_3，则 $u_i=u_{i1}-u_{i2}$，称为减法器，是减法比例运算电路的特例。

第 4 步：认识同相器和反相器

反相器和同相器是集成比例运算电路的特例。反相器是输出电压和输入电压数值相等相位相反，同相器是输出电压始终等于输入电压且为同相关系。为了方便认识，如图 3-3-6 和图 3-3-7 所示。

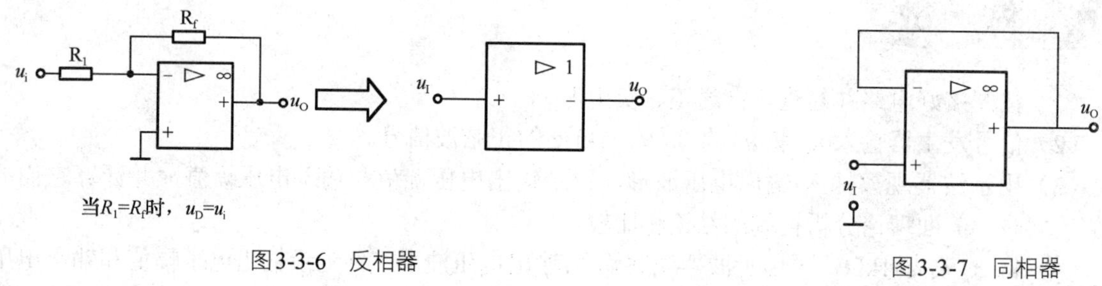

图3-3-6　反相器

图3-3-7　同相器

单元小结

1．反馈是指从放大器的输入端把输出信号的一部分或全部通过一定的方式回到放大电路输入端的过程。

2．判别正、负反馈的方法是瞬时极性法，判断电压、电流反馈和串联、并联反馈的方法是短路法。

3．负反馈可以稳定放大电路的静态工作点，提高增益的稳定性，改善波形质量，减小非线性失真等。

4．集成运算放大器是一种内部为多级直接耦合高放大倍数的模拟集成电路。常用集成比例运放电路有同相输入、反相输入和加减法比例运算电路。

思考与习题

1．判断题

3-1　负反馈放大器是牺牲放大倍数来换取电路的性能改善的。　（　　）

3-2　集成运算放大器实质上是一种高增益的直流放大器。　（　　）

2．选择题

3-3　如习题 3-1 图所示电路中，R_f 引入的反馈为（　　）。

A．电压串联反馈　　B．电压并联反馈

C．电流串联反馈　　D．电流并联反馈

3-4　如习题 3-2 图所示电路，$R=2R_1$，$u_i=-2V$，则输出电压 u_o 为（　　）。

A．4V　　B．−4V　　C．8V　　D．−8V

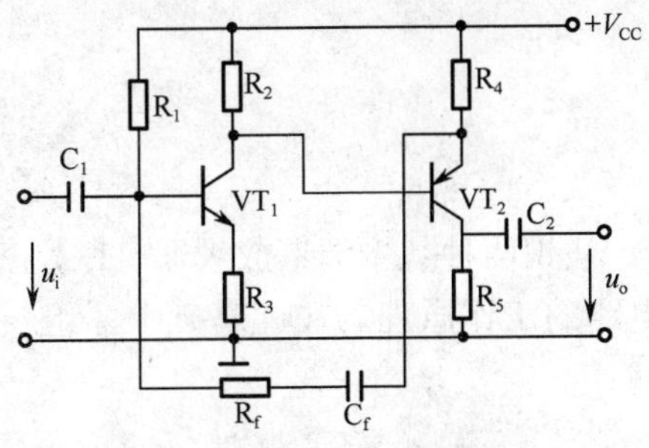

习题3-1图　选择题1图

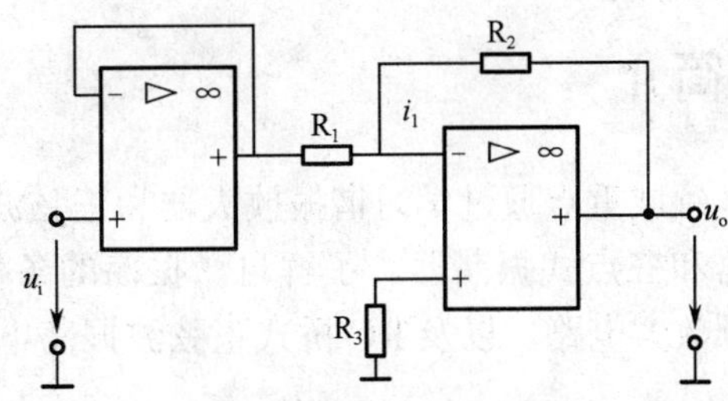

习题3-2图　选择题2图

3．填空题

3-5　放大器引入负反馈可使它的放大倍数的稳定性____；通频带________；非线性失真________；而输入、输出电阻将改变。

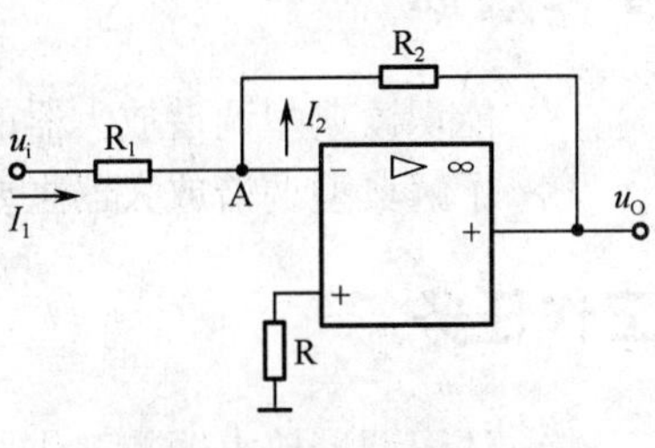

习题3-3图　填空题2图

3-6　如习题 3-3 图所示，$U_i=10V$，$R_1=10\Omega$，$R_2=20\Omega$，则 i_1=________ u_A=________，u_o=________。

3-7　集成运算放大器不仅能放大交流信号，而且能放大信号。

3-8　反相比例运算放大器是一种________负反馈放大器。

4．分析计算题

3-9　集成运放的概念是什么？主要由哪几部分组成？

3-10　集成运放的理想特性是什么？

3-11　如习题 3-4 图所示电路，当 $R_1=R_2=R_f$ 时，则输出 u_o 为多少？

3-12　计算如习题 3-5 图所示电路的输出电压 u_o。

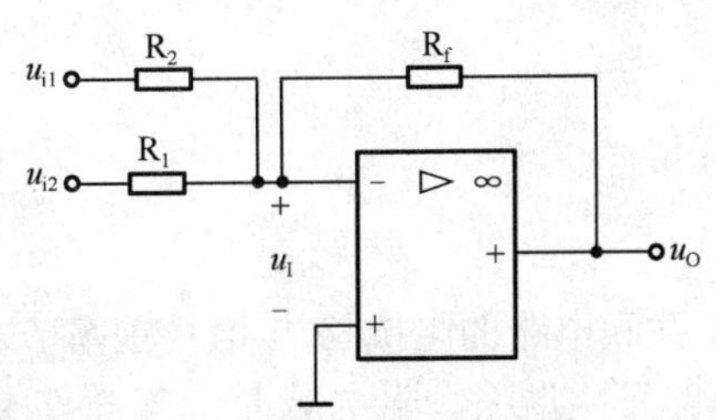

习题3-4图　分析计算题1图

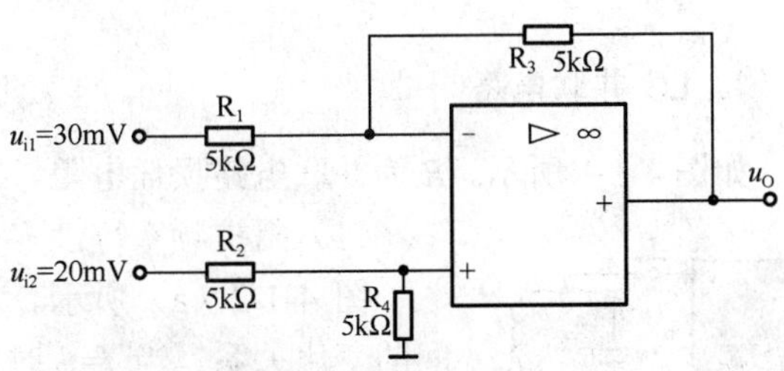

习题3-5图　分析计算题2图

学习领域四　正弦波振荡电路的制作与调试

领域简介

本领域重点通过学习谐振放大器和正弦波振荡电路，认识两种基本调谐放大器、LC 正弦波振荡器和三点式振荡器，了解自激振荡的条件及振荡电路的工作原理。在此基础上，组装与调试中频放大电路，以及 RC 桥式正弦波振荡电路。

项目 1　认识调谐放大器

学习目标

✧ 能识读典型调谐放大器的电路图，理解其工作原理。
✧ 了解典型调谐放大器主要性能指标及其工程中的意义。

工作任务

✧ 认识调谐放大器的工作原理。
✧ 认识两种基本调谐放大器。
✧ 认识收音机中频放大电路。

在无线电广播的发射和接收设备中，要求放大器具有选频放大能力，也就是说放大器能从含有多种频率的信号群中，选出某个频率的信号加以放大，面对其他频率的信号不予放大。具有选频放大性能的放大器，称为选频放大器。因为是利用谐振特性来选频，所以又称调谐放大器。

第 1 步：认识调谐放大器的工作原理

1. LC 并联电路

如图 4-1-1 所示。R 为并联电路损耗电阻。

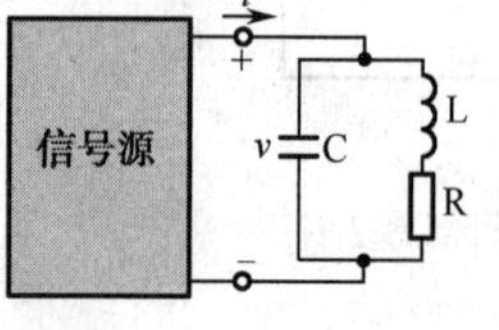

信号源　i　v　C　L　R

图4-1-1　LC并联电路

（1）阻抗频率特性

图 4-1-2（a）所示。它表示了 LC 并联电路的阻抗 Z 与信号频率 f 之间的变化关系。当 $f=f_0$ 时，LC 并联电路发生谐振，阻抗最大。当 $f<f_0$ 或 $f>f_0$ 时，电路失谐，阻抗很小。因此，f_0 称为谐振频率，又称固有频率，即

$$f_0=\frac{1}{2\pi\sqrt{LC}}$$

可见，元件 L、C 取定值时，谐振频率 f_0 是一个常数。

（2）相位频率特性

如图 4-1-2（b）所示。它表示了 LC 并联电路两端电压 v 和流进并联电路电流 i 之间的相位角之差 φ 与信号频率 f 之间的变化关系。

当 $f=f_0$ 时，φ=0，电路呈纯电阻性；

当 $f=f_0$ 时，φ=0，电路呈电感性；

当 $f=f_0$ 时，φ=0，电路呈电容性；

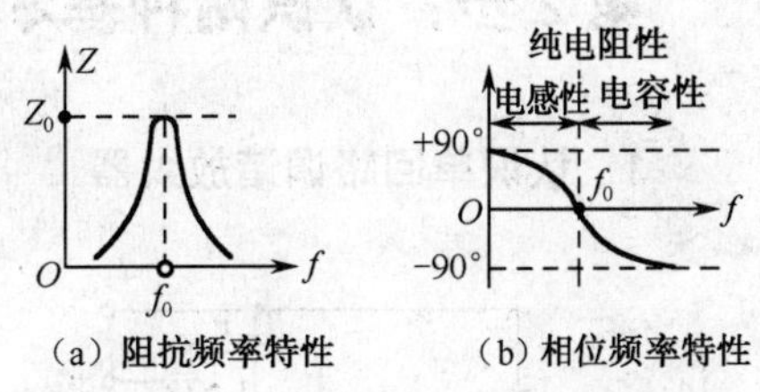

图 4-1-2　LC并联电路的频率特性

可见，LC 并联电路随信号频率的变化呈现不同的性质。

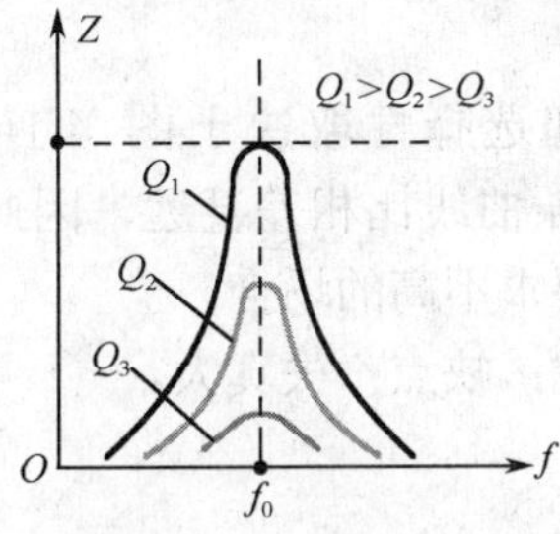

图 4-1-3　阻频特性与Q值关系

（3）选频特性

阻频特性和相频特性统称为 LC 并联电路的频率特性。它说明了 LC 并联电路具有区别不同频率信号的能力，即具有选频特性。如图 4-1-3 所示。

品质因数为

$$Q=\frac{X_L}{R}=\frac{\omega_0 L}{R}=\frac{2\pi f_0 L}{R}$$

它表征了 LC 并联电路选频特性的好坏。

实验和理论证明：

R 越小，Q 值越大，曲线越尖锐，电路选频能力越强；

R 越大，Q 值越小，曲线越平坦，电路选频能力越差。

LC 并联电路的 Q 值，一般在几十到一二百之间。

2．选频放大器

如图 4-1-4（a）所示。电路特点是利用 LC 并联电路作为负载，因此放大电路具有选频放大能力。

工作原理：当信号频率等于谐振频率时，即 $f=f_0$，放大器输出电压最大；放大倍数 A_{Vo} 最大。如图 4-1-4（b）所示。这种表示选频放大器的放大倍数与信号频率关系的曲线，称为调谐放大器的谐振曲线。

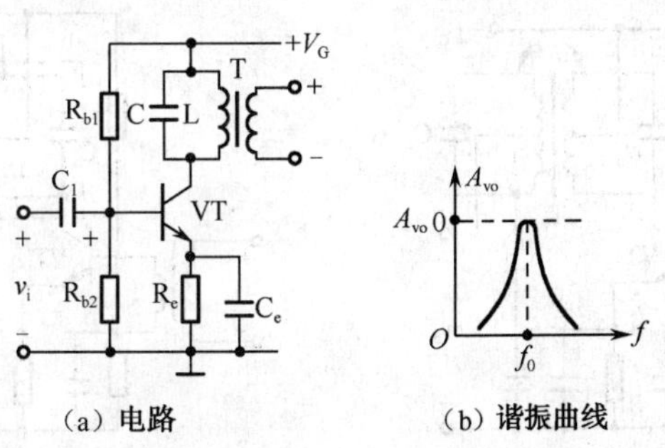

图 4-1-4　选频放大器原理

第 2 步：认识两种基本调谐放大电路

1. 认识单回路调谐放大器

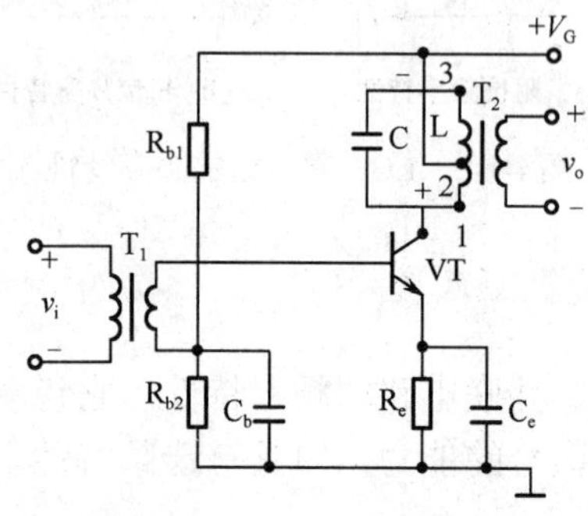

图4-1-5　单回路调谐放大器

单回路调谐放大器如图 4-1-5 所示。

工作原理：输入信号 v_i 经 T_1 通过 C_b 和 C_e 送到晶体管的 b、e 极之间，放大后的信号经 LC 谐振电路选频由 T_2 耦合输出。

电感抽头和变压器的作用是减少外界对谐振回路的影响，保证有高的 Q 值。

单回路调谐放大器的通频带和选择性取决于图 4-1-4（b）谐振曲线，它与理想的矩形谐振曲线比相差甚远，因此这种电路只能用于通频带和选择性要求不高的场合。

电路优点：调整方便、工作稳定；缺点：失真大。

2. 认识双回路调谐放大器

如图 4-1-6 所示。电路特点是集电极负载采用两个谐振回路，利用它们之间的耦合强弱来改善通频带和选择性。

（1）互感耦合

如图 4-1-6（a）所示。电路特点是双调谐回路依靠互感实现耦合。调节 L_1、L_2 之间的距离或磁芯的位置，改变耦合程度，从而改善通频带和选择性。

工作原理：假设 L_1C_1 和 L_2C_2 调谐在信号频率上，输入信号 v_i 通过 T_1 送到 VT 时，集电极信号电流经 L_1C_1 产生并联谐振。此时，由于互感耦合，L_1 中的电流在 L_2C_2 回路电感的抽头处产生很大的输出电压 v_o。

（2）电容耦合

如图 4-1-6（b）所示。电路特点是通过外接电容 C_k 实现两个调谐回路之间的耦合，改变 C_k 的大小就可改变耦合程度，从而改善通频带和选择性。

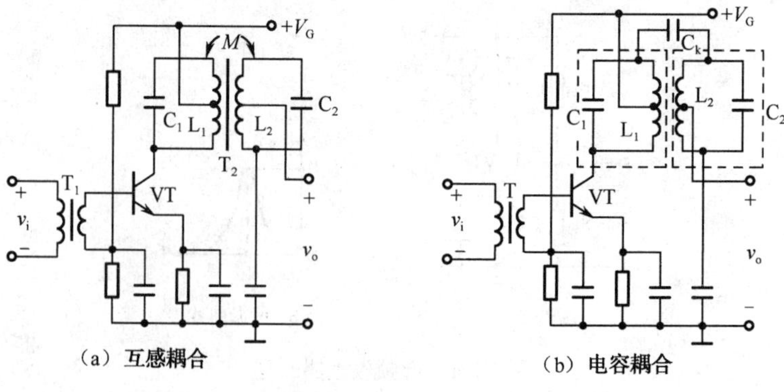

图4-1-6　双回路调谐放大器

3．选择性和通频带与耦合程度的关系

如图 4-1-7 所示。

（1）弱耦合时，谐振曲线出现单峰；

（2）强耦合时，谐振曲线出现双峰，中心频率 f_0 处下凹的程度与耦合强度成正比；

（3）临界耦合时，谐振曲线也呈单峰，但中心频率 f_0 处曲线较平坦。

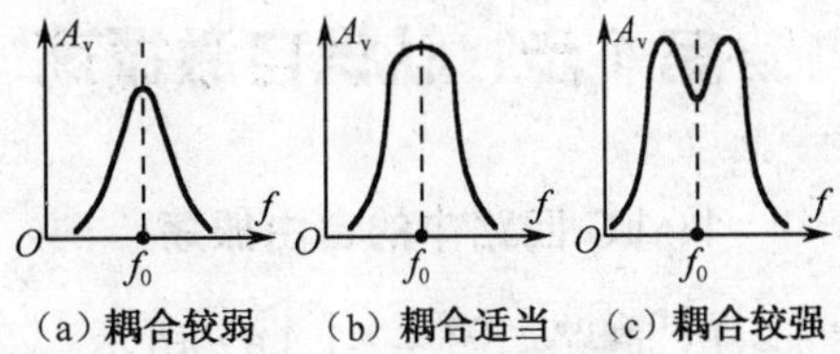

图 4-1-7　双回路调谐的谐振曲线

可见，谐振曲线在临界耦合时，与理想的矩形谐振曲线很接近。

结论：双回路调谐放大器有较好的通频带和选择性，所以应用广泛。

第 3 步：认识收音机中频放大电路

图 4-1-8 所示的是一般半导体收音机常用的中频放大电路。变频电路产生的 465kHz 中频信号由中频变压器 T_2 的次级送往 VT_2 进行放大，放大后的信号再由 T_3 中频变压器送至 VT_3 再一次放大，然后由 T_4 中频变压器送到检波器进行检波，检波后的信号送往低频放大级进行放大。

电路中的 C_N 为中和电容，用来抑制可能发生的中频寄生振荡。

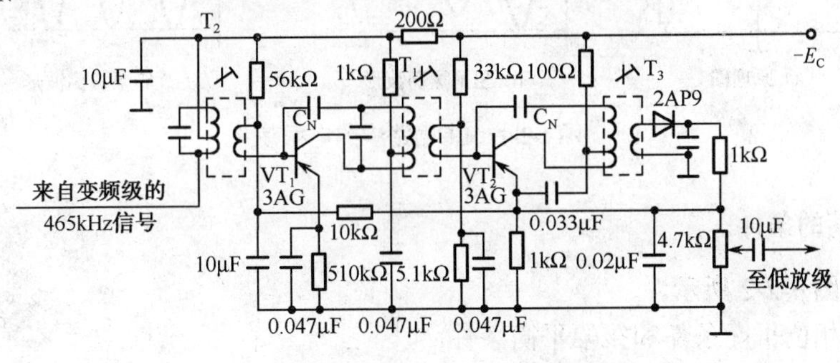

图 4-1-8　收音机中频放大电路

项目 2　认识与测试三点式振荡器

学习目标

✧ 理解自激振荡的条件。

✧ 能识读 LC 振荡器、RC 桥式振荡器、石英晶体振荡器的电路图。

✧ 了解振荡电路的工作原理，能估算振荡频率。

工作任务

✧ 认识自激振荡；

✧ 认识常用振荡器。

振荡器是一种不需要外加输入信号，能够自动产生一定频率和幅度交流信号的电路，在无线电通信、仪器仪表、广播电视等领域有着广泛的应用。

正弦波振荡器是一种不需外加信号作用，能够输出不同频率正弦信号的自激振荡电路。

第 1 步：认识自激振荡

1. LC 回路中的自由振荡

LC 回路如图 4-2-1（a）所示。

自由振荡——电容通过电感充放电，电路进行电能和磁能的转换过程。

阻尼振荡——因损耗等效电阻 R 将电能转换成热能而消耗的减幅振荡。如图 4-2-1（b）所示。

等幅振荡——利用电源对电容充电，以补充振荡过程中的能量损耗，使振幅始终保持不变的振荡过程，如图 4-2-1（c）所示。这种等幅正弦波振荡的频率称为 LC 回路的固有频率，即

$$f_0=\frac{1}{2\pi\sqrt{LC}}$$

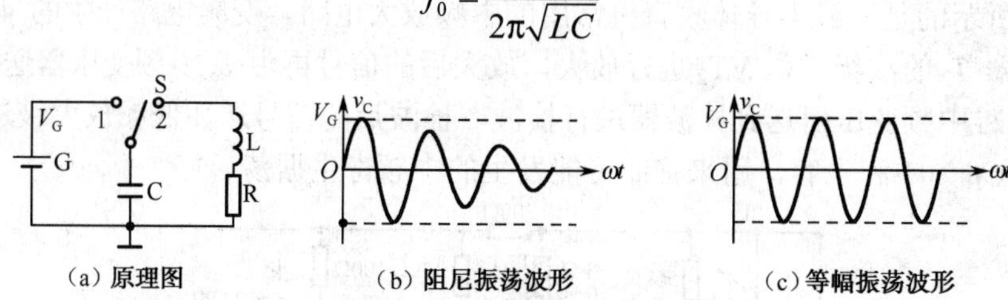

图4-2-1　LC回路中的电振荡

2. 自激振荡的条件

振荡电路如图 4-2-2 所示。

振荡条件：相位平衡条件和振幅平衡条件。

（1）相位平衡条件

反馈信号的相位与输入信号相位相同，即为正反馈，相位差是 180°的偶数倍，即

$$\varphi=2n\pi$$

式中，φ为 v_f 与 v_i 的相位差，n 是整数。v_i、v_o、v_f 的相互关系如图 4-2-3 所示。

（2）振幅平衡条件

反馈信号幅度与原输入信号幅度相等。即

$$A_V F=1$$

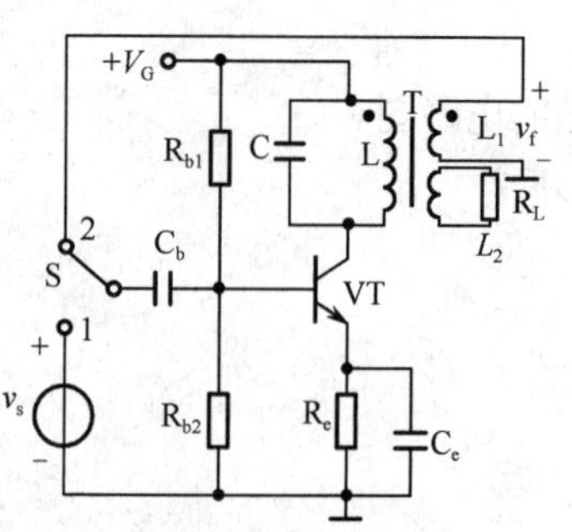

图4-2-2　变调谐放大器为振荡器

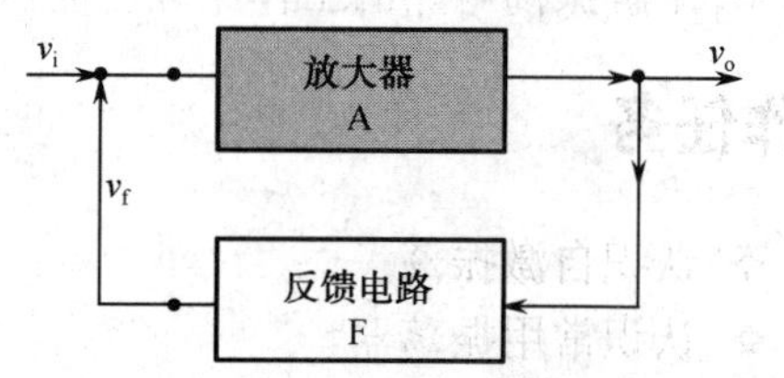

图4-2-3　自激振荡器方框图

3. 自激振荡建立过程

自激振荡器：在图 4-2-2 中，去掉信号源，把开关 S 和点“2”相连所组成的电路。

自激振荡建立过程：电路接通电源瞬间，输入端产生瞬间扰动信号 v_i，振荡管 VT 产生集电极电流 i_C，因 i_C 具有跳变性，它包含着丰富的交流谐波。经 LC 并联电路选出频率为 f_0 的信号，由输出端输出 v_o，同时通过反馈电路回送到输入端，经过放大、选频、正反馈、再放大不断地循环过程，将振荡由弱到强的建立起来。当信号幅度进入管子非线性区域后，放大器的放大倍数降低到 $A_VF=1$ 时，振幅不再增加，自动维持等幅振荡。如图 4-2-4 所示。

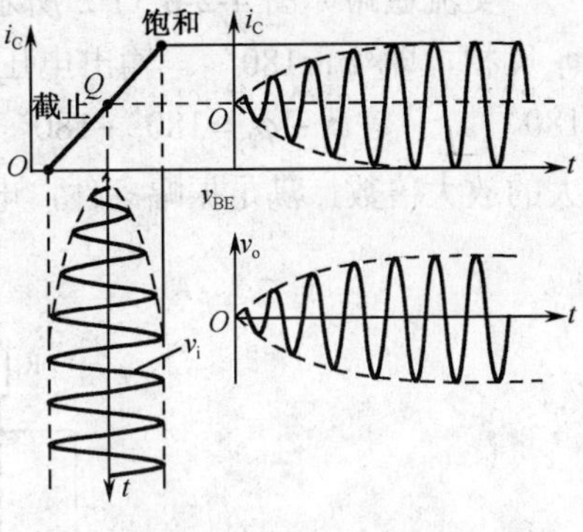

图4-2-4　振荡的建立过程

【例 4-2-1】　判断如图 4-2-5（a）所示电路能否产生自激振荡。

解：（1）振幅条件：因 VT 基极偏置电阻 R_{b2} 被反馈线圈 L_f 短路接地，使 VT 处于截止状态，故电路不能起振。

（2）相位条件：采用瞬时极性法，设 VT 基极电位为“正”，根据共射电路的倒相作用，可知集电极电位为“负”，于是 L 同名端为“正”，根据同名端的定义得知，L_f 同名端也为“正”，则反馈电压极性为“负”。显然，电路不能自激振荡。

如果把图 4-2-5（a）改成图 4-2-5（b）。因隔直电容 C_b 避免了 R_{b2} 被反馈线圈 L_f 短路，同时反馈电压极性为“正”，电路满足振幅平衡和相位平衡条件，所以电路能产生自激振荡。

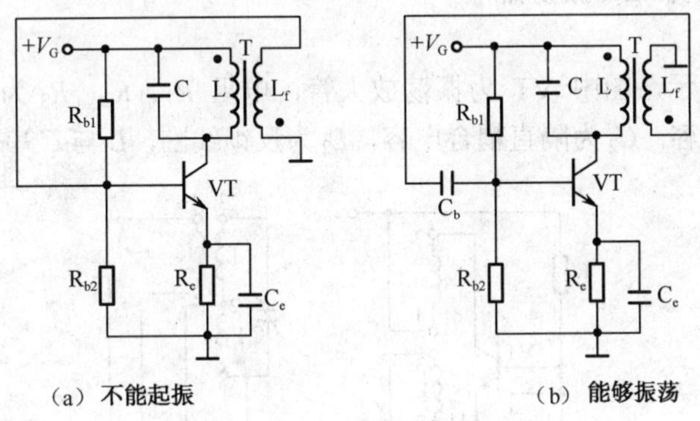

（a）不能起振　　（b）能够振荡

图4-2-5　自激振荡的判别

第 2 步：认识常用振荡器

1. LC 振荡器

1）变压器耦合式 LC 振荡器

电路特点：用变压器耦合方式把反馈信号送到输入端。常用的有以下两种。

（1）共发射极变压器耦合 LC 振荡器

① 电路结构

如图 4-2-6（a）所示。图中 VT 为振荡放大管，电阻 R_1、R_2、R_3 为分压式稳定工作点偏置电路，C_1、C_2 为旁路电容，LC 并联回路为选频振荡回路，$L_{3\text{-}4}$ 为反馈线圈，$L_{7\text{-}8}$ 为振荡信号输出端，电位器 R_P 和电容 C_1 组成反馈量控制电路。

② 工作原理

交流通路如图 4-2-6（b）所示。对频率 $f=f_0$ 的信号，LC 选频振荡回路呈纯阻性，此时 v_o' 和 v_f 反相，即 $\varphi_1=180°$。输出电压 v_o' 再通过反馈线圈 $L_{3\text{-}4}$，使 4 端为正电位，即 v_f' 与 v_o' 的 $\varphi_2=180°$。于是 $\varphi_1+\varphi_2=180°+180°=360°$，保证了正反馈，满足了相位条件。如果电路具有足够大的放大倍数，满足振幅条件，电路就能振荡。调节 R_P 可改变输出幅度。

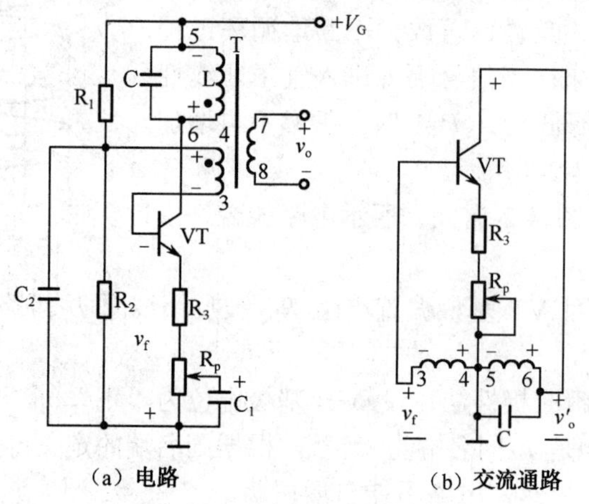

图4-2-6　共发射极变压器耦合振荡器

2）共基极变压器耦合 LC 振荡器

（1）电路结构

如图 4-2-7（a）所示。图中 VT 为振荡放大管，电阻 R_1、R_2、R_3 为分压式稳定工作点偏置电路，C_1 为基极旁路电容，C_2 为隔直耦合电容，L_2 为反馈线圈，L 与 C 串联组成选频振荡电路。

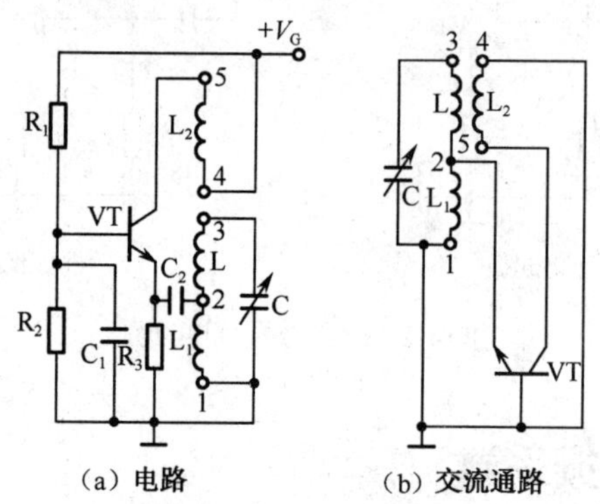

图4-2-7　共基极变压器耦合振荡电路

（2）工作原理

交流通路如图 4-2-7（b）所示。接通电源瞬间，LC 回路振荡电压加到管子基射之间，形成输入电压，经 VT 放大后，输出信号经反馈线圈 L_2 与 L 之间的互感耦合反馈到管子基射之间，若形成正反馈。在满足振幅平衡条件下，电路产生振荡。

综上分析，变压器反馈电路的反馈强度，可通过 L_2 与 L_1 之间的距离来调节。变压器耦合振荡电路的振荡频率为

$$f_0 = \frac{1}{2\pi\sqrt{LC}}$$

若调节 L、C，可改变振荡频率。

2. 三点式 LC 振荡电路

电路特点：LC 振荡回路三个端点与晶体管三个电极相连。

（1）电感三点式振荡器

电路如图 4-2-8（a）所示，交流通路如图 4-2-8（b）所示。

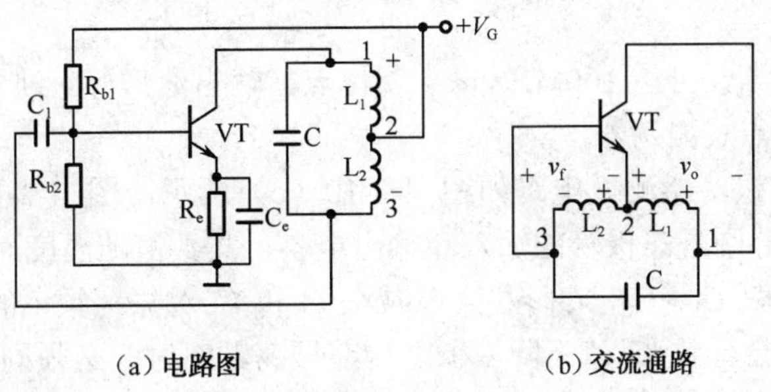

图4-2-8　电感三点式振荡器

相位条件：当线圈 1 端电位为"+"时，3 端电位为"−"，此时 2 端电位低于 1 端而高于 3 端，即 v_f 与 v_o 反相，经倒相放大后，形成正反馈，即满足相位条件。

振幅条件：适当选择 L_2 和 L_1 的比值。使 $A_V F > 1$，满足振幅条件。电路就能振荡。

由于反馈电压 v_f 取自 L_2 两端，故改变线圈抽头位置，可调节振荡器的输出幅度。L_2 越大，反馈越强，振荡输出越大；反之，L_2 越小，反馈越小，不易起振。

电路振荡频率为

$$f = \frac{1}{2\pi\sqrt{LC}} = \frac{1}{2\pi\sqrt{(L_1 + L_2 + 2M)C}}$$

式中，M 是 L_1 与 L_2 之间的互感系数。

优点：振荡频率很高，一般可达到几十兆赫；缺点：波形失真较大。

（2）电容三点式振荡器

电容三点式振荡器电路如图 4-2-9（a）所示，交流通路如图 4-2-9（b）所示。

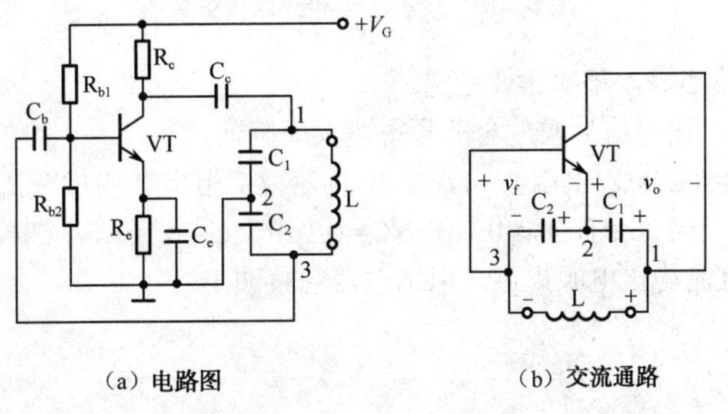

图4-2-9　电容三点式振荡器

相位条件：当线圈 1 端电位为“+”时，3 端电位为“−”。此电压经 C_1、C_2 分压后，2 端电位低于 1 端而高于 3 端，即 v_f 与 v_o 反相，经 VT 倒相放大后，使 1 端获“+”电位，形成正反馈，满足相位条件。

振幅条件：适当的选择 C_1、C_2 的数值，使电路具有足够大的放大倍数，电路可产生振荡。

电路振荡频率为

$$f_0 \approx \frac{1}{2\pi\sqrt{LC'}}$$

而

$$C' = \frac{C_1 C_2}{C_1 + C_2}$$

电路特点：频率较高，可达 100MHz 以上。优点：输出波形好。缺点：调节频率不方便。

（3）改进的电容三点式振荡器

改进的电容三点式振荡器测试电路如图 4-2-10（c）所示，图 4-2-10（b）所示为其交流通路。在图中，C_i 和 C_o 分别是三极管的输入和输出电容，其数值随温度而变化，直接影响 LC 回路的振荡频率。为此，取 $C_1 \gg C_o$，$C_2 \gg C_i$，以减小 C_i 和 C_o 对振荡频率的影响，提高其稳定性。由于 C_1、C_2 的增大，会导致 Q 值下降，加之调节振荡频率时，必须同时改变 C_1、C_2，实属困难。因此，在 LC 回路中的电感支路串入一小电容 C_3，得到改进的电容三点式振荡器，并且选取 $C_3 \ll C_1$，$C_3 \ll C_2$。这样，振荡频率 f_0 与 C_1、C_2、C_i、C_o 基本无关，只取决于 C_3 和 L，振荡频率为

$$f_0 \approx \frac{1}{2\pi\sqrt{LC_3}}$$

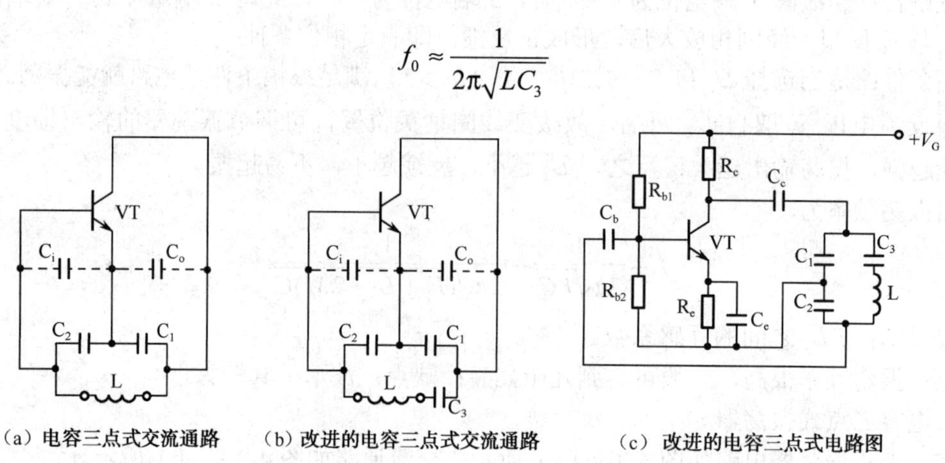

图 4-2-10　改进的电容三点式振荡器

电路特点：振荡波形好，频率比较稳定。

缺点：调节 C_3 时，输出信号幅度会随频率增大而降低。

测试电路中 R_{b1} 由 22kΩ 电阻与 47kΩ 电位器 R_P 相串联构成，R_{b2}=5.1kΩ，R_C=4.7kΩ，R_e=330Ω，R_C=4.7kΩ，L=330μH，C_b=0.1μF，C_e=0.1μF，C_c=0.1μF，C_1=0.01μF，C_2=0.01μF，V 为 C9013。电源由直流稳压电源提供，用示波器观察波形。

（1）按图 4-2-10 所示正确连接电路，检查无误后接通电源。

（2）调节 R_P，使放大器的静态工作点恰当，使振荡电路振荡，而且波形不失真。

（3）用示波器观测负载 R_L 上的电压波形，测试电压幅值 U_{opp} 及波形频率 f，在图坐标上画出波形，注明 U_{opp}、T 及 f 的值，如图 4-2-11 所示。

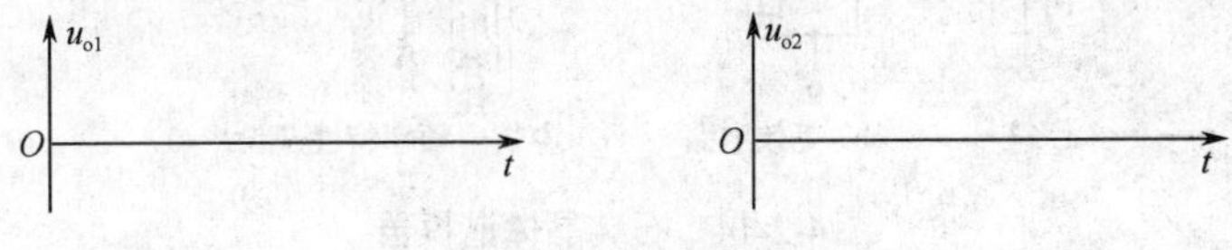

图4-2-11　输出电压波形图

（4）将电感 L 换成 30mH 的大电感，重复上述步骤。

若要求振荡频率连续可调，电路应该怎么处理？

3．石英晶体振荡器

电路特点：频率稳定度高，可达 10^{-6}～10^{-11} 量级。

1）认识石英晶体的基本特性及其等效电路

（1）压电效应

石英晶体谐振器如图 4-2-12 所示。它是在晶片的两个对面上喷涂一对金属极板，引出两个电极，加以封装所构成。

压电效应：晶片在电压产生的机械压力下，其表面电荷的极性随机械拉力而改变的一种现象。如图 4-2-13（a）所示。

压电谐振：外加交变电压的频率等于晶体固有频率时，回路发生串联谐振，电流振幅最大的一种现象。产生压电谐振时的振荡频率称为晶体谐振器的振荡频率。图 4-2-13（b）所示。

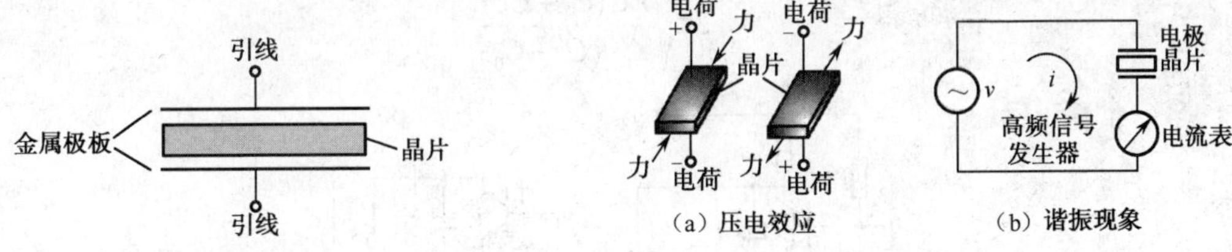

图4-2-12　石英晶体谐振器结构示意图　　图4-2-13　压电效应和谐振现象

（2）符号和等效电路

符号如图 4-2-14（a）所示。当晶体不振动时，可用静态电容 C_0 来等效，一般为几个皮法到几十皮法；当晶体振动时，机械振动的惯性可用电感 L 来等效，一般为 10^{-3}～10^{-2}H；晶片的弹性可用电容 C 来等效，一般为 10^{-2}～10^{-1}pF；晶片振动时的损耗用 R 来等效，阻值约为 $10^{2}\Omega$。由 $Q=\frac{1}{R}\sqrt{\frac{L}{C}}$ 可知，品质因数 Q 很大，可达 10^4～10^6。加之晶体的固有频率只与晶片的几何尺寸有关，其精度高而稳定。所以，采用石英晶体谐振器组成振荡电路，可获得很高的频率稳定度。等效电路如图 4-2-14（b）所示，它有两个谐振频率。

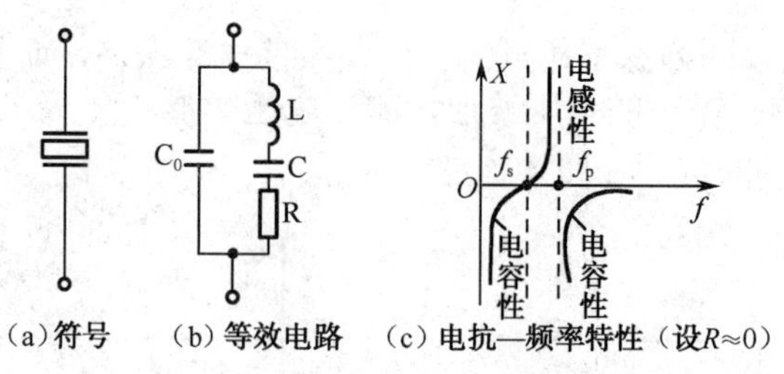

图4-2-14　石英晶体谐振器

（1）当L、C、R支路串联谐振时，等效电路的阻抗最小，串联谐振频率为

$$f_s=\frac{1}{2\pi\sqrt{LC}}$$

（2）当等效电路并联谐振时，并联谐振频率为

$$f_p=\frac{1}{2\pi\sqrt{L\dfrac{CC_0}{C+C_0}}}\approx f_s\sqrt{1+\frac{C}{C_0}}$$

由于$C\ll C_0$，因此f_s和f_p两个频率非常接近。

图 4-2-14（c）所示为石英晶体谐振器的电抗—频率特性，在f_s和f_p之间为电感性，在此区域之外为电容性。

2）认识石英晶体振荡电路

（3）并联型晶体振荡电路

如图 4-2-15（a）所示。振荡回路由C_1、C_2和晶体组成。其中，晶体起电感L的作用，等效电路如图 4-2-15（b）所示。即振荡频率在晶体谐振器的f_s与f_p之间。由于回路电容是C_1和C_2串联后与C_0并联，再与C串联，则回路电容为$\dfrac{C(C'+C_0)}{C+(C'+C_0)}$。故振荡回路的谐振频率为

$$f_0\approx\frac{1}{2\pi\sqrt{\dfrac{LC(C'+C_0)}{C+C'+C_0}}}$$

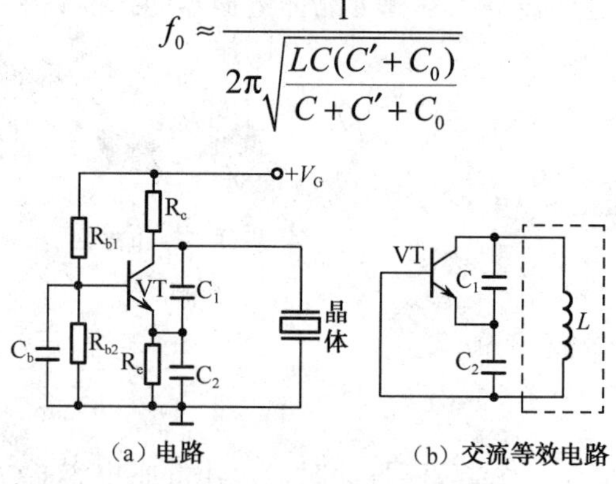

图4-2-15　并联型晶体振荡器

由于$C\ll C_0+C'$，则谐振频率近似为

$$f_0\approx\frac{1}{2\pi\sqrt{LC}}=f_s$$

可见，振荡频率基本上取决于晶体的固有频率f_s。故其频率稳定度高。

（4）串联型晶体振荡电路

如图 4-2-16 所示。晶体与电阻 R 串联构成正反馈电路。当振荡频率等于晶体的固有频率 f_s 时，晶体阻抗最小，且为纯电阻，电路满足自激振荡条件而振荡，其振荡频率为 $f_0 = f_s$。否则不能振荡。调节电阻 R 可获得良好的正弦波输出。

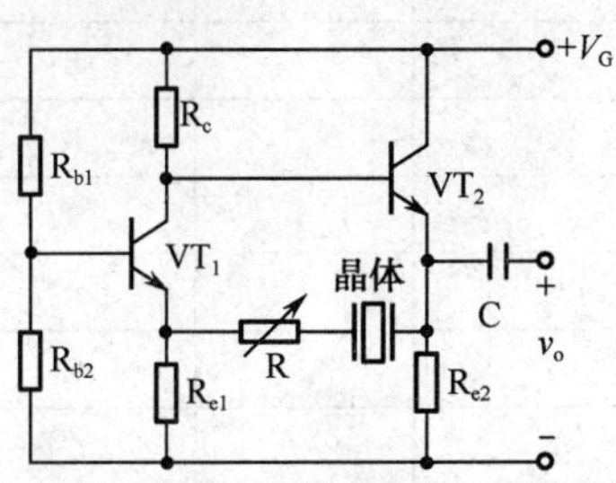

图4-2-16　串联晶体振荡电路

项目 3　制作 RC 正弦波振荡电路

学习目标

✧ 掌握正弦波振荡电路的组成框图及类型。
✧ 会安装与调试 RC 正弦波振荡电路。
✧ 能用示波器观测振荡波形，可用频率计测量振荡频率。
✧ 能排除振荡器的常见故障。

工作任务

✧ 清点与检测元器件。
✧ 制作 RC 正弦波振荡电路。
✧ 测试 RC 正弦波振荡电路。

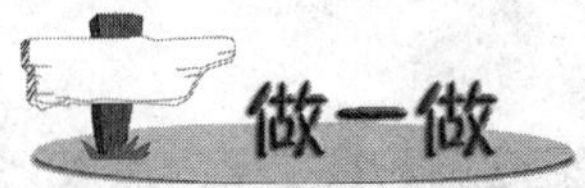

将学生分为若干组，每组提供函数信号发生器、示波器各一台，万用表一块，学生自备焊接工具。实训室提供电路装接所用的元器件及器材，参见表 4-3-1。

第 1 步：清点与检测元器件

根据元器件及材料清单，清点并检测元器件。将测试结果填入表 4-3-1，正常的填“√”，如元器件有问题，及时提出并更换。将正常的元器件对应粘贴在表 4-3-1 中。

表 4-3-1　制造 RC 正弦波振荡电路项目元器件及器件清单

序　号	名　称	型号规格	数　量	配件图号	测试结果	元件粘贴区
1	金属膜电阻器		4	R_L		
2				R_1		
3				R_2		
4				R_3		
5				R_4		
6	电位器		1	R_P		
7	瓷片电容器		2	C_1		
8				C_2		
9	集成运放			U_1		
10	二极管	1N4148	2	VT_1		
11				VT_2		
12	印制电路板	配套	1			
13	焊锡、松香		若干			
14	连接导线		若干			

自行查阅集成运放 OP07 的有关资料，了解内部结构及引脚功能。

第 2 步：制作 RC 正弦波振荡电路

RC 正弦波振荡电路的电路图与装配图，分别如图 4-3-1、图 4-3-2 所示。根据电路图和装配图，完成电路装接。

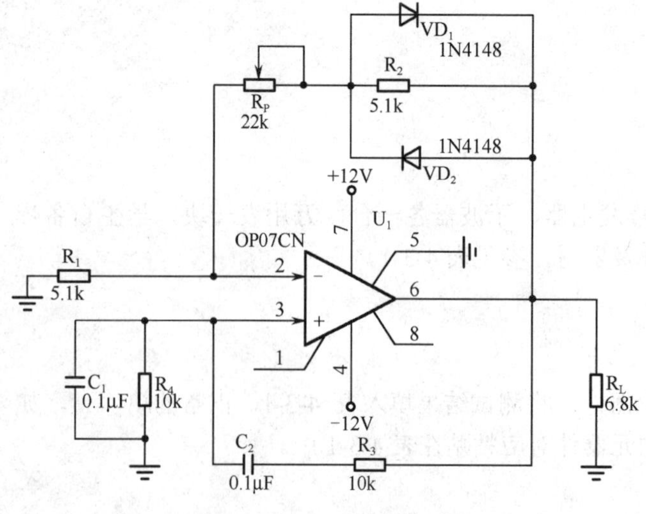

图 4-3-1　RC 正弦波振荡电路

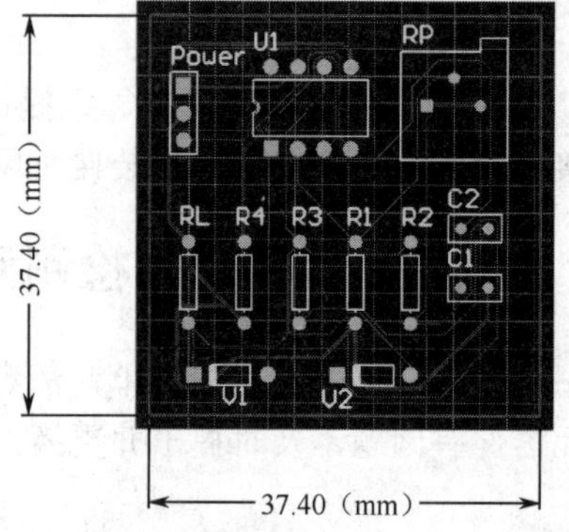

图 4-3-2　RC 正弦波振荡电路的装配图

从图 4-3-1 可知，电路由运算放大器、反馈电阻（R_P+R_2）及反相输入端处的 R_1，构成同相输入的比例放大器，它的反相输入端接地，同相输入端为输出量 u_o 经 R_3、C_2 的反馈信号 u_f。

R_3、C_2 串联电路再与 R_4、C_1 并联电路串接后，便构成一个 RC 选频网络。其振荡频率为 $f_0=\dfrac{1}{2\pi RC}$，其中，$R=R_3=R_4$，$C=C_1=C_2$。

RC 选频网络是如何实现正反馈的？请你计算一下该振荡电路的振荡频率。

为了改善输出波形幅度稳定性，在图 4-3-1 所示的电路中，利用二极管电流较大时，电阻较小的非线性，来实现自动稳幅。由图 4-3-1 可见，在负反馈电路中，正、反向二极管 VD_1、VD_2 与电阻 R_2 并联。振荡电路起振时，输出电压幅值较小，根据二极管电流小时等效电阻较大的特性，这时，它的正向交流电阻 r_d 将较大，使放大倍数较大，有利于起振。当输出电压幅值增大后，通过二极管的电流增大，正向交流电阻 r_d 将较小，使放大倍数下降，从而达到自动稳定输出幅值的目的。

友情提醒

装配焊接时应注意以下要求：（1）按装配图进行装接，不漏装、错装，不损坏元器件；（2）焊接二极管时，一定要注意极性；（3）无虚焊，漏焊和搭锡；（4）元器件排列整齐并符合工艺要求。

第 3 步：测试 RC 正弦波振荡电路

调节直流稳压电源，输出+12V 和−12V 正负电压。检查各元器件装配无误后，进行以下测试。

（1）用示波器观察输出电压 u_o 的波形，调节负反馈电位器 R_P，使输出 u_o 产生稳定的不失真的正弦波。

（2）用频率计测量输出电压 u_o 的频率 f_o，填入表 4-3-2 中。与理论值比较，计算相对误差。另选一组 R、C（希望 f_o=1000Hz），重复上述过程。

表 4-3-2　RC 正弦波振荡电路振荡频率 f_o 的测量

	R	C	f_o		误差%
			测量值	理论值	
第一组数据	10k	0.1μF			
第二组数据					

（3）测量反馈系数 F，在振荡电路输出稳定、不失真的正弦波的条件下，测量 u_o 和 u_f，计算反馈系数 $F=U_f/U_O$。

友情提醒

调节反馈电位器 R_P 时，若 R_P 阻值过小，不能满足起振条件，无法形成振荡。若 R_P 阻值过大，不则又会造成严重失真。

想一想

f_0 的测量值与理论值产生误差的原因？

单元小结

1．调谐放大器是一种选频放大器。它利用 LC 并联谐振电路的选频特性在频率众多的信号中选出某一频率的信号加以放大。

2．调谐放大器有单回路调谐和双回路调谐两种基本电路。双回路调谐放大器可以在一定的频带内具有良好的选择性。

3．电路产生自激振荡必需同时满足相位平衡条件和振幅平衡条件。具体判别的关键为电路必需是一个具有正反馈的正常放大电路。

4．正弦波振荡器实质上是具有正反馈的放大器，LC 振荡器常用于高频振荡，石英晶体振荡器的频率稳定度很高。

5．LC 振荡器有变压器耦合式和三点式。可以用集成运放组成 LC 振荡器。振荡器的种类很多，可分为正弦波和非正弦波两大类。各种振荡器都有各自的用途，它们的集成电路的形式广泛用于电子玩具、发声设备及石英电子钟等各个方面。

思考与习题

4-1　正弦波振荡器根据选频网络的不同，可分为哪几类？

4-2　几种类型的 LC 振荡电路如习题 4-1 图所示，电感三点式振荡电路是指下列图中（　　）。

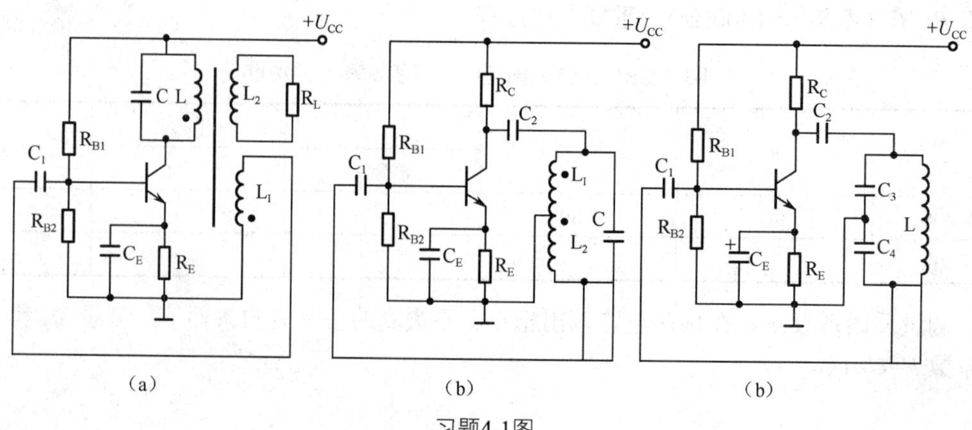

习题4-1图

4-3　几种类型的 LC 振荡电路如习题 4-2 图所示，电容三点式振荡电路是指下列图中（　　）。

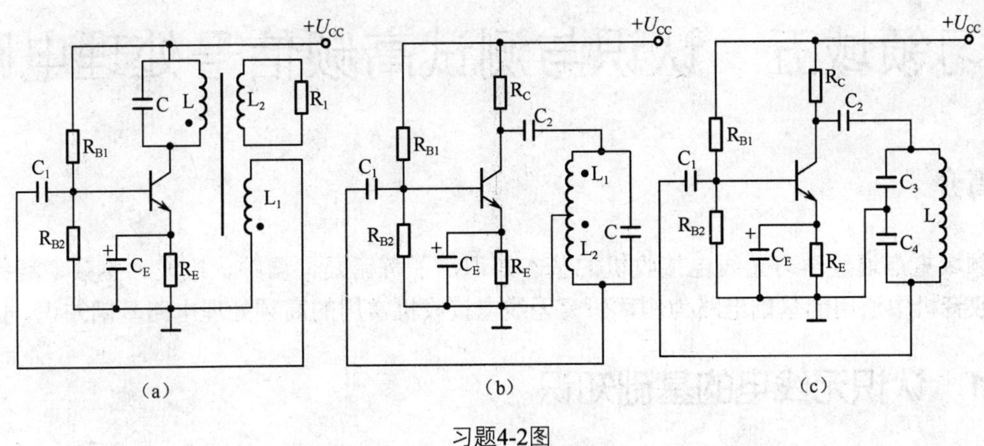

习题4-2图

学习领域五　认识与测试高频信号处理电路

领域简介

本领域重点通过学习无线电接收机的基本知识，了解调幅、调频、检波、鉴频、混频的概念，以收音机中通用的基础电路为例，研究无线电接收机常用的高频处理电路基础知识。

项目1　认识无线电的基础知识

学习目标

✧ 了解无线电波基本知识、频段。
✧ 了解无线电调幅发射机的框图。
✧ 了解无线电调幅接收机的框图。
✧ 了解超外差调幅收音机组成框图。

工作任务

✧ 认识无线电波。
✧ 无线电广播的发射与接收。
✧ 认识无线电广播收音机。
✧ 调幅收音机的中频调整、频率覆盖及统调。

第1步：认识无线电波

1. 无线电波

无线电波是指在高频电流作用下，导线周围的电场和磁场交替变化向四周传播能量的电磁波。无线电波的参数包括波长λ、频率f、自由空间中的传播速度c，这三个参量之间的关系为

$$c=\lambda f$$

【例5-1-1】　频率为1000kHz的无线电波，其波长为多少。

解：由上式可得

$$\lambda=\frac{c}{f}=\frac{3\times10^{8}}{1000\times10^{3}}\text{m}=300\text{m}$$

可见，无线电波的频率越高，波长越短；反之，波长越长。

2. 无线电波的频段

无线电波的频率范围一般用频段（或波段）表示。其波段划分参见表 5-1-1。

表 5-1-1　无线电波的波段划分

波段名称	波长范围	频率范围	频段名称	用途
超长波	10^4～10^5m	30～3kHz	甚低频 VLF	海上远距离通信
长波	10^3～10^4m	300～30kHz	低频 LF	电报通信
中波	2×10^2～10^3m	1500～300kHz	中频 MF	无线电广播
中短波	50～2×10^2m	6000～1500kHz	中高频 IF	电报通信、业余者通信
短波	10～50m	30～6MHz	高频 HF	无线电广播、电报通信和业余通信
米波	1～10m	300～30MHz	甚高频 VHF	无线电广播、电视、导航和业余通信
分米波	1～10dm	3000～300MHz	特高频 UHF	电视、雷达、无线电导航
厘米波	1～10cm	30～3GHz	超高频 SHF	无线电接力通信、雷达、卫星通信
毫米波	1～10mm	300～30GHz	极高频 EHF	电视、雷达、无线电导航
亚毫米波	1mm 以下	300GHz 以上	超极高频	无线电接力通信

第 2 步：无线电广播的发射与接收

1. 无线电广播的发射

调幅发射机的组成如图 5-1-1 所示。

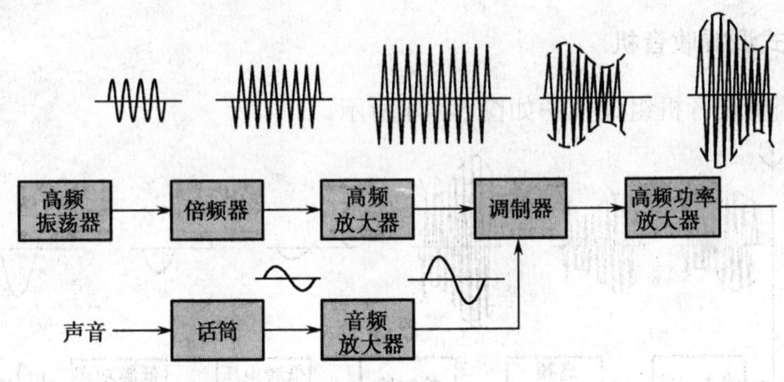

图5-1-1　无线电调幅发射机的框图

其工作过程可以描述为话筒把声音转换成电信号，经放大器放大后，去调制高频振荡器产生的高频等幅正弦波，产生已调波，再通过高频功率放大器放大，由传输线送到天线，以电磁波的形式发射出去。

2. 无线电广播的接收

简单调幅接收机的组成如图 5-1-2 所示。

其工作过程输可以描述为输入电路从不同频率已调波中选出需要收听的信号。解调器将音频信号从已调波中检取出来。耳机把音频信号变换成声音。

3. 调幅波与调频波

用低频信号控制高频振荡的幅度，形成的已调波称为调幅波。如图 5-1-3 所示。

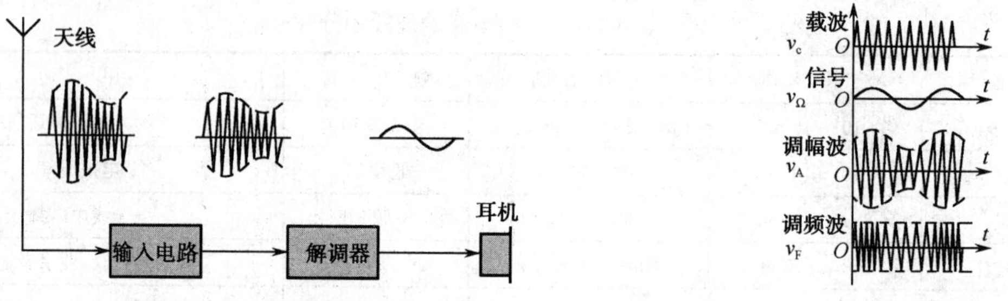

图5-1-2　简单调幅接收机的组成框图

图5-1-3　调幅波与调频波

第 3 步：认识无线电广播收音机

1. 收音机种类：

（1）按电子器件分有电子管、晶体管；
（2）按电路特点分有直接放大式、超外差式；
（3）按波段分有中波、短波；
（4）按调制方式分有调幅、调频；
（5）按电源分有交流、直流、交直流；
（6）按用途特点分有收录、收扩、立体声等。

2. 直接放大式调幅收音机

直接放大式调幅收音机组成框图如图 5-1-4 所示。

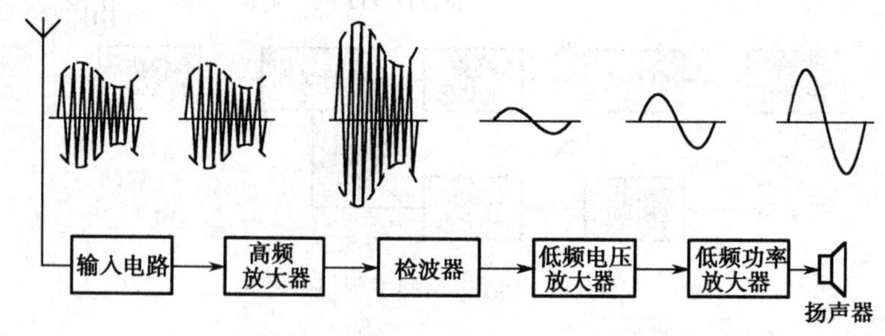

图5-1-4　直接放大式调幅收音机组成框图

工作原理：输入回路从天线上的感应信号中选出某一高频调幅信号，经高频放大器直接放大，然后进行检波，输出音频信号；再经低放和功放，通过扬声器发出声音。这种机型现已很少采用。

3. 超外差式调幅收音机

超外差式调幅收音机组成框图如图 5-1-5 所示。

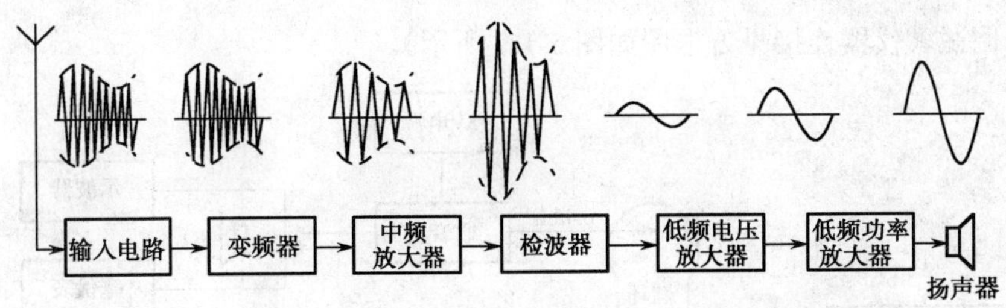

图5-1-5　超外差式调幅收音机组成框图

工作原理：输入回路从天线上的感应信号中选出某一高频调幅信号，经变频器变成中频调幅信号，再经中频放大器放大，然后进行检波，输出音频信号。再经低放和功放，通过扬声器发出声音。

这种机型因稳定性好、灵敏度高、选择性好而被广泛采用。

第 4 步：调幅收音机的中频调整、频率覆盖及统调

已装配好调幅收音机一台，电路如图 5-1-6 所示，如何使用高频信号发生器对其进行三点统调呢？

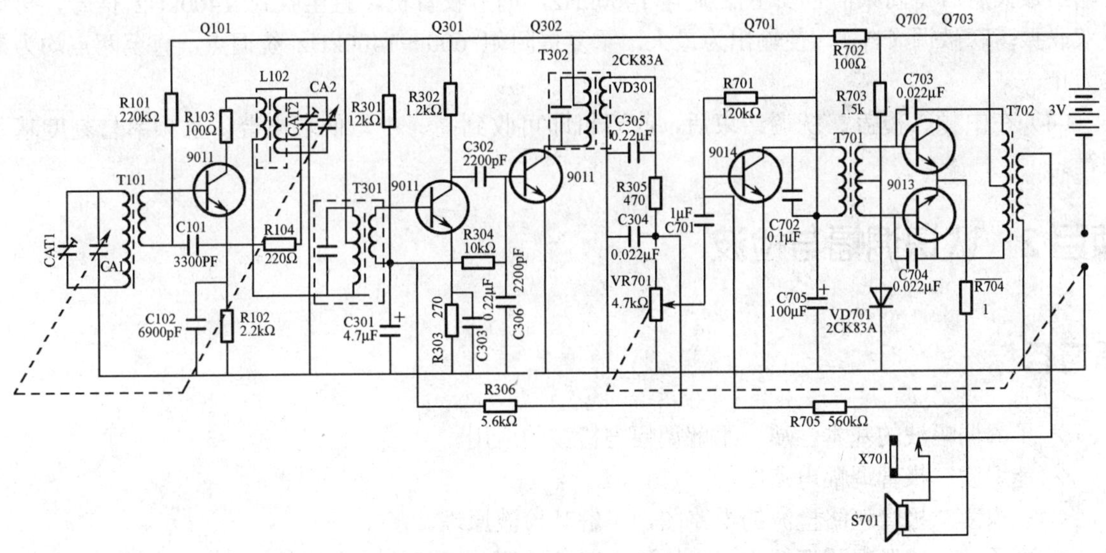

图5-1-6　调幅收音机电路

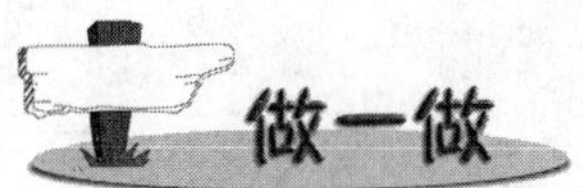

中频调整、频率覆盖及统调

（1）将机器接通电源，应在收音机 AM 能收到本地电台后，即可进行调试。

（2）中频调试（仪器连接见方框图如图 5-1-7 所示）。

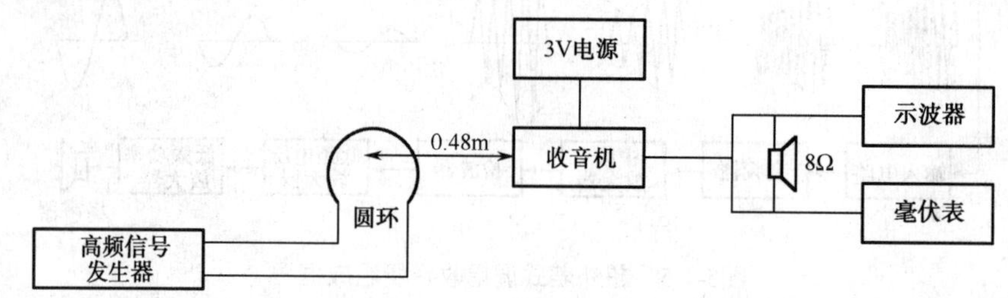

图5-1-7　仪器连接方框图

首先将双联电容旋至最低频率点，高频信号发生器至于 465kHz 频率处，输出场强为 10mV/M，调制频率 1000Hz，调幅度 30%，收到信号后，示波器有率 1000Hz 波形，用无感应螺钉起依次调节黑—白—黄中周，且反复调节，使其输出最大，中频 465kHz 即调好。

（3）覆盖及统调调试

① 将高频信号发生器至于 520kHz 频率处，输出场强为 5mV/M，调制频率 1000Hz，调幅度 30%，双联电容旋至最低频率点，用无感应螺丝器调节红中周（振荡线圈），收到信号后，再将双联旋至最高端，高频信号发生器至 1620kHz，调节双联振荡联微调 CA-2，收到信号后，再重复双联旋至最低端，调红中周，高低端反复调整，直至低端频率 520kHz 高端频率微 1620kHz 为止。

② 统调：将高频信号发生器至于 600kHz 频率处，输出场强为 5mV/M，调制频率 1000Hz，调幅度 30%，调节收音机调谐旋钮，收到 600kHz 信号后，调节中波磁棒线圈位置，使输出最大然后将高频信号发生器旋至 1400kHz，调节收音机，直至收到 1400kHz 信号，再调节双联振荡联微调 CA-1，使输出为最大，重复提阿姐 600～1400kHz 统调点，直至两点均为最大为止。

（4）在中频、覆盖、统调结束后，收音机即可收到高、中、低端电台，且频率与刻度基本相符。

项目 2　认识调幅与检波

学习目标

✧ 了解调幅波的基本性质，了解调幅与检波的应用。
✧ 能识读二极管调幅电路图。
✧ 能识读二极管包络检波的电路图，了解其检波原理。
✧ 可通过示波器观测调幅收音机检波电路的波形，了解检波电路的功能。

工作任务

✧ 认识调幅波。
✧ 认识二极管调幅电路。
✧ 认识二极管包络检波电路。
✧ 测试二极管检波电路。

第 1 步：认识调幅波

高频电磁波携带低频信号，是通过用低频信号控制等幅高频振荡来达到的，这个过程称为调制。如果控制的是高频振荡的幅度，这种调制方式称为调幅，形成的已调波称为调幅波。如图 5-2-1 所示。

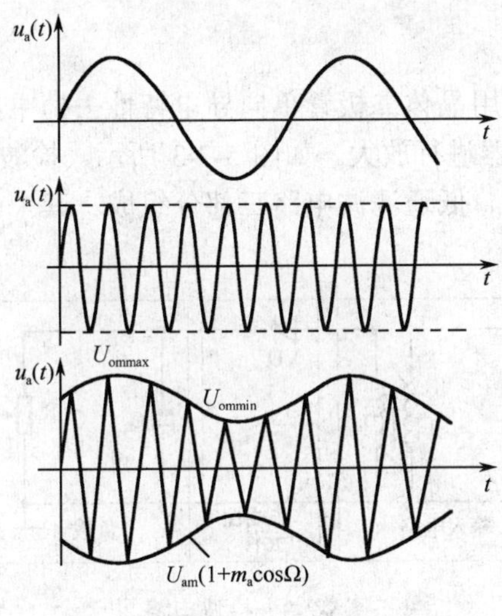

图5-2-1　调幅波

第 2 步：认识二极管调幅电路

由于非线性器件具有相乘作用，因此可以用二极管构成调幅电路。

图 5-2-2（a）所示为二极管构成的普通调幅电路。其中，U 为偏置电压，使二极管的静态工作点位于特性曲线的非线性较严重的区域调制信号 $u_\Omega(t)$ 和载波 $u_c(t)$ 相加后再和 U 叠加；L、C 组成中心频率为 f_c 的带通滤波器。

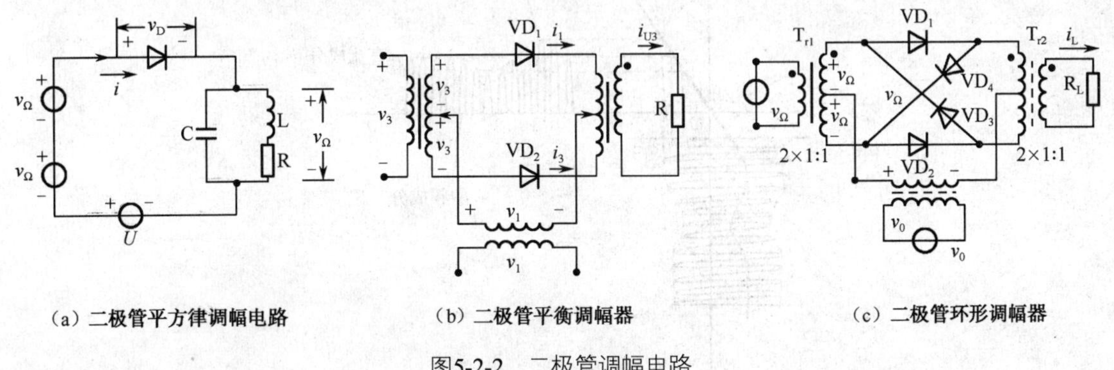

图5-2-2　二极管调幅电路

平衡调幅器如图 5-2-2（b）所示，其中 VD_1、VD_2 为两个特性相同的二极管，u_o 从 R 两端输出，满足 $u_o = iR = (i_1 - i_2)R$。平衡调幅器可以看作是两个平方律调幅器连接而成。

二极管环形调幅器如图 5-2-2（c）所示。在图中，四个特性相同的二极管首尾相接，组成一个环路，故称为环形调幅器。环形调幅器与平衡调幅器相比，只多了两个二极管，因此其工作原理大致相同，这里不再详细介绍。

第 3 步：认识二极管包络检波电路

1. 检波电路

检波是调幅的逆过程，利用晶体二极管单向导电特性去掉中频载波，而将所需要的音频信号从中检出，并送入低频放大器进行放大。如图 5-2-3 所示，检波电路由中频信号输入电路（第三中频变压器）、非线性元件、低通滤波电路三部分组成。其中，非线性元件采用二极管，低通滤波由电容与电阻构成。

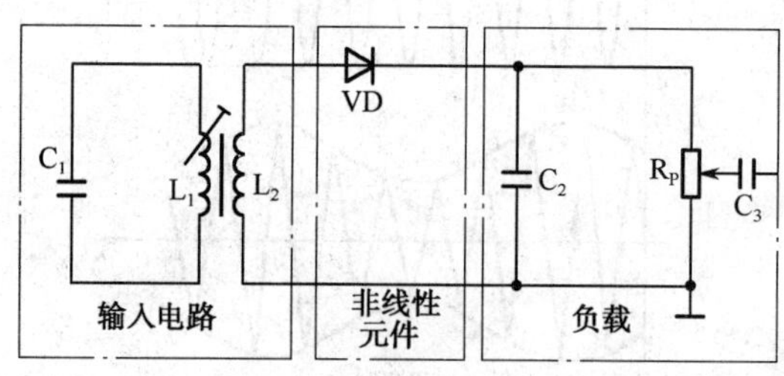

图5-2-3 检波电路

其工作过程可以描述为中频信号由第三中频变压器次级线圈 L_2 输入，当 L_2 感应电压为上正下负时，二极管正向导通；而当 L_2 感应电压为上负下正时，二极管反偏截止。随着调幅波幅度的变化，二极管的正向电流相应的变化，负载两端电压随之改变。C_2、R_P 组成的低通滤波电路，将中频成分滤掉，留下调幅波的包络，即音频信号。

检波后的信号有三种成分：中频、音频和直流（如图 5-2-4 所示），其中的音频信号送至低放。

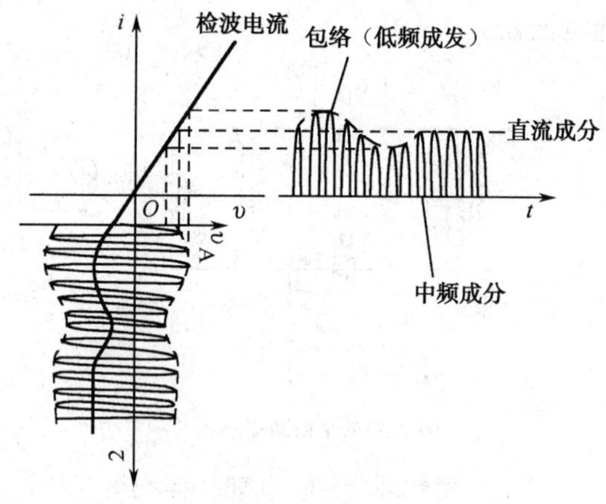

图5-2-4 检波后信号

2. 二极管包络检波器

适合于解调含有较大载波分量的大信号的检波过程，它具有电路简单，易于实现，如图 5-2-5

所示，主要由二极管 VD 及 RC 低通滤波器组成，它利用二极管的单向导电特性和检波负载 RC 的充放电过程实现检波。所以 RC 时间常数选择很重要，RC 时间常数过大，则会产生对角切割失真。RC 时间常数太小，高频分量会滤不干净。

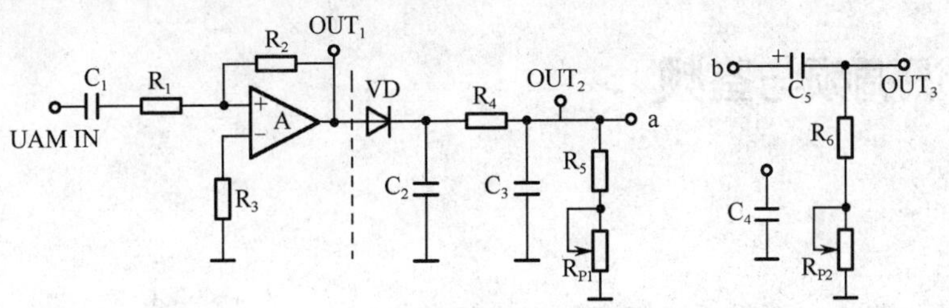

图5-2-5　二极管包络检波器

综合考虑要求满足下式：

$$\frac{1}{f_0} \ll RC \ll \frac{\sqrt{1-m^2}}{\Omega_m}$$

式中：m 为调幅系数，f_0 为载波频率。

图中 A 对输入的调幅波进行幅度放大（满足大信号的要求），VD 是检波二极管，R_4、C_2、C_3 滤掉残余的高频分量，R_5、和 R_{P1} 是可调检波直流负载，C_5、R_6、R_{P2} 是可调检波交流负载，改变 R_{P1} 和 R_{P2} 可观察负载对检波效率和波形的影响。

3. 测试二极管检波电路

测试电路如图 5-2-5 所示，用高频信号发生器发射一定频率和幅度的调幅波，用示波器观察检波后的波形。

（1）解调全载波调幅信号

① m<30%的调幅波的检波

载波信号为 $V_C(t)$=10sin2π×105(t)(mV)调节调制信号幅度，用高频信号发生器调制获得调制度 m<30%的调幅波，并将它加至图 5-2-3 信号输入端，（需事先接入-12V 电源），由 OUT1 处观察放大后的调幅波（确定放大器工作正常），在 OUT2 观察解调输出信号，调节 R_{P1} 改变直流负载，观测二极管直流负载改变对检波幅度和波形的影响，记录此时的波形。

② 适当加大调制信号幅度，重复上述方法，观察记录检波输出波形。

③ 接入 C_4，重复①、②方法，观察记录检波输出波形。

④ 去掉 C_4，R_{P1} 逆时针旋至最大，短接 a、b 两点，在 OUT3 观察解调输出信号，调节 R_{P2} 改变交流负载，观测二极管交流负载对检波幅度和波形的影响，记录检波输出波形。

（2）解调抑制载波的双边带调幅信号。

载波信号不变，将调制信号 V_S 的峰值电压调至 80mV，调节 R_{P1} 使调制器输出为抑制载波的双边带调幅信号，然后加至二极管包络检波器输入端，断开 a、b 两点，观察记录检波输出 OUT_2 端波形，并与调制信号相比较。

画出二极管包络检波器并联 C_2 前后的检波输出波形，并进行比较，分析原因。

项目 3　认识调频与鉴频

学习目标

✧ 了解调频波的基本性质，了解调频与鉴频的应用。
✧ 了解调频电路的工作原理图。
✧ 能识读集成斜率鉴频器的电路图，了解其工作原理。
✧ 可通过示波器观测调频收音机鉴频电路的波形，了解鉴频电路的功能。

工作任务

✧ 认识调频波。
✧ 认识调频波收音机基本组成及信号流程。
✧ 认识鉴频电路。

第 1 步：认识调频波

调频是用调制信号去控制高频载波的频率。

图 5-3-1 所示为调幅与调频的对比。

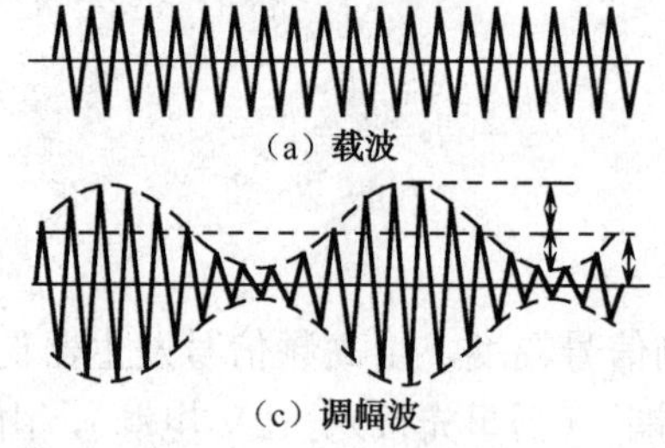

（a）载波　（c）调幅波

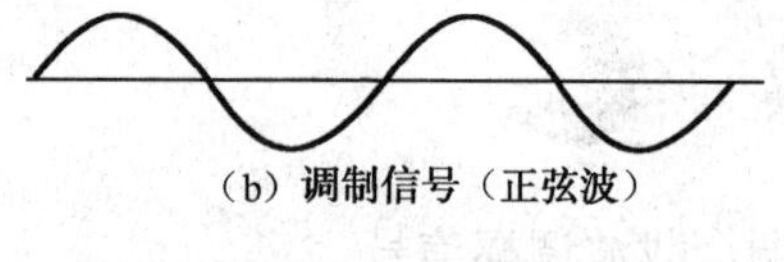

（b）调制信号（正弦波）

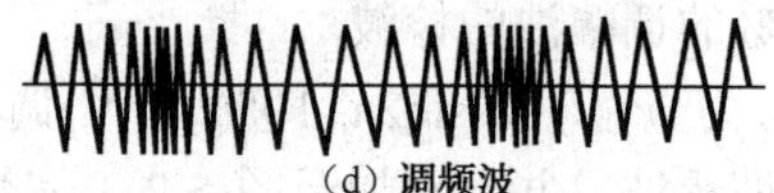

（d）调频波

图5-3-1　调频波

第 2 步：认识调频波收音机基本组成及信号流程

采用超外差式，由输入回路、高频放大、混频、本振、中放、限幅、鉴频、音频放大及自动频率调整（AFC）等电路组成。

图 5-3-2 所示为单声道调频收音机基本组成方框图。

与调幅收音机不同点：

（1）调频收音机的调谐器（也称作调频头），设有高频放大电路，由输入回路、高频放大、混频与本振电路组成。调幅收音机的调谐电路，不设高频放大电路。

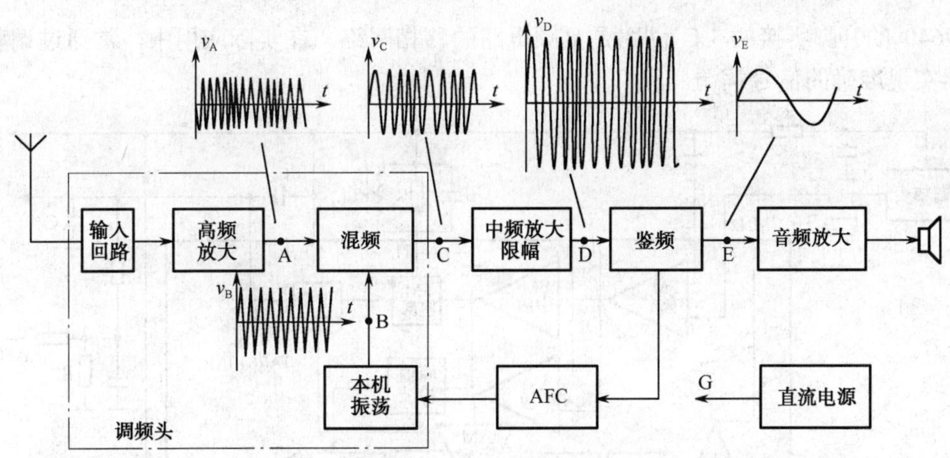

图5-3-2　单声道调频收音机基本组成方框图

（2）调频收音机变频后的中频频率为 10.7MHz，调幅收音机为 465kHz。

（3）调频波的干扰主要为幅度干扰，故在中放电路后设有限幅电路，切除幅度干扰。调幅收音机没有。

（4）由于调频收音机接收需采用频率解调电路，即鉴频电路。调幅收音机采用的是检波电路，以进行幅度解调。

（5）调频收音机中，附设有自动频率控制电路（AFC），一般调幅收音机没有。

第 3 步：认识鉴频电路

1. 鉴频电路的作用与要求

作用是从中频调频波中解调出原调制的声音信号。

要求具有失真小、灵敏度高、频带宽和抗干扰能力强的特点。

2. 鉴频电路

（1）种类　分立元件鉴频电路有对称比例鉴频电路和不对称比例鉴频电路两种电路结构。在集成电路中，有移相乘积鉴频器、脉冲计数型鉴频器和锁相环式鉴频器等。

（2）基本工作原理　鉴频电路工作时，先将调频波通过线性电路转变为幅度与调频信号频率变化成正比的调频调幅波，然后再用振幅检波器从调频调幅波中检出原调制音频信号，如图 5-3-3 所示。

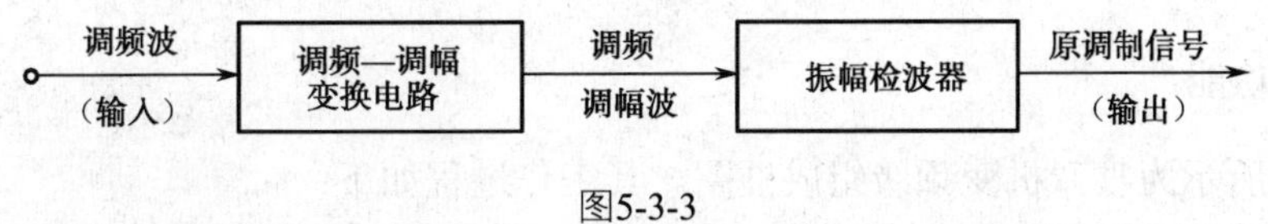

图5-3-3

3. 典型集成鉴频电路的工作过程

集成电路 TA 7640 构成的鉴频电路如图 5-3-4 所示。工作时，集成中放输出的中频信号被送入鉴频器，在鉴频器中先进行信号的限幅，然后进行调频信号的解调，还原出调制的音频信号。TA7640 的①脚所接的 LC 回路是鉴频电路的移相网络。在实际应用中，常通过调整该回路使鉴频器实现准确的信号解调。

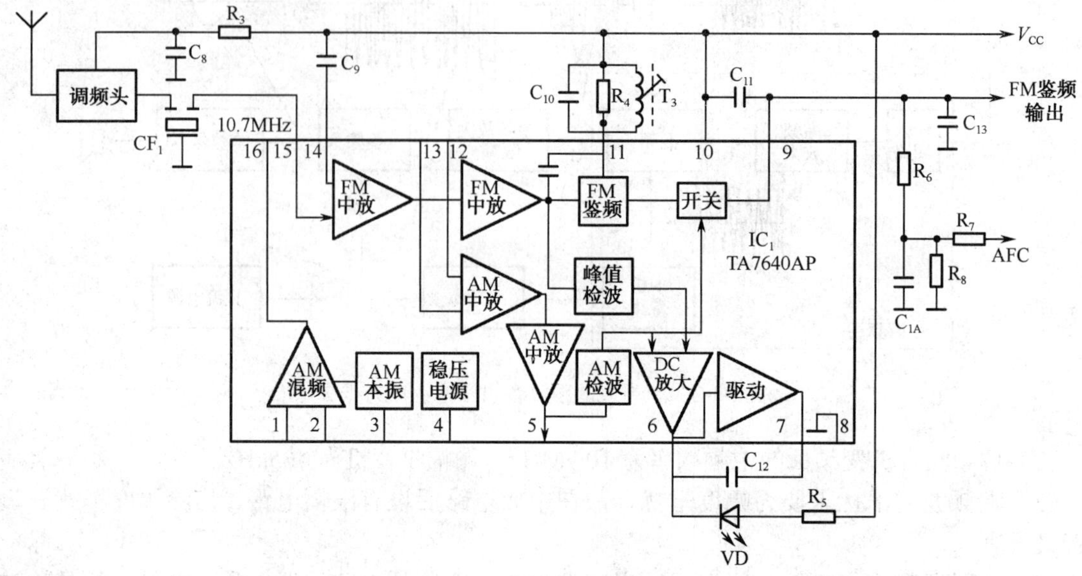

图5-3-4 TA7640构成的鉴频电路

项目 4 认识混频器

学习目标

✧ 通过典型应用实例，了解混频器的功能。

✧ 能识读三极管混频器的电路图，了解其工作原理。

工作任务

✧ 认识三极管混频电路。

✧ 认识三极管混频器的应用电路。

第 1 步：认识混频器功能与混频电路

1. 混频器功能

如图 5-4-1 所示为收音机变频级组成框图。其工作过程如下：

（1）本机振荡器产生等幅高频信号 $f_{\text{振}}$，并且 $f_{\text{振}}$ 总比欲接收电台的高频信号频率高 465kHz，即

$$f_{\text{振}}=f_{\text{信}}+465\text{kHz}$$

（2）将 $f_{\text{信}}$ 与 $f_{\text{振}}$ 信号同时加入晶体管输入端进行混频。利用晶体管非线性作用，在其输出端将会产生有一定规律的各种频率成分，如（$f_{\text{振}}-f_{\text{信}}$）、（$f_{\text{振}}+f_{\text{信}}$）等。

（3）在混频输出端设置选频网络，选出所需要的频率成分：$f_{\text{振}}-f_{\text{信}}$=465kHz 的中频信号。在

电路中，通常用谐振回路（中频变压器）作为混频输出的选频网络。

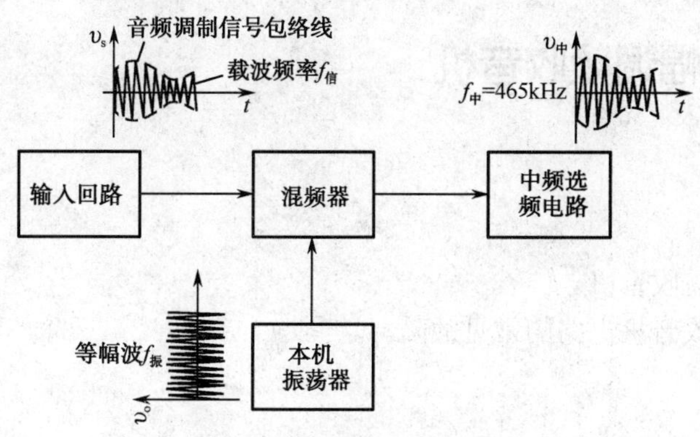

图5-4-1　收音机变频级组成框图

2. 混频方式

三极管混频电路是利用三极管的 I_C 与 U_{be} 的非线形关系实现变频的，其混频方式分为发射极注入式、基极注入式和集电极注入式，如图 5-4-2 所示。应用中，为简化电路，采用一只晶体管既当本振管，又作混频管，称为变频管。

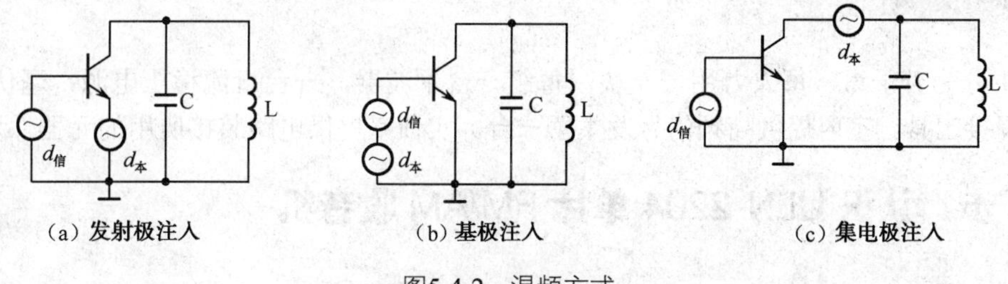

图5-4-2　混频方式

第 2 步：认识三极管混频器的应用电路

典型的发射极注入式变频电路，如图 5-4-3 所示。

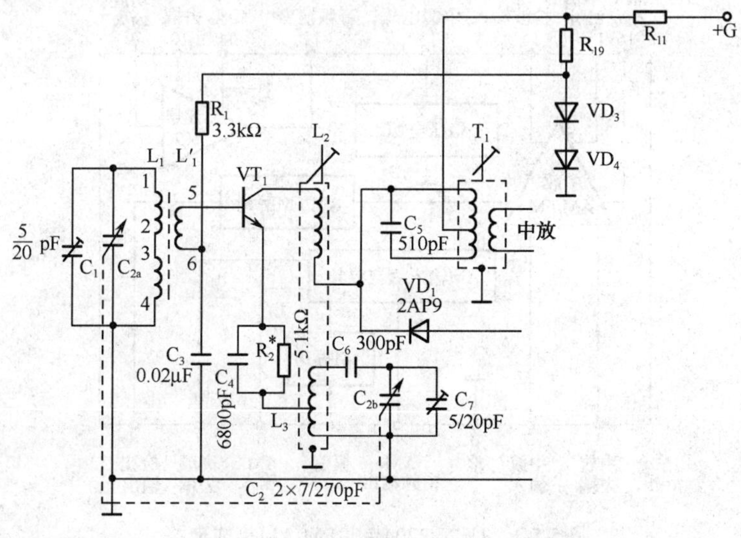

图5-4-3　发射极注入式变频电路

本机振荡和混频合用一只晶体管 VT_1，振荡信号由发射极注入变频管。

项目 5　制作调幅调频收音机

学习目标

✧ 会按电路图组装收音机。
✧ 会分析并排除收音机电路的常见故障。

工作任务

✧ 认识 ULN-2204 单片 FM/AM 收音机。
✧ 清点与检测元器件，组装焊接电路。
✧ 分析并排除收音机电路的常见故障。

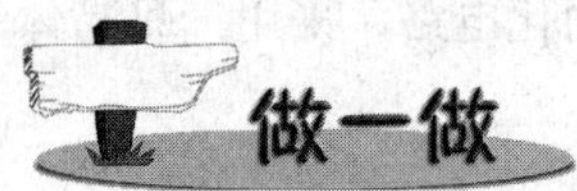

将学生分为若干组，每人万用表一块，每组一台示波器，一台直流稳压电源，毫伏表一台，学生自备焊接工具。室内提供高频信号发生器一台。实训室提供电路装接所用的元器件及器材。

第 1 步：认识 ULN-2204 单片 FM/AM 收音机

1. 认识 ULN-2204 单片 FM/AM 集成电路

图 5-5-1 所示为 ULN-2204 单片 FM/AM 集成电路框图。包含了调幅的变频、中放、检波，调频的中放、鉴频，以及前置低放、功放与稳压电源系统。

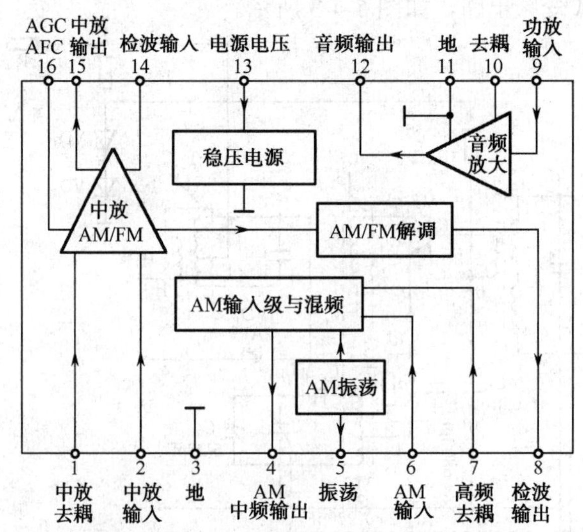

图5-5-1　ULN-2204单片FM/AM集成电路

2. 认识电路原理图

图 5-5-2 所示为 ULN-2204 单片 FM/AM 收音机实际电路。

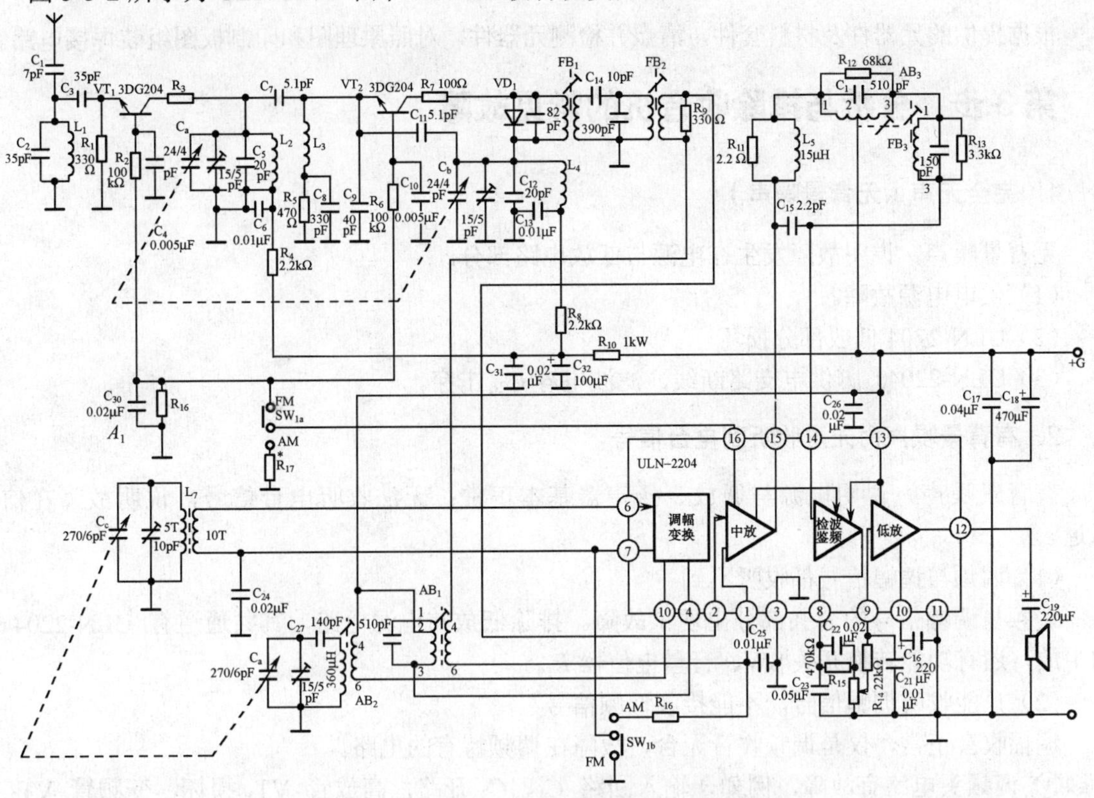

图5-5-2 ULN-2204单片FM/AM收音机电路原理图

图 5-5-3 所示为 ULN-2204 单片机的组成方框图（以上图所示电路为例）。

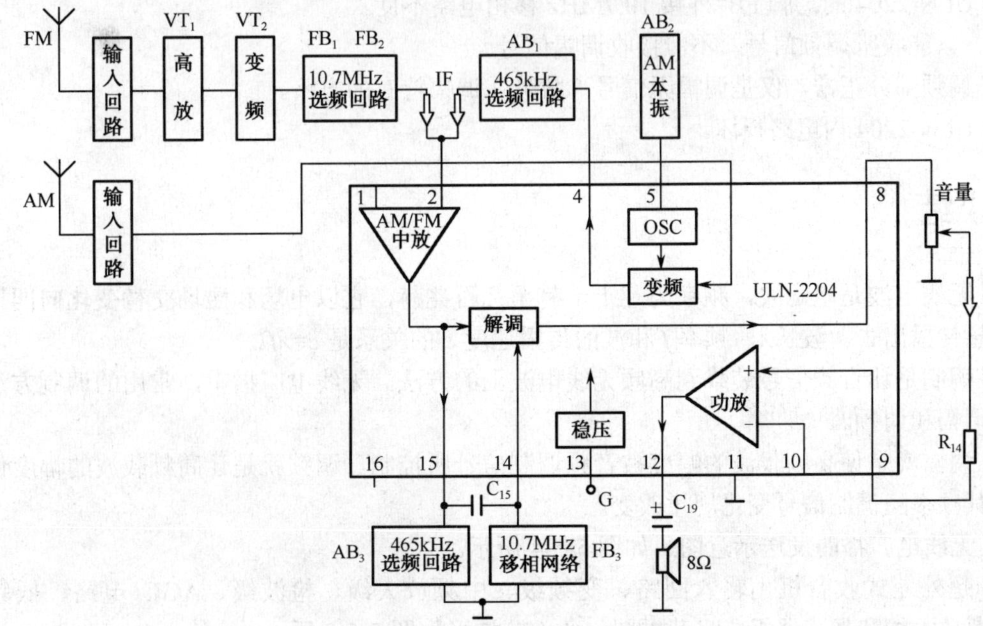

图5-5-3 ULN-2204单片FM/AM收音机电路组成框图

第 2 步：清点与检测元器件

根据提供的元器件及材料套件，清点并检测元器件，对照原理图和印制板图组装焊接电路。

第 3 步：分析与排除收音机的常见故障

1. 完全无声（无背景噪声）

无背景噪声，说明故障发生在电源与低放电路部分。

（1）供电电源故障。

（2）ULN-2204 低放部分损坏。

（3）ULN-2204⑬脚供电支路断线，滤波电容 C_{26} 击穿。

2. 有背景噪声而无法收听到电台信号

有背景噪声，说明电源与低放、扬声器基本正常；无法收听电台信号，说明故障在信号通道。

（1）调频与调幅信号都收听不到

调频与调幅信号的公共部分出现了故障。排除低放与电源电路，其共通道有 ULN-2204 中的中放，还有功能转换开关 SW、音量电位器 R_{14}。

（2）只能收听调幅信号，不能接收调频信号

调幅收音正常，仅是调频收音无台，故障在调频特有的电路。

① 调频头电路有故障，例如，输入回路 C_1、C_3 开路，高放管 VT_1 损坏，变频管 VT_2 损坏，中频变压器 FB_1、FB_2 有开路或短路性故障。

② ULN-2204 内电路损坏。

③ ULN-2204 的①脚 FB_3 外接 10.7MHz 移相电路不良。

（3）只能收听调频信号，不能接收调幅信号

① 调频部分正常，仅是调幅无信号，故障在调幅特有的电路。

② ULN-2204 内电路损坏。

单元小结

1．无线电波是电磁波，频率为几十千赫至几百兆赫，它以电场和磁场交替变化向四周传播并把能量传播出去。波长λ、频率 f 和波的传播速度 c 的关系是 $c=\lambda f$。

2．调制是让音频信号装载到高频无线电波上的方法。无线电广播中，常用的调制方法有两种，即调幅和调频。

3．调幅就是使高频载波的幅度被音频调制信号所控制。调频就是让高频载波的幅度保持不变，而其频率随调制信号变化规律改变。

4．无线电广播的发送示意图，如图 5-5-4 所示。

5．超外差式收音机由输入回路、变频级、中频放大级、检波级、AGC 电路、低频放大级、功率放大级和扬声器组成，其框图与各部分波形如图 5-5-5 所示。

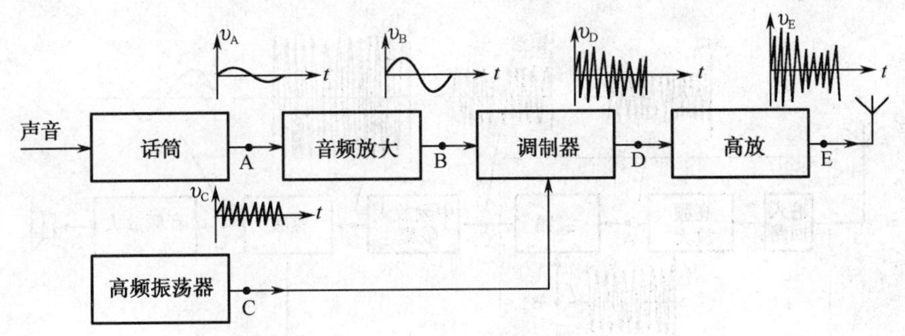

图5-5-4 无线电广播的发送示意图

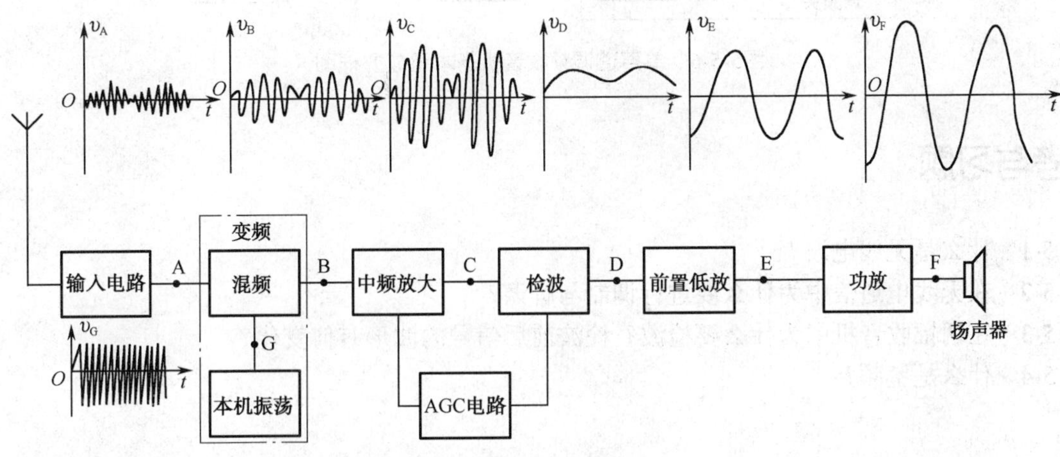

图5-5-5 超外差式收音机的组成

输入回路的作用主要是接收外来电台信号；选台，满足选择性要求，消除干扰信号；进行输入回路与前后级间阻抗匹配。

变频电路的作用是将输入回路送来的高频调幅载波转变为一个固定中频（465kHz），并且与高频调幅信号原来的形状保持一致。

中频放大电路的作用是将变频级输出的中频 465kHz 信号加以放大，提高灵敏度；对中频信号进一步筛选，提高选择性；并且送到检波器进行检波。

检波电路的作用是利用晶体二极管单向导电特性把已经完成运载音频信号任务的中频载波去掉，而将所需要的音频信号从中检出，并送入低频放大器进行放大。

自动增益控制（AGC）电路的作用是自动调整放大器的增益，使收音机的输出保持相对稳定。

低频放大电路的作用是对检波电路输出的微弱音频信号进行电压、功率放大，以推动扬声器发声。

6．单声道调频收音机基本组成方框图，由输入回路、高频放大、混频、本振、中放、限幅、鉴频、音频放大及自动频率调整（AFC）等电路组成。

7．鉴频电路也称作频率检波器或调频检波器，它是解调器的一种。鉴频电路的作用是从调频信号中解调出低频调制信号。

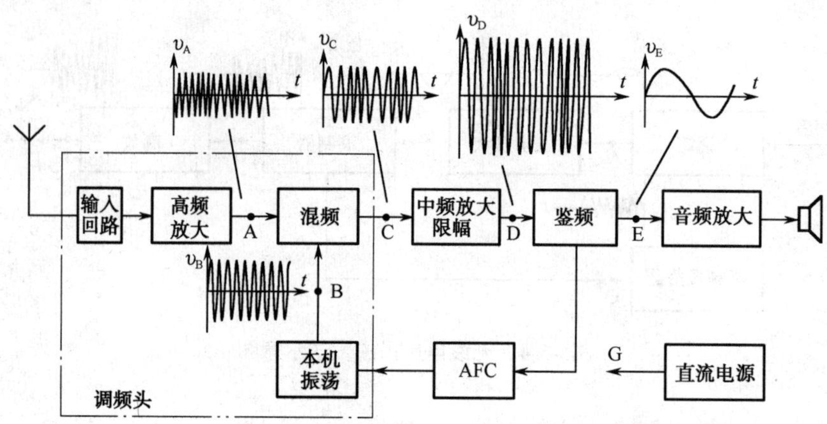

图5-5-6 单声道调频收音机基本组成方框图

思考与习题

5-1 什么是无线电波？

5-2 在无线电通信中为什么要进行调制与解调？

5-3 在调幅收音机中为什么要检波？检波前后信号的波形有何变化？

5-4 什么是鉴频？

*学习领域六　直流稳压电源电路的制作与测试

领域简介

本领域重点通过学习三端集成稳压器件，掌握其用途，了解开关稳压电源框图及稳压原理，在此基础上，组装与调试集成直流稳压电源。

项目 1　制作简单串联型直流稳压电路

学习目标

- ✧ 了解稳压电源的组成和主要性能指标。
- ✧ 理解简单串联型稳压电路的组成和工作原理。
- ✧ 会制作简单串联型稳压电路。
- ✧ 能调试、测量简单串联型稳压电路的输出电压。

工作任务

- ✧ 认识直流稳压电源的组成。
- ✧ 认识直流稳压电源的性能指标。
- ✧ 制作简单串联型直流稳压电路。
- ✧ 认识带有放大环节的串联型直流稳压电路。

第 1 步：认识直流稳压电源的组成

图 6-1-1 所示为直流稳压电源的组成框图，其主要组成部分有电源变压器、整流器、滤波器、稳压器等。

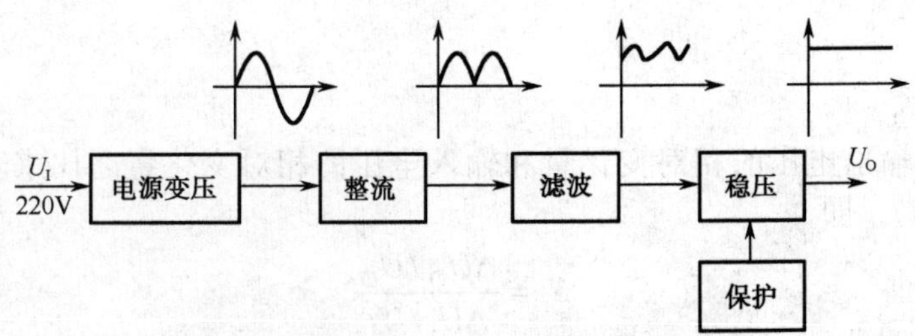

图6-1-1　直流稳压电源的组成框图

由于大多数电子设备所需的直流电压一般为几伏至几十伏，而交流电网提供的 220V（有效值）电压相对较大，因此电源变压（power supply transform）电路的作用就是用电源变压器对电网电压进行降压。另外，变压器还可以起到将直流电源与电网隔离的作用。

整流（rectification）电路的作用是将降压后的交流电压转换为单向的脉动电压，这种脉动电压中包含有较大的直流电压成分，这是输出可以得到直流电的基础。不过这种脉动电压中存在着很大的脉动成分（称为纹波），因此一般还不能直接用来给负载供电，需要进一步处理。

滤波（filtering）电路的作用是对整流电路输出的脉动电压进行滤波，从而得到纹波成分很小的直流电压。

经过整流滤波后的电压接近于直流电压，但是其电压值的稳定性很差，它受温度、负载、电网电压波动等因素的影响很大，因此，稳压（regulated power）电路的作用就是对输出电压进行稳压，从而保证输出直流电压的基本稳定。

直流稳压电源的类型可分为并联型、串联型及开关型。

第 2 步：认识直流稳压电源的性能指标

直流稳压电源的技术指标可分为两大类：一类是特性指标，反映稳压电源工作特性的参数，如输出电流、输出电压及电压调节范围等；另一类是质量指标，反映稳压电源性能优劣的参数，包括稳压系数、输出电阻、纹波电压、温度系数等。

1. 特性指标

（1）最大输出电流 I_{Omax}

对于简单稳压二极管稳压电路，$I_{O\max}$ 取决于稳压管最大允许工作电流。

串联式稳压电路和开关式稳压电路的 I_{Omax} 取决于调整管的最大允许耗散功率和最大允许工作电流。

（2）输出电压 U_O 和电压调节范围

对于简单稳压二极管稳压电路，$U_O=U_Z$ 且是不可调节的。

有些场合需要使用输出电压固定的电源，而有些场合则需要使用输出电压可调的电源，视具体情况而定。一般直流稳压电源的输出范围可以从 0V 起调，且连续可调。

（3）保护特性

直流稳压电源必须设有过流保护和电压保护电路，防止负载电流过载或短路，以及电压过高时，对电源本身或负载产生危害。

2. 质量指标

（1）稳压系数 S_r

实际上，常用输出电压的相对变化量和输入电压的相对变化量之比来表征电源的稳压性能，称之为稳压系数，即

$$S_r = \frac{\Delta U_O / U_O}{\Delta U_I / U_I}$$

（2）输出电阻 R_o

输出电压变化量和负载电流变化量之比，定义为输出电阻为

$$R_o = \frac{\Delta U_O}{\Delta I_O}$$

（3）温度系数 S_T

单位温度变化所引起的输出电压变化就是稳压值的温度系数或称温度漂移为

$$S_T = \frac{\Delta U_O}{\Delta T}$$

（4）纹波电压 U_γ

在额定工作电流的情况下，输出电压中交流分量总和的有效值称为纹波电压 U_γ。

显然，这些参数值越小越好。

第 3 步：制作简单串联型直流稳压电路

测试电路如图 6-1-2 所示，图中 R_1 为 3kΩ，VD_1 为大功率硅管 3DD102C，VD_2 为稳压二极管，标识为 6.2V。电源由直流稳压电源提供，万用表用以测试电路中电压。

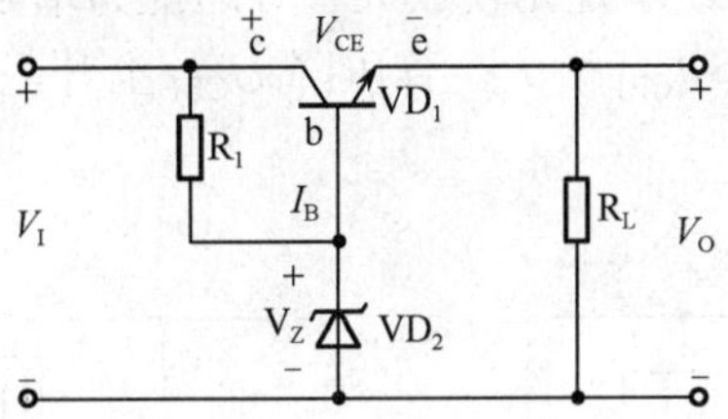

图6-1-2　简单串联型直流稳压电路

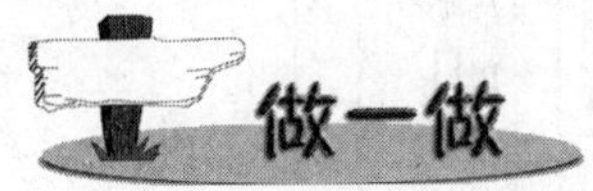

（1）按图 6-1-2 所示，正确连接电路，检查无误后接通电源，通电检测。

（2）调整管稳压管的测量。

① 接入输入电压 U_I =20V，用万用表测得 VD_1 的各电极电压，U_e=__V，U_b=__V，U_c=__V，VD_1 工作在________（放大/饱和/截止）状态。

② 用万用表测得稳压管 VD_2 的稳压值 V_Z=____V，该电压是________（反向击穿电压/正向电压）。

（3）接入输入电压 U_I=20V，负载电阻 R_L=10kΩ，测量输出电压 U_O，并记录 U_O=_______。

（4）改变输入电压，使 U_I =25V，负载电阻 R_L 不变，测量输出电压 U_O，并记录 U_O=____。

（5）改变负载电阻，使 R_L=5kΩ，输入电压 U_I 不变，测量输出电压 U_O，并记录 U_O=____。

结论：步骤（1）、步骤（4）结果表明，当输入电压在一定范围内变化时，电路的输出电压_______（基本保持不变/随输入电压变化而变化）。

（6）步骤（5）结果表明，当负载电阻在一定范围内变化时，电路的输出电压________（可以基本保持不变/随负载电阻变化而变化）。

第 4 步：认识带有放大环节的串联型直流稳压电路

1. 组成及作用

如图 6-1-3（a）所示。电路一般由调整管、比较放大电路、取样电路和基准电压四部分组成，其中取样电路的作用是将输出电压的变化取出，并反馈到比较放大器。比较放大器则将取样回来的电压与基准电压比较放大后，去控制调整管，由调整管调节输出电压，使其得到一个稳定的电压。

2. 工作原理

图 6-1-3（b）是具有放大环节的串联型稳压电路，该电路的工作原理如下。

由于电网电压上升导致输入电压 U_I 增大或负载输出电流下降时，输出电压 U_O 有增大趋势，通过取样电阻的分压使比较放大管的基极电位 U_{B2} 上升，因比，较放大管的发射极电压不变（$U_{E2}=U_Z$），所以 U_{BE2} 也上升，于是比较放大管导通能力增强，U_{C2} 下降，调整管导通能力减弱，调整管 VT_1 集射之间的电阻 R_{CE1} 增大，管压降 U_{CE1} 上升，使输出电压 U_O 下降，保证了 U_O 基本不变。

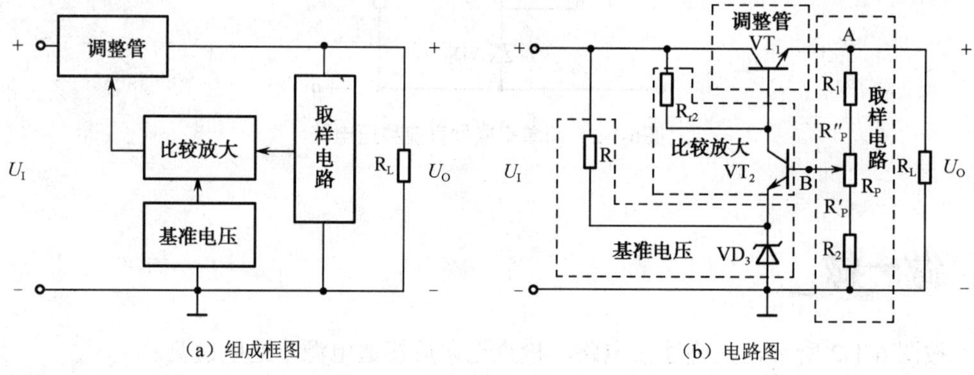

（a）组成框图　（b）电路图

图6-1-3　带有放大环节的串联型稳压电路

当输入电压 U_I 不变，负载 R_L 减小时导致负载输出电流增加，引起输出电压 U_O 有减小趋势，则电路应做怎样的调整？

项目 2　认识集成稳压电源

学习目标

✧ 了解三端集成稳压器件的种类、主要参数、典型电路、能识别其引脚。

✧ 能识读集成稳压电源的电路图。

工作任务

✧ 认识三端集成稳压器。

✧ 认识集成稳压电源。

由于集成电路芯片技术的飞跃发展，给稳压电源的制造和使用带来了极大的方便，多数电子产品中的稳压电源部分已经集成化。对使用者来说，只要了解它们的外部特性和应用线路图即可方便使用。

目前，集成稳压器能以最简方式（类似于三极管）接入电路，并具有较完善的过电流、过电压、过热保护功能。7800 系列和 7900 系列已成为世界通用系列，是用途最广、销量最大的集成稳压器。

第 1 步：认识三端集成稳压器

三端集成稳压器分为固定式输出、可调式输出和跟踪式三种类型，又以三端固定式及三端可调式集成稳压器的应用范围为最广。

固定式三端稳压器有输入、输出和公共（地）端三个端子，输出电压固定不变（一般分为若干等级），通用的产品有 7800（正电压输出）和 7900（负电压输出）系列，输出电压分为 5、6、9、12、15、18V 和 24V 等多种。型号的后两位数字表示稳压器的输出电压的数值，如 W7805，表示输出电压为 5V；W7915 则表示输出电压为-15V。

78、79 这两种系列封装的图形及引脚序号如图 6-2-1 所示。图中的引脚号标注方法是按照引脚电位从高到低的顺序标注的。引脚 1 为最高电位，3 脚为最低电位，2 脚居中。从图中可以看出，不论正压还是负压，2 脚均为输出端。对于 78 正压系列，输入是最高电位，自然是 1 脚，地端为最低电位，即 3 脚。对于 79 负压系列，输入为最低电位，自然是 3 脚，而地端为最高电位，即 1 脚。散热片总是和最低电位的第 3 脚相连。在 78 系列中，散热片和地相连接，而在 79 系列中，散热片却和输入端相连接。

可调式三端稳压器有 W317 和 W337 系列，图形及引脚序号如图 6-2-2 所示。它们的外形、引脚和固定式一样，只是引脚功能有所区别，本节不着具体阐述。

三端集成稳压器在电子产品中的应用比较广泛，在使用过程中要注意：（1）严格区分输入端和输出端，否则容易击穿集成电路内部调整管。（2）接触要良好，特别是接地。（3）输入和输出端防止短路现象，应采取一定的保护措施。

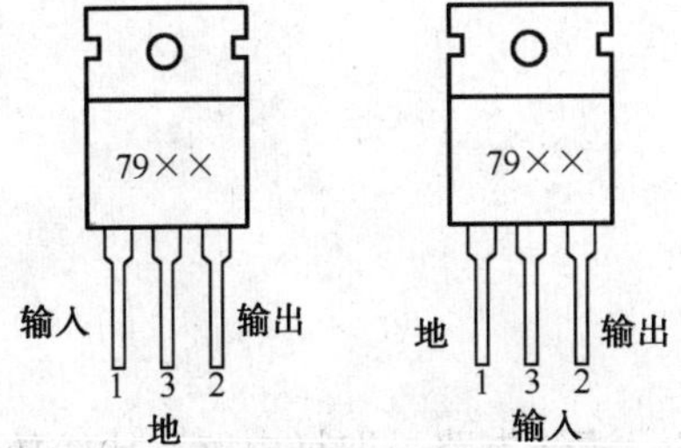

图6-2-1　78、79系列集成稳压器图形及引脚序号

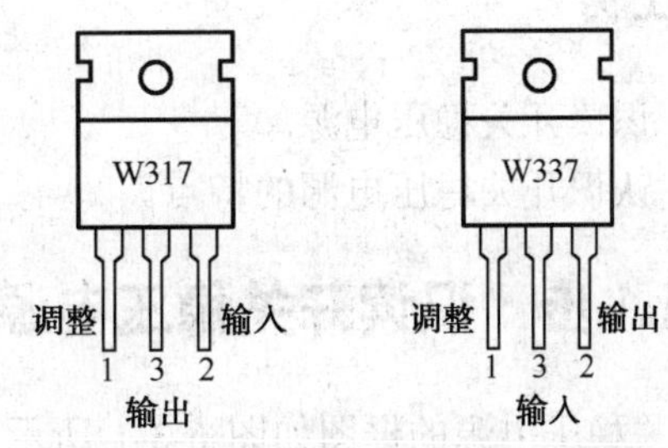

图6-2-2　W317、W337系列集成稳压器图形及引脚序号

第 2 步：认识集成稳压电源

如图 6-2-3 所示的电路为输出电压为+5V、输出电流为 1.5A 的稳压电源。它由电源变压器，桥式整流电路 VD_1～VD_4，滤波电容 C_1、C_3，防止自激电容 C_2、C_4和一只固定式三端稳压器（7805）搭建而成。

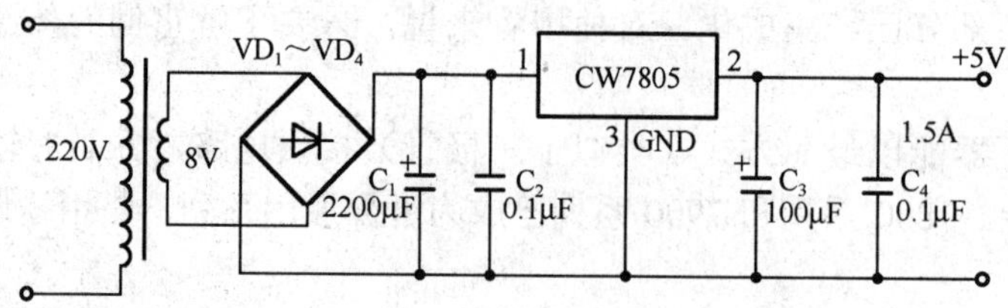

图6-2-3　输出电压为+5V集成稳压电源

220V 交流电通过电源变压器变换成交流低压，再经过桥式整流电路 VD_1～VD_4 和滤波电容 C_1 的整流和滤波，在固定式三端稳压器 CW7805 的 1 和 3 两端形成一个并不十分稳定的直流电压，此直流电压经过 CW7805 的稳压和 C_3 的滤波便在稳压电源的输出端产生了精度高、稳定度好的直流输出电压。

本稳压电源可作为 TTL 电路或单片机电路的电源。三端稳压器是一种标准化、系列化的通用线性稳压电源集成电路，以其体积小、成本低、性能好、工作可靠性高、使用简捷方便等特点，成为稳压电源中应用最为广泛的一种集成稳压器件。

三端固定式稳压器还可以通过不同的连接方式组成多用途的电源，如输出电压可调、极性变换等。

项目 3　认识开关稳压电源

学习目标

✧ 了解开关式稳压电源的框图及稳压原理。
✧ 了解开关式稳压电源的主要优点。

工作任务

✧ 识读开关稳压电源。
✧ 认识开关稳压电源的特点。

第 1 步：识读开关稳压电源

开关稳压电源的框图如图 6-3-1 所示。一般由整流电路、滤波电路、取样电路、比较放大电路、脉宽电路、开关调整管和基准电源组成。

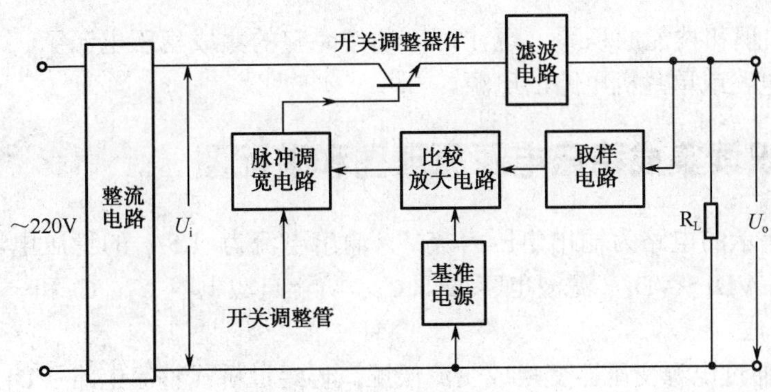

图6-3-1　开关稳压电源框图

第 2 步：认识开关稳压电源的特点

（1）效率高：开关型稳压电源的调整晶体管工作在开关状态，所以开关晶体管功率损耗很小，效率可大为提高，其效率通常可达 80～90%左右。

（2）重量轻：开关稳压电源通常采用电网输入的交流电压直接整流，去除了笨重的电源变压器，使电源的重量减少到原同等功率稳压电源的五分之一左右，而且体积也大为缩小。

（3）稳压范围宽：开关型稳压电源在输入交流电压从 110～260V 变化时，都能达到良好的稳压，输出电压的变化可保证在 2%以下，而且在输入交流电压变化时始终保持稳压电路的高效率。

（4）可靠安全：在开关型稳压电源中，设计有保护电路，在负载出现故障或短路时能自动切断电源，保护功能灵敏可靠。

（5）滤波电容容量小：由于稳压电路中的开关晶体管多采用较高的开关频率，因此滤波电容的容量可大大减小，易于小型化。

（6）功耗小：由于晶体管工作在开关状态，功率损耗小，不需要采用大的散热器，机内温升也小，周围元器件也不致因长期工作在高温环境而损坏。

项目 4　集成稳压电源的制作与测试

学习目标

- ✧ 会安装与调试直流稳压电源。
- ✧ 能正确测量稳压性能、调压范围。
- ✧ 会判断并检修直流稳压电源的简单故障。

工作任务

- ✧ 识读集成稳压电源原理图和装配图。
- ✧ 清点和检测元器件。
- ✧ 安装与测试集成稳压电源。

有了上面的知识和技能的积累，现在可以制作完整的集成稳压电源了。本项目制作的稳压电源可作为 TTL 电路或单片机电路的电源。

第 1 步：识读集成稳压电源原理图和装配图

如图 6-4-1 所示的电路为输出电压为+5V、输出电流为 1.5A 的稳压电源。它由电源变压器，桥式整流电路 VD_1～VD_4，滤波电容 C_1、C_3，防止自激电容 C_2、C_4 和一只固定式三端稳压器（7805）搭建而成。

220V 交流电通过电源变压器变换成交流低压，再经过桥式整流电路 VD_1～VD_4 和滤波电容 C_1 的整流和滤波，在固定式三端稳压器 CW7805 的 1 和 3 两端形成一个并不十分稳定的直流电压，此直流电压经过 CW7805 的稳压和 C_3 的滤波便在稳压电源的输出端产生了精度高、稳定度好的直流输出电压。

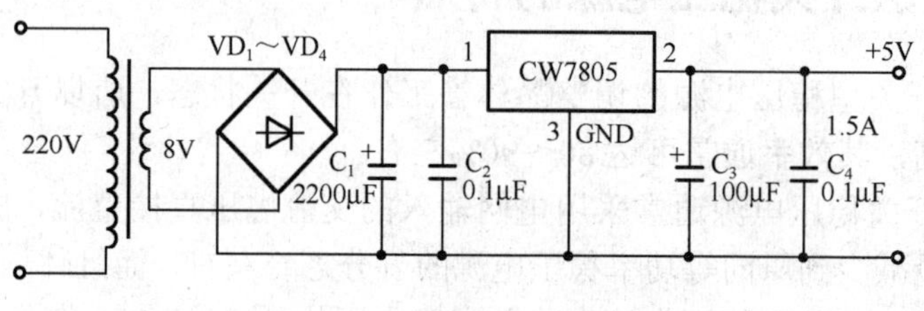

图6-4-1　集成稳压电源

做一做

如图 6-4-2 所示，这是与原理图相对应的稳压电源装配图。

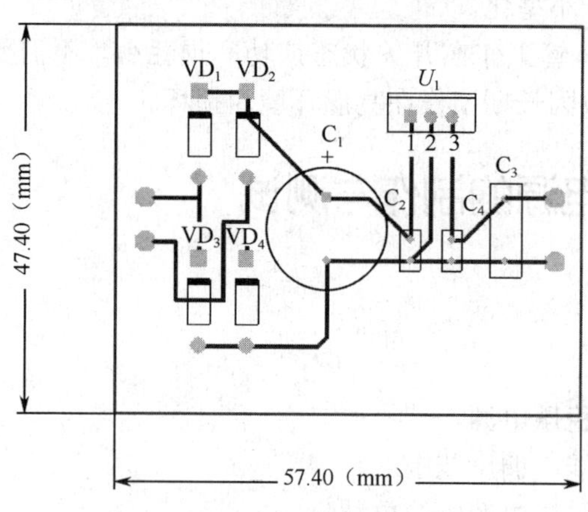

图6-4-2　装配图

（1）找出图中与变压器副边相接的接线端子，并在接线图上标注出来。

（2）找出图中与负载相接的接线端子（即电源的输出端），并在接线图上标注出来。

（3）找出与原理图相对应的各元件的安装位置，特别要关注二极管的极性和滤波电容器的极性。

第 2 步：清点与检测元器件

根据元器件及材料清单，结合前面的原理图和装配图，清点并检测元器件。将测试结果填入表 6-4-1 中，正常的填“√”，若元器件有问题，请及时申请更换并记录。将正常的元器件对应粘贴在表 6-4-1 中。

表 6-4-1　元器件及器材清点检测表

序 号	名 称	型 号 规 格	数 量	配 件 图 号	测 试 结 果	元件粘贴区
1	电解电容器	2200μF 16V	1	C1		
2		100μF 10V	1	C3		
3	二极管	1N4007	4	VD_1		
4				VD_2		
5				VD_3		
6				VD_4		
7	瓷片电容器	0.1P	2	C2		
8				C4		
9	三端稳压片及其散热片	CW7805	1	CW7805		
10	印制电路板	配套	1			
11	焊锡、松香		若干			
12	连接导线		若干			
13	配套变压器	220V/8V	1			
14	电源外壳		1			

第 3 步：安装并测试集成稳压电源

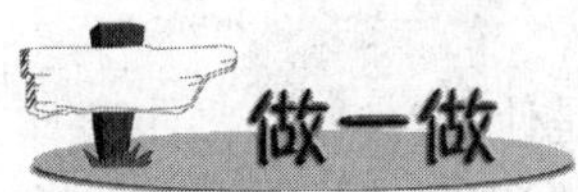

（1）对照装配图插装元件。插装时要注意二极管的极性、电解电容器的极性和 CW7805 的引脚号。

（2）再一次检查插入电路板的各元器件，以防插错。同时对插装好的元器件进行必要的整理，确保排列整齐并符合工艺要求。

（3）焊接电路板。按照有关电路板焊接的工艺要求进行焊接，做到焊点大小适当、有光泽、无毛刺拉尖，且无虚焊，漏焊和搭锡。

（4）安装电路板上与变压器副边相接的引线和电源的输出引线。

（1）电路板安装好后，可以直接与变压器相接并接上交流电源了吗？

（2）如果还有不放心的地方，你认为此时还要进行哪此方面的测试？

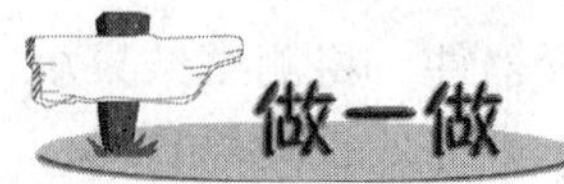

（1）将变压器与220V交流电源相接，并测试变压器的副边电压，检测此电压是否与额定输出电压相符。

（2）切断交流电源，将变压器的副边与电路板相接，检查无误后，接通交流电源，同时观察电路板上各元件的反应，若有异常现象则应立即切断交流电源。

（3）电路若无异常，则用万用表检测电源输出端电压的大小和极性是否正常。

（4）检测电源的输出电压，查看其纹波成分是否明显。

（5）若纹波成分明显，则检查电路和元件，排除相应故障。

（6）若纹波成分不明显，则连接相关连接线，安装了电源的外壳。

单元小结

（1）直流稳压电源是一种电网电压变化或负载变动时，能自动保持输出电压基本稳定的直流电源。稳压电源的质量指标有稳压系数、输出电阻、电压调整率等。其中，稳压系数和输出电阻是两个主要指标。

（2）集成稳压器的迅速发展给使用者带来了方便，它有多端式和三端式、输出电压有固定式和可调式、正极性和负极性等区别。CW7800 系列和 CW7900 系列是固定式三端集成稳压器，CW317、CW337是可调式三端集成稳压器。

思考与习题

6-1　直流稳压电源由哪几部分组成，各组成部分的功能是什么？

6-2　衡量直流稳压电源的质量指标有哪几项，其含义是什么？

6-3　带有放大环节串联型稳压电源由哪几部分组成，各部分的功能是什么？

6-4　某同学设计的15V直流稳压电源如习题6-1图所示，仔细观察发现有三处错误，请指出错误所在，并改正。

6-5　如习题6-2图所示，当出现以下情况时，故障现象是什么？输出电压 V_0 为多少？

（1）比较放大管 VD_2 发射结烧断；

（2）调整管 VD_1 发射结烧断；

（3）调整管 VD_1 发射极和集电极短路；

（4）电位器 R_P 触头接触不良；

（5）R_1 开路；

（6）R_3 开路；

（7）R_4 开路。

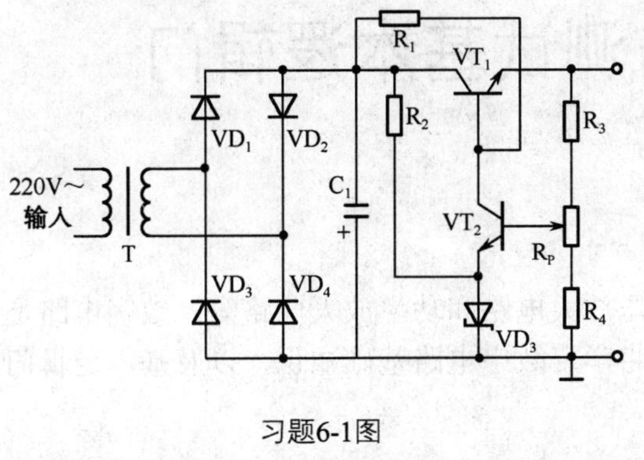

习题6-1图

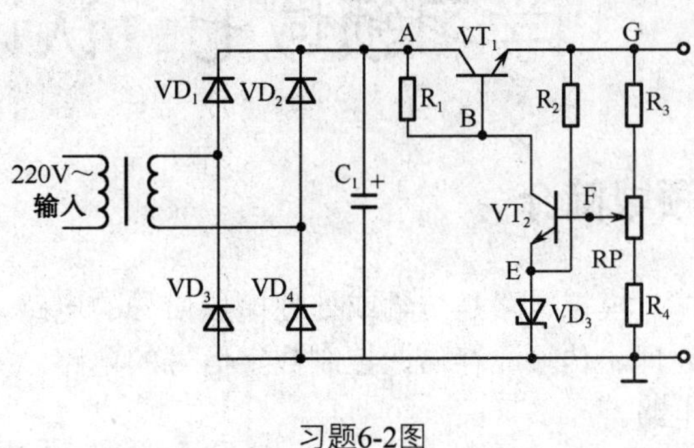

习题6-2图

学习领域七　认识与测试基本逻辑门

领域简介

模拟电路是传输或处理模拟信号的电路，如电压放大电路和功率放大电路等。数字电路是处理、传输、存储、控制数字信号的电路。本领域将学习数字电路基础知识，以及基本逻辑门电路。

项目 1　认识数字信号和数字电路

学习目标

✧ 理解模拟信号与数字信号的区别。
✧ 了解脉冲波形主要参数的含义及常见脉冲波形。
✧ 掌握数字信号的表示方法，了解数字信号在日常生活中的应用。
✧ 掌握二进制、十六进制数的表示方法。
✧ 能进行二进制、十进制之间的相互转换。
✧ 了解 8421BCD 码的表示方法。
*✧ 了解逻辑代数的表示方法和运算法则。
*✧ 会用逻辑代数基本公式化简逻辑函数，了解其在工程应用中的实际意义。

工作任务

✧ 认识数字信号和数字电路。
✧ 认识数制。
✧ 认识 8421BCD 码。
✧ 认识逻辑代数及其运算。

随着信息时代的到来，数字技术已广泛的应用于各种领域，数字手表、数字电视、mp3、数字通讯……数字化已成为当今时代的发展潮流。

以下为日常生活中常见的数字电子产品，你用过吗？它们对你的生活有何影响？

图 7-1-1　数字电子产品

第 1 步：认识数字信号和数字电路

1. 数字信号

电子线路中的电信号可以分为模拟信号和数字信号。凡是在数值随时间连续变化的信号，称为模拟信号，例如，声音、温度等物理量转化为连续变化的电压或电流，都是模拟信号；凡是在数值随时间不连续变化的信号，称为数字信号，例如，电平跳跃变化的矩形脉冲信号就是数字信号，如图 7-1-2 所示。

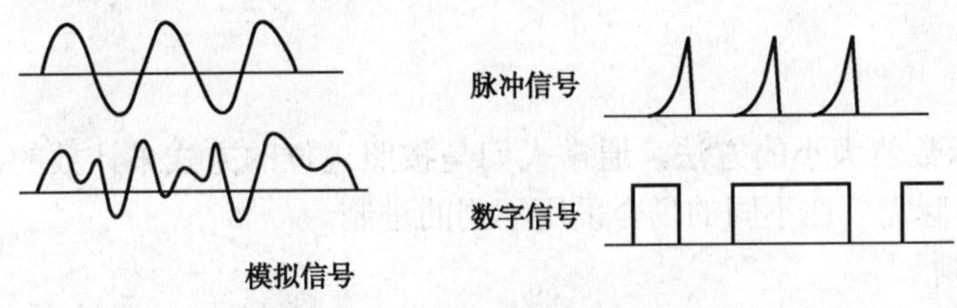

图 7-1-2　模拟信号和数字信号

想一想

脉冲信号也是数字信号，脉冲信号波形的主要参数有哪些呢？常见的脉冲波形有哪些？

脉冲技术中最常使用的是矩形脉冲波，图 7-1-3 所示为实际的矩形脉冲电压波形，图中标出如下几个常用参数：

下面电信号哪些是数字信号，哪些是模拟信号，请用连线将它们进行正确连接。

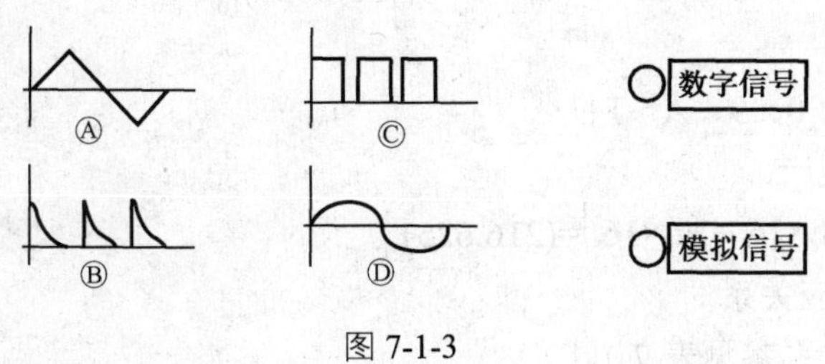

图 7-1-3

2．数字电路

传输和处理数字信号的电路，称为数字电路。数字电路研究的主要是数字信号的状态，数字信号基本上只有两种状态，如开关的开与关、信号的有和无等，这两种状态常用二进制的 0 和 1 来表示，电信号的低电平和高电平就对应着这两种状态。这里低电平和高电平均是指一个电压范围而不是具体的电压数值，如低电平通常为 0～0.4V，高电平通常为 3～5V。

由于数字电路是以二值数字（0 和 1）逻辑为基础的，电路易于实现，且具有精度高、抗干扰强、便于信息保存的特点，因此在计算机、视频记录设备、通信等数字系统中得到广泛的应用。

第 2 步：认识数制

在日常生活中，人们熟悉的是十进制数是指哪十个数码？二进制数只采用两个数码作为计数基础，它们又是指哪两个数码？

1．数制的概念

数制是用以表示数值大小的方法，通常人们是按照进位的方式来计数的，称为进位制，简称进制。人们根据实际需要在不同的场合采用不同的进制。

1）几种常用数制

（1）十进制。

基数为 10，数码为 0～9；

运算规律：逢十进一，即 9+1=10。

如$(5555)_{10}=5\times10^3+5\times10^2+5\times10^1+5\times10^0$

又如：$(209.04)_{10}=2\times10^2+0\times10^1+9\times10^0+0\times10^{-1}+4\times10^{-2}$

（2）二进制。

基数为 2，数码为 0、1；

运算规律：逢二进一，即 1+1=10。

如$(101.01)_2=1\times2^2+0\times2^1+1\times2^0+0\times2^{-1}+1\times2^{-2}=(5.25)_{10}$

（3）八进制。

基数为 8，数码为 0～7；

运算规律：逢八进一。

如$(207.04)_8=2\times8^2+0\times8^1+7\times8^0+0\times8^{-1}+4\times8^{-2}=(135.0625)_{10}$

（4）十六进制。

基数为十六，数码为 0～9、A～F；

运算规律：逢十六进一。

如$(D8.A)_2=13\times16^1+8\times16^0+10\times16^{-1}=(216.625)_{10}$

2）几种进制间的对应关系

几种进制间的对应关系参见表 7-1-1。

表 7-1-1　几种进制间的对应关系

十进制	二进制	八进制	十六进制	十进制	二进制	八进制	十六进制
0	0000	0	0	8	1000	10	8
1	0001	1	1	9	1001	11	9
2	0010	2	2	10	1010	12	A
3	0011	3	3	11	1011	13	B
4	0100	4	4	12	1100	14	C
5	0101	5	5	13	1101	15	D
6	0110	6	6	14	1110	16	E
7	0111	7	7	15	1111	17	F

各进制中，适合表示数字信号的是哪一种？

2．二进制数计数

按照进位方法的不同有不同的计数体制。例如，十进制计数是“逢十进一”、二进制计数是“逢二进一”、八进制计数是“逢八进一”、十六进制计数是 “逢十六进一” 等。

计数电路中普遍采用是二进制计数。在二进制数列中，每一位只有 0 和 1 两个数码，而相邻两位的关系是“逢二进一”。例如，

$$\begin{array}{r}1\\+\ 1\\\hline 10\end{array}\qquad\begin{array}{r}10\\+\ 1\\\hline 11\end{array}\qquad\begin{array}{r}11\\+\ 1\\\hline 100\end{array}$$

也就是说，每当本位是 1，再加上 1 时，本位就变成 0，向高位进位，使高位加 1；当本位是 0，再加上 1，本位变成 1。以上各式中“10”，读作“壹零”；“11”，读作“壹壹”，依此类推。

1）二进制的四则运算

（1）加法运算

【例 7-1-1】　$(1001)_2+(11)_2=?$

解：

$$\begin{array}{r}1001\\+\ 11\\\hline 1100\end{array}$$

$(1001)_2+(11)_2=(1100)_2$

（2）减法运算

【例 7-1-2】　$(11001)_2-(110)_2=?$

解：

$$\begin{array}{r}11001\\-\ 110\\\hline 10011\end{array}$$

$(11001)_2-(110)_2=(10011)_2$

（3）乘法运算

【例 7-1-3】　$(1001)_2\times(101)_2=?$

解：

```
    1 0 0 1
  ×   1 0 1
  ---------
      1 0 0 1
    0 0 0 0
  1 0 0 1
  -----------
  1 0 1 1 0 1
```

（1001）$_2$×（101）$_2$=（101101）$_2$

（4）除法运算

【例 7-1-4】 （10111010）$_2$ ÷（1101）$_2$=?

解：

```
                1 1 1 0
         ______________
1 1 0 1 ) 1 0 1 1 1 0 1 0
            1 1 0 1
         --------------
            1 0 1 0 0
              1 1 0 1
         --------------
              1 1 1 1
              1 1 0 1
         --------------
                1 0 0 …… 余数
```

（10111010）$_2$ ÷（1101）$_2$=（1110）$_2$……余（100）$_2$

2）二进制数和十进制数的互相转换原则

（1）二进制数转换为十进制数

【规则】：二进制数的每位数码乘以它所在数位的权再相加起来，即为相应的十进制数。这种方法称为乘权相加法。

【例 7-1-5】 把二进制数 11101 转换为十进制数。

解：（11101）$_2$ = （$1\times2^4+1\times2^3+1\times2^2+0\times2^1+1\times2^0$）$_{10}$

=（16+8+4+0+1）$_{10}$

=（29）$_{10}$

（2）十进制数转换为二进制数

【规则】：把十进制数不断地除以 2，直到出现商等于零为止，把每次得的余数倒着顺序排列即成为二进制数，这种方法称为除 2 取余倒记法。

【例 7-1-6】 把十进制数 23 转换为二进制数。

解：根据除 2 取余的原理，按如下步骤转换，即

```
2|23 ………余1  b0   ↑
2|11 ………余1  b1   读
2|5  ………余1  b2   取
2|2  ………余0  b3   次
2|1  ………余1  b4   序
  0
```

（23）$_{10}$ =（10111）$_2$

（1）运用刚刚学过的知识进行以下二进制数的四则运算：

1101+111=?　　　10111−101=?　　　101001×1011=?　　　11001÷101=?

（2）将下列各十进制数化为二进制数：5；12；18；23；39；80。

（3）将下列各二进制数化为十进制数：1；1001；111；1000；10111；10111010。

第 3 步：认识 8421BCD 码

1．编码的概念

编码是指在数字系统中，将各种数据、信息、文档、符号等，转换成二进制字符号来表示的过程。这些特定的二进制数字符号称为二进制代码。

2．BCD 码

用四位二进制代码表示一位十进制数的编码方法,称为二－十进制代码，或称 BCD 码。BCD 码有多种形式，常用的有 8421 码、2421 码、5421 码、余 3 码。参见表 7-1-2。

表 7-1-2　几种常用的二—十进制码

十进制数	8421 码				2421 码				5421 码				余 3 码			
0	0	0	0	0	0	0	0	0	0	0	0	0	0	0	1	1
1	0	0	0	1	0	0	0	1	0	0	0	1	0	1	0	0
2	0	0	1	0	0	0	1	0	0	0	1	0	0	1	0	1
3	0	0	1	1	0	0	1	1	0	0	1	1	0	1	1	0
4	0	1	0	0	0	1	0	0	0	1	0	0	0	1	1	1
5	0	1	0	1	1	0	1	1	1	0	0	0	1	0	0	0
6	0	1	1	0	1	1	0	0	1	0	0	1	1	0	0	1
7	0	1	1	1	1	1	0	1	1	0	1	0	1	0	1	0
8	1	0	0	0	1	1	1	0	1	0	1	1	1	0	1	1
9	1	0	0	1	1	1	1	1	1	1	0	0	1	1	0	0
权	8	4	2	1	2	4	2	1	5	4	2	1	无权			

3．8421 码

8421 码是有权码，用四位二进制代码表示一位十进制数，从高位到低位各位的权分别为 8、4、2、1。8421 码中只利用了四位二进制数 0000～1111 十六种组合的前十种 0000～1001，分别表示 0～9 十个数码，其余 6 种组合 1010～1111 是无效的。8421 码与十进制间直接按各位转换。

设各位系数为 K_3、K_2、K_1、K_0，则它们所代表的值分别为

$$8421=K_3\times8+K_2\times4+K_1\times2+K_0\times1$$

(8　　6)10=(10000110)8421BCD

↓　↓

1000 0110

（1）把下列十进制数用 8421BCD 码表示

① $(2006)_{10}$

② $(8421)_{10}$

（2）把下列 8421BCD 码转换成十进制数

① $(1000\quad 1001\quad 0011\quad 0001)_{8421BCD}$

② $(0111\quad 1000\quad 0101\quad 0010)_{8421BCD}$

第 4 步：认识逻辑代数及其运算

逻辑代数是分析和研究数字逻辑电路的基本工具，它是由英国数学家乔治·布尔于 20 世纪首先提出并用于描述客观事物逻辑关系的数学方法。逻辑代数与普通代数相似之处在于它们都是用字母表示变量，用代数式描述客观事物间的关系。但不同的是，逻辑代数是描述客观事物间的逻辑关系，逻辑函数表达式中的逻辑变量的取值和逻辑函数值都只有两个取值，即 0 和 1。这两个值不具有数量大小的意义，仅表示客观事物的两种相反的状态，如开关的闭合与断开、电位的高与低、真与假、好与坏、对与错等。

生活中还有有哪些事物具有两种相反的状态？

一个变量有两种取值组合，即 0 和 1；二变量有四种组合，即 00、01、10、11；三个变量有八种取值组合；n 个变量有 2^n 个取值组合。所以可以用一种表格来描述逻辑函数的真假关系，称这种表格为真值表。

逻辑代数的基本公式是一些不需证明的、直观可以看出的恒等式。它们是逻辑代数的基础，利用这些基本公式可以化简逻辑函数，还可以用来推证一些逻辑代数的基本定律。

1．逻辑代数的基本公式

逻辑常量只有 0 和 1。对于常量间的与、或、非三种基本运算公式参见表 7-1-3。

表 7-1-3　与、或、非三种基本逻辑运算

与 运 算	或 运 算	非 运 算
0×0=0	0+0=0	$\overline{1}=0$ $\overline{0}=1$
0×1=0	0+1=1	
1×0=0	1+0=1	
1×1=1	1+1=1	

设 A 为逻辑变量，则逻辑变量与常量间的运算公式参见表 7.1.4 中。

表 7-1-4　逻辑变量与常量间的逻辑运算

与 运 算	或 运 算	非 运 算
A×0=0	A+0=A	$\overline{\overline{A}}=A$
A×1=A	A+1=1	
A×A=A	A+A=A	
$A\times\overline{A}=0$	$A+\overline{A}=1$	

2．逻辑代数的基本定律

定 律 名 称	基 本 定 律	
交换律	AB=BA	A+B=B+A
结合律	ABC=(AB)C=A(BC)	A+B+C=A+(B+C)=(A+B)+C
分配律	A(B+C)=AB+AC	A+BC=(A+B)(A+C)
吸收律	A+AB=A	A(A+B)=A
	$A(\overline{A}+B)=AB$	$A+\overline{A}B=A+B$
	$AB+\overline{A}C+BC=AB+\overline{A}C$	
反演律	$\overline{AB}=\overline{A}+\overline{B}$	$\overline{A+B}=\overline{A}\,\overline{B}$

（1）用真值表证明下列逻辑等式

① $A(\overline{A}+B)=AB$

② $\overline{A+BC+D}=\overline{A}\cdot(\overline{B}+\overline{C})\cdot\overline{D}$

（2）用公式证明下列逻辑等式

① A(A+B)=A

② $AB+A\overline{B}+\overline{A}B=A+B$

项目 2　测试逻辑门电路

学习目标

✧ 掌握与门、或门、非门基本逻辑门的逻辑功能。

✧ 了解与非门、或非门、与或非门等符合组合逻辑门的逻辑功能，会画电路符号，会使用真值表。

✧ 了解 TTL、COMS 门电路的型号、引脚功能等使用常识，并会测试其逻辑功能。

✧ 能根据要求，合理选用集成门电路。

工作任务

✧ 认识基本逻辑门和组合逻辑门。
✧ 认识逻辑门的逻辑关系。
✧ 认识 TTL 门和 CMOS 门。

门电路是用以实现各种基本逻辑关系的电路，它是数字电路的基础。常用的逻辑门电路有与门、或门、非门、与非门、或非门和异或门等。集成逻辑门主要有 TTL 门电路和 CMOS 门电路。

第 1 步：认识基本逻辑门和组合逻辑门

测试电路如图 7-2-4、图 7-2-6 和图 7-2-8 所示， LED 发光二极管亮表示输出为高电平；LED 发光二极管灭表示输出为低电平。

1. 测试 TTL 与门

测试对象为 74LS08，该集成电路中集成了四个与门，内部结构和逻辑符号如图 7-2-1 所示。

观察集成电路 74LS08，并与图 7-2-1 所示的引脚排列图及与门的逻辑符号相对照。

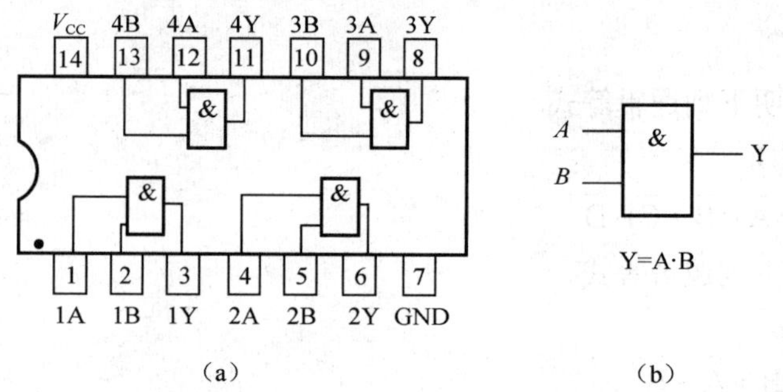

（a）　　（b）

图 7-2-1　74LS08 外引脚排列图和逻辑符号

测试电路如图 7-2-2 所示，电路中的电阻取值都为 1kΩ。

若断开开关 S_1、S_2 使 1A1B 输入低电平，LED 应不发光，表示 1Y 输出低电平；若断开开关 S_1、闭合开关 S_2 使 1A 输入低电平、1B 输入高电平， LED 应不发光，表示 1Y 输出低电平；若闭合开关 S_1、断开开关 S_2 使 1A 输入高电平、1B 输入低电平， LED 应不发光，表示 1Y 输出低电平；若闭合开关 S_1、S_2 使 1A、1B 输入都为高电平，LED 应发光，表示 1Y 输出高电平；

在以上操作中若同时测试各端口的对地电压，会发现低电平一般低于 0.4V，高电平为 5V。

用同样的方法将开关和 LED 接到 2A2B2Y、3A3B3Y 和 4A4B4Y，重复上面的方法即可体验该集成与门的逻辑关系。

对照图 7-2-2 连接好电路，并参照前面所述测试方面进行 TTL 与门的测试，在高电平为“1”、低电平为“0”的前提下，将测试结果填写入 7-2-1。

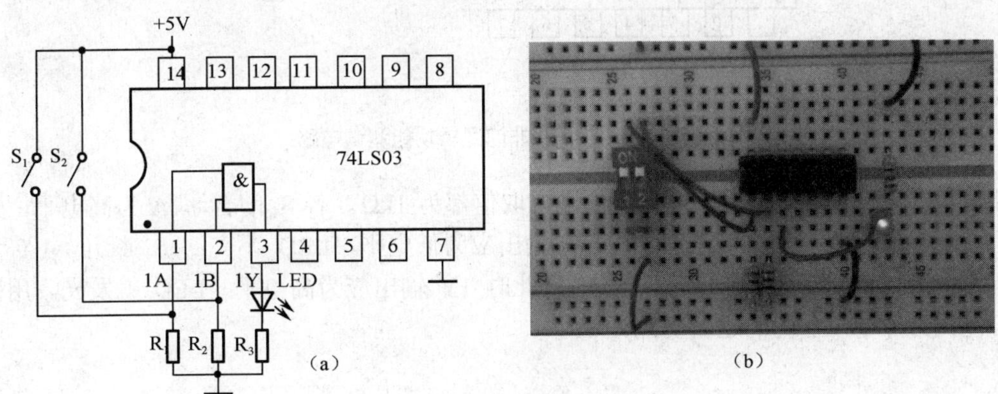

图 7-2-2　TTL 与门电路测试参考连接图

表 7-2-1　74LS08 逻辑功能测试表

1A	1B	1Y	2A	2B	2Y	2A	3B	3Y	4A	4B	4Y
0	0		0	0		0	0		0	0	
0	1		0	1		0	1		0	1	
1	0		1	0		1	0		1	0	
1	1		1	1		1	1		1	1	

根据测试的结果分析 74LS08 逻辑功能：当 A、B 中只要有 0，则 Y=___（0/1）；当 A=B=1 时，Y=_____（0/1）。可见实现了_____逻辑（与/或），其逻辑表达式 Y= ______（AB/A+B）。因此,与门电路的逻辑功能可以概括为______________________________。

2．测试 CMOS 非门

测试对象为 CC4069，该集成电路中集成了 6 个非门，内部结构和逻辑符号如图 7-2-3 所示。

观察集成电路 CC4069，并与图 7-2-3 所示的引脚排列图及其逻辑符号相对照。

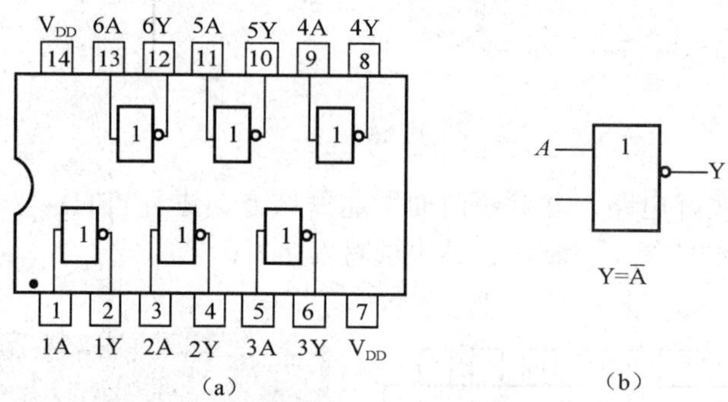

图 7-2-3 CC4069 非门逻辑功能测试电路

测试电路如图 7-2-4 所示，电路中的电阻取值都为 1kΩ。若 S_1 闭合，1A 为高电平，万用表可测得该端对地电压等于 5V，此时的 1Y 输出应为低电平，LED 不亮； S_1 断开，1A 为低电平，万用表测得该端对地电压应低于 0.4V，此时 1Y 输出应为高电平，LED 就发光。用同样的方法可测试另外 5 个非门的逻辑功能。

（1）参照前面所述测试方法对 CC4069 进行测试，并按高电平为“1”、低电平为“0”的规定将测试结果记入表 7-2-2 中。

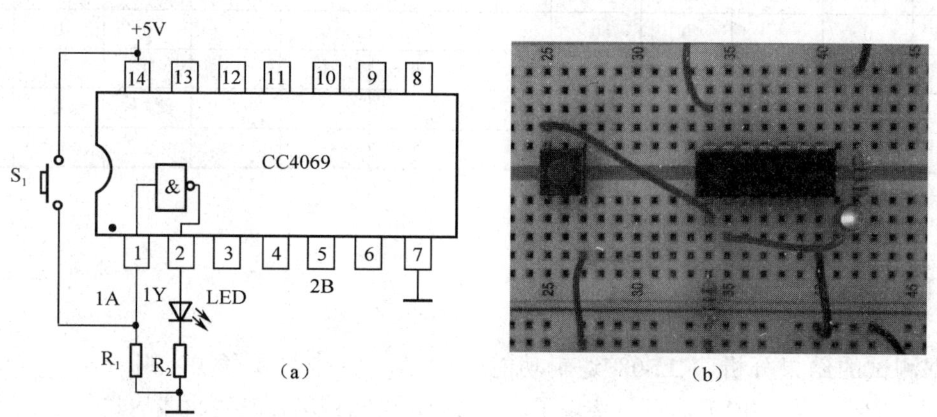

图 7-2-4 CMOS 非门电路测试参考连接图

表 7-2-2 CC4069 逻辑功能测试表

1A	1Y	2A	2Y	3A	3Y	4A	4Y	5A	5Y	6A	6Y
0		0		0		0		0		0	
1		1		1		1		1		1	

（2）根据测试结果可分析得 CC4069 的逻辑功能：当 A=1 时，则 Y=___（0/1）；当 A=0 时，Y=_____（0/1）。可见实现了______逻辑（与/或/非），其逻辑表达式 Y=_______（AB/A+B/$\overline{A}$），因此，非门电路的逻辑功能可以概括为__________。

3．测试 TTL 复合门

测试对象为 74LS02，该集成电路中集成了四个或非门，内部结构和逻辑符号如图 7-2-5 所示。

观察集成电路 74LS02，并与图 7-2-5 中阅读其外引脚排列图，以及或非门的逻辑符号相对照。

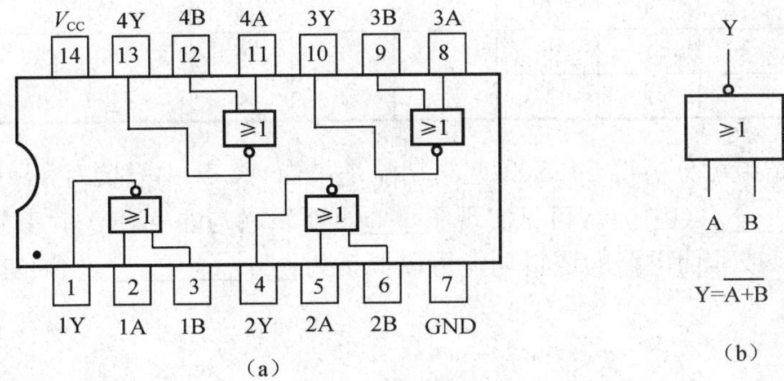

图 7-2-5　74LS02 或非门逻辑功能测试电路

测试电路如图 7-2-6 所示，电路中的电阻取值都为 1kΩ。

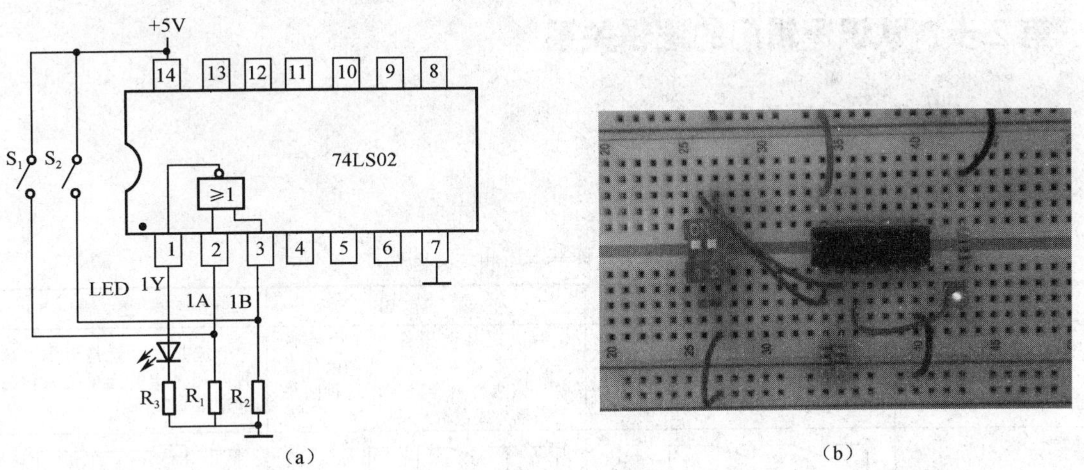

图 7-2-6　74LS02 或非门逻辑功能测试电路

若断开开关 S_1、S_2 使 1A1B 输入低电平，LED 应发光，表示 1Y 输出高电平；

若闭开关 S_1、S_2 中的任一个或全部闭合，即使 1A、1B 中有一个输入高电平或全部输入高电平，则 LED 应不发光，表示 1Y 输出低电平。

在以上操作中若同时测试各端口的对地电压，会发现低电平一般低于 0.4V，高电平为 5V。

用同样的方法将开关和 LED 接到 2A2B2Y、3A3B3Y 和 4A4B4Y，重复上面的方法即可体验该其他三个集成或非门的逻辑关系。

（1）参照上述测试方法测试 74LS02 或非门的逻辑功能，并按高电平为“1”、低电平为“0”的规定将测试结果记入表 7-2-3 中。

表 7-2-3 74LS02 逻辑功能测试表

1A	1B	1Y	2A	2B	2Y	2A	3B	3Y	4A	4B	4Y
0	0		0	0		0	0		0	0	
0	1		0	1		0	1		0	1	
1	0		1	0		1	0		1	0	
1	1		1	1		1	1		1	1	

（2）根据测试结果可分析得 74LS02 逻辑功能是：当 A、B 中只要有 1，则 Y=___（0/1）；当 A=B=0 时，Y=______（0/1）。可见实现了_____ 逻辑（与非/或非），其逻辑表达 Y=_____ $\overline{AB}/\overline{A+B}$ ）,因此，或非门电路的逻辑功能可以概括为____________。

查阅相关手册或上网查询，了解 74LS08 、CC4069 和 74LS02 的逻辑功能。

第 2 步：认识逻辑门的逻辑关系

1. 基本逻辑——“与”、“或”、“非”

三种基本逻辑运算的描述参见表 7-2-4。

表 7-2-4 三种基本逻辑运算的描述

项 目	与 逻 辑	或 逻 辑	非 逻 辑
描述	当决定某一事件的所有条件都具备时，该事件才会发生，这种因果关系称为与逻辑关系	当决定某一事件的几个条件中，只要有一个或者几个条件具备，该事件就会发生，这种因果关系称为或逻辑关系	非就是反，就是否定。这种互相否定的因果关系称为非逻辑关系
指示灯控制电路	A B Y	A B Y	A Y
真值表	A B Y 0 0 0 0 1 0 1 0 0 1 1 1	A B Y 0 0 0 0 1 1 1 0 1 1 1 1	A Y 0 1 1 0

续表

项　目	与 逻 辑	或 逻 辑	非 逻 辑
逻辑图形符号	A、B → [&] → Y	A、B → [≥1] → Y	A → [&]○ → Y
逻辑函数表达式	Y=A·B	Y=A+B	$Y=\overline{A}$

2．组合逻辑——"与非"、"或非"、"与或非"

与非、或非、与或非三种复合逻辑运算的描述参见表 7-2-5。

表 7-2-5　与非、或非、与或非三种复合逻辑运算的描述

项　目	与　非	或　非	与 或 非
逻辑图形符号	A、B → [&]○ → Y	A、B → [≥1]○ → Y	A、B → [&]，C、D → [&]，→ [≥1]○ → Y
真值表	A B Y 0 0 1 0 1 1 1 0 1 1 1 0	A B Y 0 0 1 0 1 0 1 0 0 1 1 0	（由学生自行填写）
逻辑函数表达式	$Y=\overline{AB}$	$Y=\overline{A+B}$	$Y=\overline{AB+CD}$
逻辑门特性	有 0 出 1，全 1 出 0	有 1 出 0，全 0 出 1	任意一组输入全为 1 时输出为 0，每一组输入至少有一个为 0 时输出为 1

3．特殊组合逻辑——"异或"逻辑和"同或"逻辑

表 7-2-6　异或、同或两种复合逻辑运算的描述

项　目	异　或	同　或
功能描述	输入二变量相异时输出为"1"，相同时输出为"0"	输入二变量相同时输出为"1"，相异时输出为"0"
逻辑图形符号	A、B → [=1] → Y	A、B → [=1]○ → Y
真值表	A B Y 0 0 0 0 1 1 1 0 1 1 1 0	A B Y 0 0 1 0 1 0 1 0 0 1 1 1
逻辑函数表达式	$Y=A\overline{B}+\overline{A}B=A\oplus B$	$Y=AB+\overline{A}\,\overline{B}=A\odot B$

第 3 步：认识 TTL 门和 CMOS 门

以上我们已经使用过了一些数字集成电路，如 74LS08、74LS02 和 CC4069，在实际工程中，最常用的数字集成电路主要有 TTL 和 CMOS 两大系列。TTL 集成电路是用双极型晶体管为基本元件集成在一块硅片上制成的，其品种、产量最多，应用也最广泛，主要有 54 系列和 74 系列。CMOS 集成电路以单极型晶体管为基本元件制成，具有功耗低、速度快、工作电源电压范围宽、抗干扰能力强、输入电阻高和温度稳定性好等优点，CMOS 集成电路主要有 4000 系列。

1. TTL 门电路的使用注意事项

（1）TTL 门对电源电压的稳定性要求较严，一般在 4.5V～5.5V 之间。

（2）不同的 TTL 门对输入端的处理采用不同方法。与门和与非门不用输入端处理方法如图 7-2-7 所示。或门和或非门不用输入端处理方法如图 7-2-8 所示。对于触发器等中规模集成电路来说，不使用的输入端不能悬空，应根据逻辑功能接入适当电平。

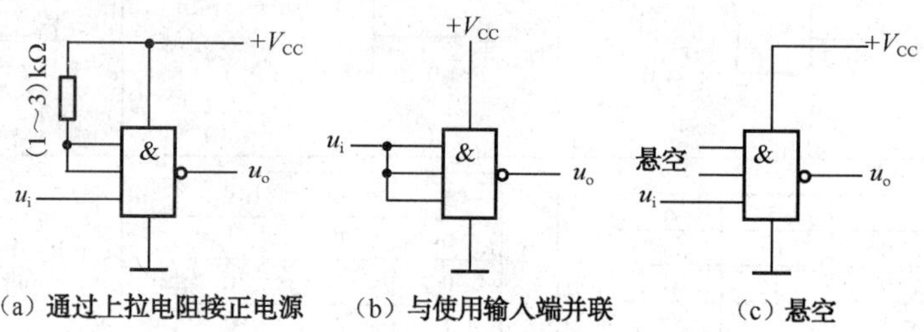

图 7-2-7　与门和与非门不用输入端的处理

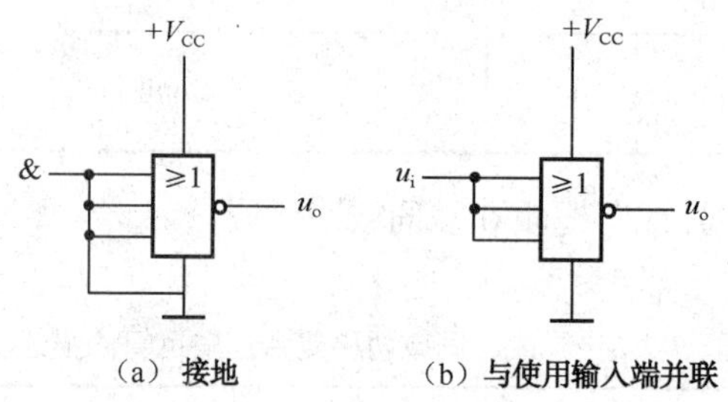

图 7-2-8　与门和或非门不用输入端的处理

（3）TTL 集成门电路的输出端不允许直接与电源或地短路，否则可能造成器件损坏。

2. CMOS 门电路的使用注意事项

（1）CMOS 电路的工作电源范围比较宽，一般为 3～18V，选择电源电压时首先考虑要避免超过极限电源电压。

（2）防止 CMOS 电路出现晶闸管效应。就是当 CMOS 电路输入端施加的电压过高或过低，或电源电压突然变化时，电源电流可能会迅速增大，烧坏器件。

（3）CMOS 门电路不用的输入端一定不能悬空，应根据实际要求接入适当的电压。与门和与非门多余输入端应按逻辑功能的要求接电源 V_{DD} 或高电平；或门和或非门多余输入端应按逻辑功能的要求接地或低电平。

（4）CMOS 电路的输出端不能直接连到一起，否则会形成低阻通路，造成电源短路。此外 CMOS 电路的输出端既不能直接与电源 V_{DD} 相接，也不能直接与接地点 V_{SS} 相接，否则输出级的 CMOS 管会因过流而损坏，而且不同芯片的输出端不能并联。

3. 常用的 TTL、CMOS 集成电路之间的区别

TTL、CMOS 集成电路比较参见表 7-2-7。

表 7-2-7　TTL、CMOS 集成电路比较

IC 分 类	电 源 电 压	消 耗 电 流	反 应 速 度	输 出 电 流	工 作 温 度	开/关电平
54/74TTL 系列	5V±0.5V	1mA	10ns	20mA	0～70℃	2V/0.7V
4000CMOS 系列	3～15V	1nA	100ns	3mA	−40～+85℃	70%/30%U_{CC}
74HC 系列	2～6V	0.1mA	30ns	20mA	−40～+85℃	2V/0.7V

单元小结

数字电路中广泛采用二进制，二进制的特点是逢二进一，用 0 和 1 表示逻辑变量的两种状态。

数字电路的输入变量和输出变量之间的关系可以用逻辑代数来描述，最基本的逻辑运算是与运算、或运算和非运算。

逻辑函数有三种表示方法：真值表、逻辑表达式、逻辑图。这三种方法之间可以互相转换，真值表是逻辑函数的最小项表示法，它具有唯一性。而逻辑表达式和逻辑图都不是唯一的。使用这些方法时，应当根据具体情况选择最适合的一种方法表示所研究的逻辑函数。

门电路是构成各种复杂数字电路的基本逻辑单元，掌握各种门电路的逻辑功能和电气特性，对于正确使用数字集成电路是十分必要的。

目前，应用最广泛的 TTL 和 CMOS 两类集成逻辑门电路。在学习这些集成电路时，应把重点放在它们的外部特性上。

用二进制代码表示文字、符号或者数码等特定对象的过程，称为编码。实现编码的逻辑电路，称为编码器。

思考与习题

一、选择题

7-1　与模拟电路相比，数字电路主要的优点有________。

A．容易设计　　B．通用性强　　C．保密性好　　D．抗干扰能力强

7-2　以下表达式中符合逻辑运算法则的是________。

A．$C \cdot C = C^2$　　B．1+1=10　　C．0<1　　D．A+1=1

7-3　逻辑变量的取值 1 和 0 可以表示________。

A．开关的闭合、断开　　B．电位的高、低

C．真与假　　D．电流的有、无

7-4　当逻辑函数有 n 个变量时，共有________个变量取值组合？

A．n　　B．$2n$　　C．n^2　　D．2^n

7-5　$F=A\overline{B}+BD+CDE+\overline{A}D=$________。

A．$A\overline{B}+D$　　B．$(A+\overline{B})D$　　C．$(A+D)(\overline{B}+D)$　　D．$(A+D)(B+\overline{D})$

二、判断题

7-6　逻辑变量的取值，1 比 0 大。（　　）。

7-7　因为逻辑表达式 A+B+AB=A+B 成立，所以 AB=0 成立。（　　）

7-8　若两个函数具有不同的真值表，则两个逻辑函数必然不相等。（　　）

7-9　若两个函数具有不同的逻辑函数式，则两个逻辑函数必然不相等。（　　）

7-10　逻辑函数 $Y=A\overline{B}+\overline{A}B+\overline{B}C+B\overline{C}$ 已是最简与或表达式。（　　）

7-11　TTL 集成电路的工作电源一般取 5V，电源电压应在 4.75～5.25V 的电压范围内。（　　）

7-12　在电源接通的情况下，可以插拔集成电路。（　　）

7-13　TTL 集成门电路的输入端不能直接与高于+5.5V 或低于−0.5V 的低内阻电源连接，否则可能会损坏器件。（　　）

7-14　CMOS 集成电路输入端不能悬空，多余的输入端应根据逻辑功能或接高电平，或接低电平。（　　）

7-15　CMOS 器件的电源电压一般为 10V，电源不能接反，也不能超压。（　　）

三、填空题

7-16　数字信号的特点是在______上和____上都是断续变化的，其高电平和低电平常用______和_____来表示。

7-17 分析数字电路的主要工具是________，数字电路又称作_________。

7-18　逻辑代数又称为________代数。最基本的逻辑关系有_______、_______、________三种。常用的几种导出的逻辑运算为______、_______、_________、_______、________。

7-19 逻辑函数的常用表示方法有______、_____、________。

7-20 逻辑函数 $F=\overline{A\overline{B}+\overline{A}B+\overline{A}\overline{B}+AB}=$ ________。

四、思考题

7-21　逻辑代数与普通代数有何异同？

7-22　逻辑函数的三种表示方法如何相互转换？

学习领域八　认识与测试组合逻辑电路

领域简介

由基本逻辑门电路可以构成各种组合逻辑电路。本领域主要通过学习组合逻辑电路，搭接和测试三人表决器。最后，通过译码器和编码器学习，认识常用的译码和编码集成电路。

项目1　认识组合逻辑电路

学习目标

✧ 掌握组合逻辑电路的分析方法和步骤。
✧ 了解组合逻辑电路的种类。

工作任务

✧ 化简逻辑表达式。
✧ 逻辑图和逻辑表达式之间的转换。
✧ 用小规模集成电路制作组合逻辑电路。

如果一个逻辑电路在任何时刻的输出状态只取决于这一时刻的输入状态，而与电路的原来状态无关，则该电路称为组合逻辑电路，简称组合电路。组合逻辑电路相对于基本逻辑门要复杂的多，因此分析组合逻辑电路常用到逻辑代数化简。

第1步：化简逻辑表达式

进行逻辑设计时，根据逻辑问题归纳出来的逻辑函数式往往不是最简逻辑表达式，并且可以有不同的形式。因此，实现这些逻辑表达式的功能就会有不同的逻辑电路。对逻辑函数进行化简和变换，可以得到最简的函数式和所需要的形式，从而设计出最简洁的逻辑电路。这对于节省元器件，优化生产工艺，降低成本和提高系统的可靠性，提高产品在市场上的竞争力是非常重要的。

运用逻辑代数的基本定律和公式对逻辑函数式化简的方法，称为代数化简法。基本的化简方法有以下几种。

1. 并项法

利用$A+\overline{A}=1$的关系，将两项合并为一项，并消去一个变量。

【例 8-1-1】 $\overline{A}\,\overline{B}C + \overline{A}\,\overline{B}\,\overline{C} = \overline{A}\,\overline{B}(C + \overline{C}) = \overline{A}\,\overline{B}$

2．吸收法

利用 A+AB=A 的关系，消去多余的因子。

【例 8-1-2】

$$
\begin{aligned}
ABC + \overline{A}D + \overline{C}D + BD &= ABC + (\overline{A} + \overline{C})D + BD \\
&= ABC + \overline{AC}\ D + BD \\
&= ABC + \overline{AC}\ D \\
&= ABC + \overline{A}\ D + \overline{C}D
\end{aligned}
$$

3．消去法

运用 $A + \overline{A}B = A + B$ 消去多余因子。

【例 8-1-3】 $AB + \overline{A}C + \overline{B}C = AB + (\overline{A} + \overline{B})C = AB + \overline{AB}\ C = AB + C$

4．配项法

在不能直接运用公式、定律化简时，可通过乘 1 项“$A + \overline{A} = 1$”或加入零项“$A \cdot \overline{A} = 0$”进行配项、化简。

【例 8-1-4】

$$
\begin{aligned}
AB + \overline{B}\,\overline{C} + A\overline{C}D &= AB + \overline{B}\,\overline{C} + A\overline{C}D(B + \overline{B}) \\
&= AB + \overline{B}\,\overline{C} + AB\overline{C}D + A\overline{B}\,\overline{C}D \\
&= AB(1 + \overline{C}D) + \overline{B}\,\overline{C}(1 + AD) \\
&= AB + \overline{B}\,\overline{C}
\end{aligned}
$$

（1）证明下列各逻辑函数等式

① $A(\overline{A} + B) + B(B + C) + B = B$

② $AB + A\overline{B} + \overline{A}B + \overline{A}\ \ \overline{B} = 1$

③ $(A + B)(\overline{A} + C) = \overline{A}B + AC$

（2）化简下列各逻辑函数式

① $Y=AB(BC+A)$

② $Y = (A + B)(A\overline{B})$

③ $Y = \overline{ABC}(B + \overline{C})$

逻辑函数可以有多种不同的表达形式，它们有与—或表达式、或—与表达式、与非—与非表达式、或非—或非表达式、与—或—非表达式等。可以运用逻辑函数的基本定律进行恒等变换使之具有不同的表达形式。在实际应用中，由于生产和使用与非门集成电路较多，所以把一般函数式变换成只用与非门就能实现的函数式具有重要意义。

【例 8-1-5】　$Y=(A+\overline{C})(C+D)$　　或与表达式

$=AC+\overline{C}D$　　与或表达式

$=\overline{\overline{AC+\overline{C}D}}=\overline{\overline{AC}\cdot\overline{\overline{C}D}}$　　与非—与非表达式

$=\overline{\overline{A+\overline{C}}+\overline{C+D}}$　　或非—或非表达式

$=\overline{\overline{AC+\overline{C}D}}$　　与—或—非表达式

将以下二逻辑表达式变换为与非—与非表达式。

（1）$A\overline{B}+B\overline{C}+C\overline{A}$

（2）$\overline{A}B+A\overline{B}$

第 2 步：逻辑图和逻辑表达式之间的转换

逻辑函数除了可以用真值表和表达式表示之外，还可以用逻辑图来表示。

【例 8-1-6】　写出如图 8-1-1 所示逻辑图的函数表达式。

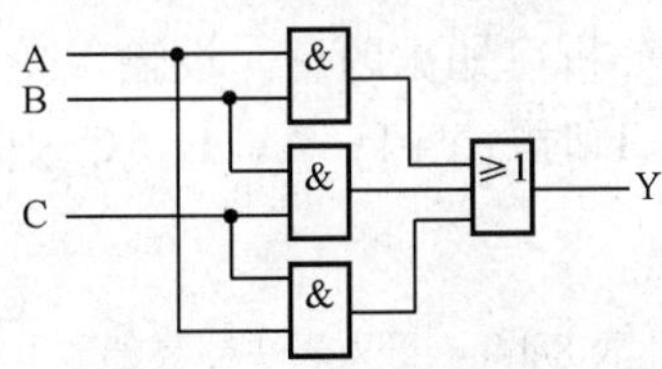

图 8-1-1　例 8-1-6 的逻辑图

解：该逻辑图是由基本的“与”、“或”逻辑符号组成的，可由输入至输出逐步写出逻辑表达式：

$$Y=AB+BC+AC$$

写出如图 8-1-2 所示逻辑图的函数表达式。

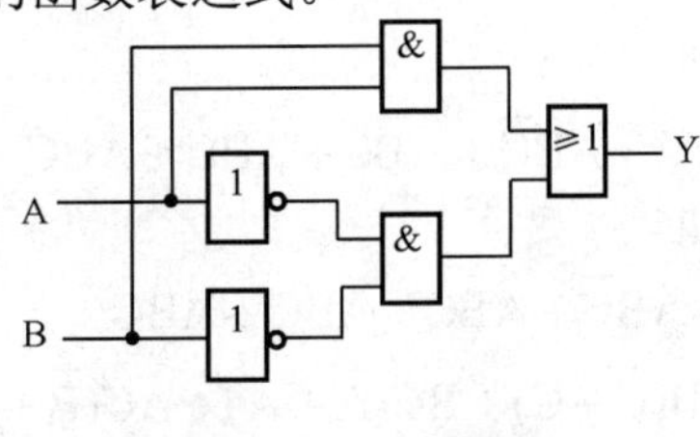

图 8-1-2　逻辑图

【例 8-1-7】　根据函数表达式 $Y=A\overline{B}+\overline{A}B$ 画逻辑图。

解：根据题意，可得

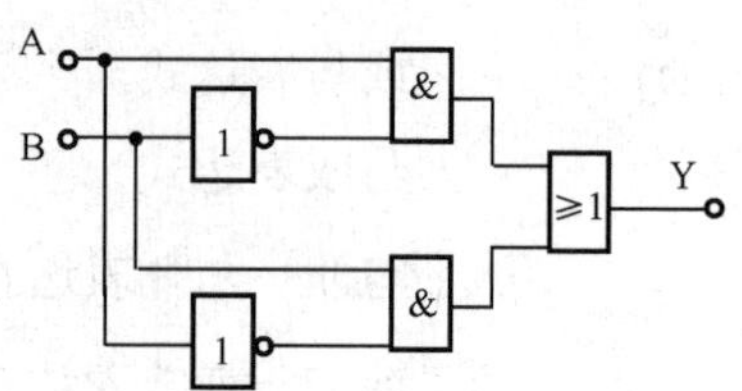

根据函数表达式 $Y = AB + \overline{A}\,\overline{B}$ 画逻辑图。

第 3 步：用小规模集成电路制作组合逻辑电路

下面我们将制作三人表决器。要求：每人有一电键，如果赞成，就按电键，表示“1”；如果不赞成，不按电键，表示“0”。表决结果用指示灯来表示，如果多数人赞成，则指示灯亮，表示“1”；如果少数人赞成，则指示灯不亮，表示“0”。

制作组合逻辑电路的步骤大致如下：已知逻辑要求→列真值表→写逻辑式→运用逻辑代数化简或变换→画逻辑图→制作、调试组合逻辑电路→验证电路的正确性。

三人表决器制作方法如下：

（1）由三人表决器的逻辑状态分析可知据题意，设输入变量为 A、B、C，输出变量为 Y。A、B、C 中如果有两个或三个为 1 时，Y=1；A、B、C 中有两个或三个为 0 时，Y=0。真值表如下：

表 8-1-1 三人表决器真值表

A	B	C	Y
0	0	0	0
0	0	1	0
0	1	0	0
0	1	1	1
1	0	0	0
1	0	1	1
1	1	0	1
1	1	1	1

（2）由真值表写出逻辑式，即

$$Y = AB\overline{C} + A\overline{B}C + \overline{A}BC + ABC$$

（3）用公式法化简逻辑式，即

$$\begin{aligned} Y &= AB\overline{C} + A\overline{B}C + \overline{A}BC + ABC \\ &= AB(\overline{C} + C) + BC(\overline{A} + A) + AC(\overline{B} + B) \\ &= AB + BC + AC \end{aligned}$$

（4）变换成与非—与非表达式，即

$$Y = \overline{\overline{AB}\,\overline{BC}\,\overline{AC}}$$

（5）由逻辑函数表达式画出逻辑图，如图 8-1-3 所示。

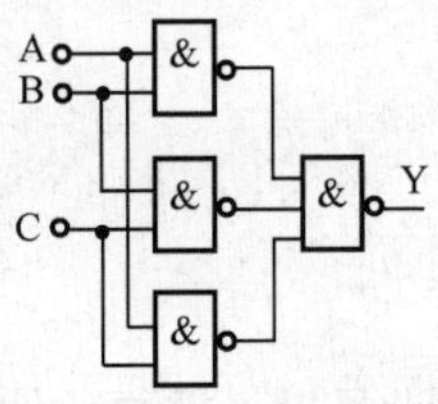

图 8-1-3　三人表决器逻辑图

（6）根据逻辑图可知，要用到两输入与非门集成电路和三输入与非门集成电路，查手册可用 74LS00 和 74LS10。阅读 74LS00 和 74LS10 资料后，根据逻辑图设计三人表决器，具体接线图如图 8-1-4 所示。需要的器件还有按键开关、电阻、发光二极管及导线等。

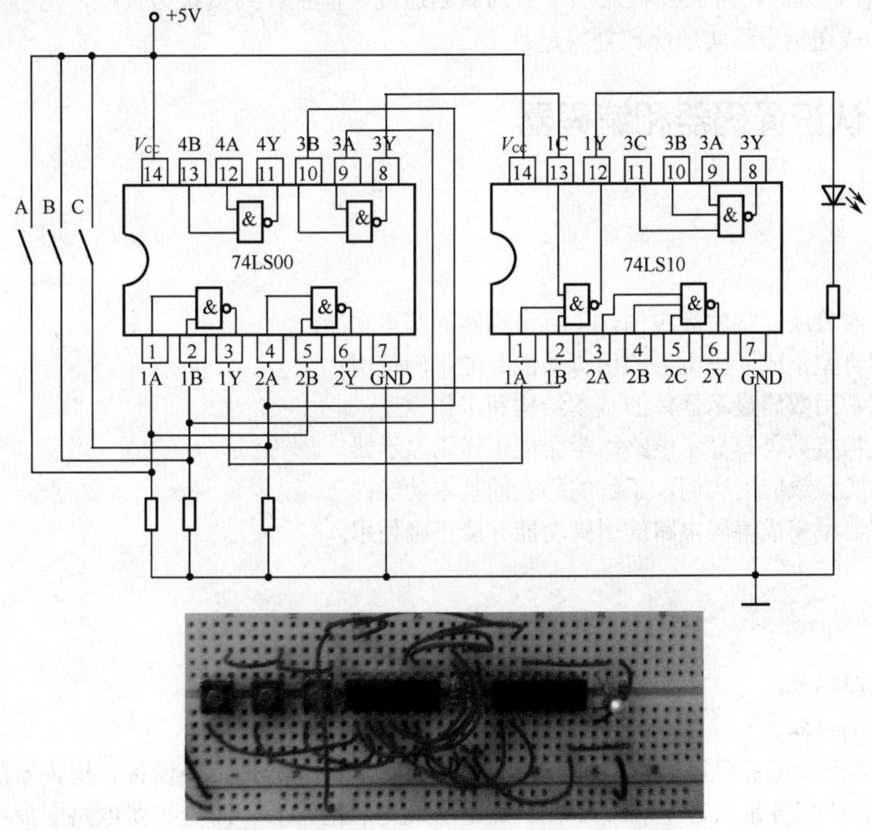

图 8-1-4　三人表决器接线图

安装、调试三人表决器。

（1）按图 8-1-4 在面包板上安装各元件并正确连线。

（2）经检查确认安装无误后，接入+5V 电源。

（3）改变三个按键开关的状态，可以看出指示灯的亮与灭，并将调试结果对照真值表，验证电路正确性。

（1）设计一个故障指示电路，要求满足以下重要条件：

① 两台电动机同时工作，绿灯亮；

② 其中一台电动机发生故障时，则黄灯亮；

③ 两台电动机都发生故障，则红灯亮。

（2）某汽车驾驶员培训班进行结业考试，有三名评判员，其中，A 为主评判员，B 和 C 为副评判员。在评判时，按照少数服从多数的原则通过，但主评判员认为合格，也可通过。试用“与非门”构成逻辑电路实现此评判规定。

项目 2　认识译码器和编码器

学习目标

✧ 通过实验或日常生活实例，了解译码器的基本功能；
✧ 了解典型集成译码电路的引脚功能并能正确使用；
✧ 了解常用数码显示器件的基本结构和工作原理；
✧ 通过搭接数码管显示电路，学会应用译码显示器；
✧ 通过实验或应用实例，了解编码器的基本功能；
✧ 了解典型集成编码电路的引脚功能并能正确使用。

工作任务

✧ 认识译码器；
✧ 认识编码器。

工厂、学校和电视台等单位常举办各种智力比赛，抢答器是必要设备。抢答器是一名公正的裁判员，它的任务是从若干名参赛者中确定出最先的抢答者。而抢答器电路中少不了要用到译码器、编码器这样的集成组合逻辑器件。

第 1 步：认识译码器

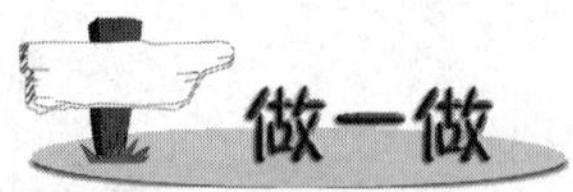

用 7 根火柴棒摆放出类似于计算器中显示的 0～9 十个数字。如图 8-2-1 所示。

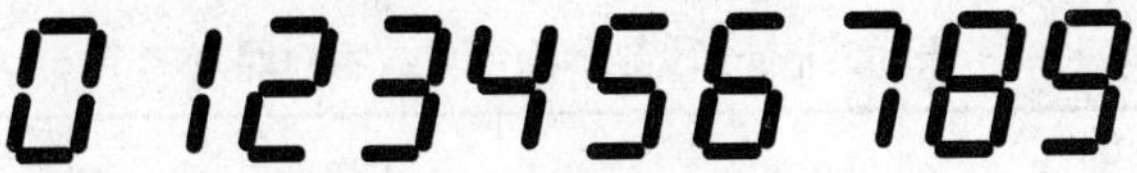

0 123456789

图 8-2-1 火柴棒摆放数字图形

1. 认识数码管

与火柴棒摆放的数字图形相似，七段数码显示器（又称七段数码管或七段字符显示器）就是由七段能够独立发光直线段排列成日字形来显示数字的。常见的七段半导体数码管（又称 LED 数码管）是由七段发光二极管按图 8-2-2 所示的结构拼合而成。

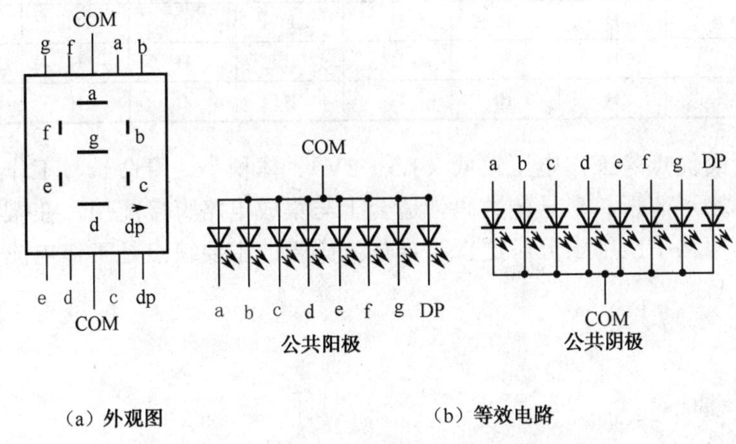

（a）外观图　　（b）等效电路

图 8-2-2 半导体数码管的外形图和等效电路

图 8-2-2 是半导体数码管的外形图和等效电路。半导体数码管有共阳极型和共阴极两种类型。在图 8-2-2（b）中，共阳极型中各发光二极管阳极连接在一起，接高电平，a～g 和 DP 各引脚中任一脚为低电平时相应的发光段发光；共阴极型号中各发光二极管的阴极连接在一起，接低电平，a～g 和 DP 各引脚中任意一脚为高电平时相应的发光段发光（DP 为小数点）。

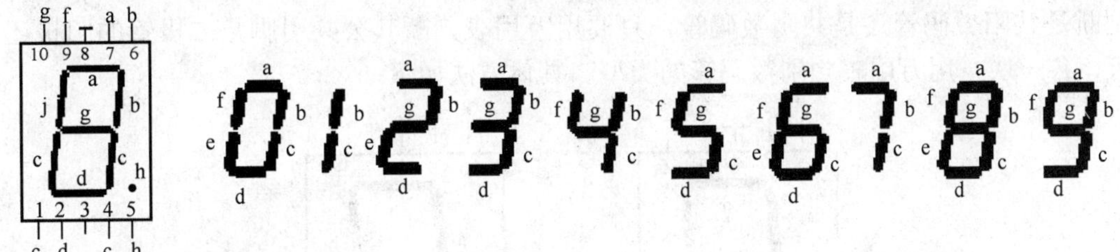

图 8-2-3 七段半导体数码显示器及显示的数字

一个 LED 数码管可用来显示一位 0～9 十进制数和一个小数点。小型数码管（0.5 寸和 0.36 寸）每段发光二极管的正向压降，随显示光（通常为红、绿、黄、橙色）的颜色不同略有差别，通常为 2～2.5V，每个发光二极管的点亮电流为 5～10mA。

表 8-2-1 列出了 a～g 发光段的十种发光组合情况，他们分别和十进制的十个数字相对应。表中 H 表示发光的线段，L 表示不发光的线段。

表 8-2-1　七段显示组合与数字对照表

发光段 数字	a	b	c	d	e	f	g
0	H	H	H	H	H	H	L
1	L	H	H	L	L	L	L
2	H	H	L	H	H	L	H
3	H	H	H	H	L	L	H
4	L	H	H	L	L	H	H
5	H	L	H	H	L	H	H
6	H	L	H	H	H	H	H
7	H	H	H	L	L	L	L
8	H	H	H	H	H	H	H
9	H	H	H	H	L	H	H

半导体数码管的优点是工作电压较低（1.5～3V）、体积小、寿命长、工作可靠性高、响应速度快、亮度高，字形清晰。半导体数码管适合于与集成电路直接配用，在微型计算机、数字化仪表和数字钟等电路中应用十分广泛。半导体数码管的主要缺点是工作电流大，每个字段的工作电流约为 10mA。

七段数码显示器由____条发光直线段组成。当七段数码显示器显示数字 4 时图 8-2-2（a）中所对应的发光段是______________，当七段数码显示器显示数字 6 时所对应的发光段是____________。

2．判别数码管的类型

如图 8-2-4 所示，不论是共阳数码管还是共阴数码管，它们都是由七段发光二极管组成的，所以判断是共阳数码管还是共阴数码管，只要用万用表判断其公共引脚是二极管的阳极还是阴极即可，各一块，用万用表判别数码管的类型。具体方法如下：

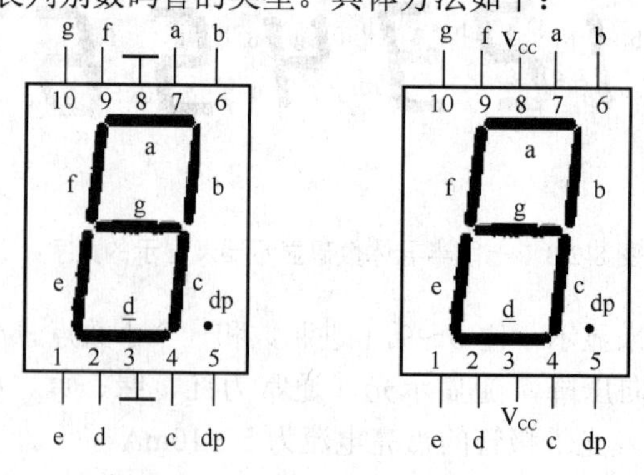

图 8-2-4　共阳、共阴数码管

将万用表拨到电阻挡的 $R\times10k\Omega$（指针式万用表）（此时万用表的红表笔接的是表内电池的负极，黑表笔接的是表内电池的正极），万用表的红表笔接至数码管的公共引脚，万用表的黑表笔接至数码管的公共引脚除外的任意一个引脚，观察万用表的电阻值，电阻值较小的为共阴极型 LED 数码管，电阻值较大的为共阳极型 LED 数码管。

用万用表判断实训室所提供的数码管是共阳的还是共阴的。

常用半导体数码管型号，参见表 8-2-2。

表 8-2-2　常用半导体数码管

类　型	型　号					
共阴极	BS201	BS202	BS207	LDD580	LC5011-11	LC5012-11
共阳极	BS204	BS206	BS211	BS212	LA5011-11	LA5012-11

3．显示译码器

日常生活中我们使用的是十进制数，而在数字电路中所使用的都是二进制数，因此就必须用二进制数码来表示十进制数，这种方法称为二—十进制编码，简称 BCD 码。

七段数码显示器是用 a～g 这七个发光线段组合来构成十个十进制数的。为此，就需要使用显示译码器将 BCD 代码（二—十进制编码）译成数码管所需要的七段代码（abcdefg），以便使数码管用十进制数字显示出 BCD 代码所表示的数值。

显示译码器，是将 BCD 码译成驱动七段数码管所需代码的译码器。

显示译码器型号有 74LS47（共阳），74LS48（共阴），CC4511（共阴）等多种类型。我们主要学习 CC4511。CC4511 是输出高电平有效的 CMOS 显示译码器。

（1）认识显示译码器 CC4511

观察显示译码器 CC4511 集成电路，阅读其外引线排列图、引脚功能及逻辑功能。

CC4511 引脚功能说明：A_0、A_1、A_2、A_3 为 BCD 码输入端；Ya、Yb、Yc、Yd、Ye、Yf、Yg 为译码输出端，输出“1”有效，用来驱动共阴极 LED 数码管；$\overline{LT}$ 为测试输入端，$\overline{LT}$=“0”时，译码输出全为“1”；$\overline{BI}$ 为消隐输入端，$\overline{BI}$=“0”时，译码输出全为“0”；LE 为锁定端，LE=“1”时译码器处于锁定（保持）状态，译码输出保持在 LE=0 时的数值，当 LE=0 时为正常译码。，CC4511 逻辑功能表参见表 8-2-3。

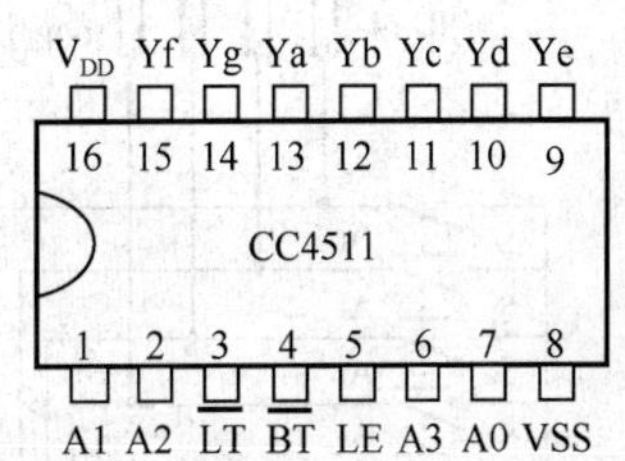

图 8-2-5　CC4511 外引线排列图

表 8-2-3　CC4511 逻辑功能表

输入							输出							
LE	$\overline{BI}$	$\overline{LT}$	A_3	A_2	A_1	A_0	Ya	Yb	Yc	Yd	Ye	Yf	Yg	显示字形数码
×	×	0	×	×	×	×	1	1	1	1	1	1	1	8
×	0	1	×	×	×	×	0	0	0	0	0	0	0	消隐
0	1	1	0	0	0	0	1	1	1	1	1	1	0	0
0	1	1	0	0	0	1	0	1	1	0	0	0	0	1
0	1	1	0	0	1	0	1	1	0	1	1	0	1	2
0	1	1	0	0	1	1	1	1	1	1	0	0	1	3
0	1	1	0	1	0	0	0	1	1	0	0	1	1	4
0	1	1	0	1	0	1	1	0	1	1	0	1	1	5
0	1	1	0	1	1	0	0	0	1	1	1	1	1	6
0	1	1	0	1	1	1	1	1	1	0	0	0	0	7
0	1	1	1	0	0	0	1	1	1	1	1	1	1	8
0	1	1	1	0	0	1	1	1	1	0	0	1	1	9

4．显示译码器与数码管的选用

输出低电平有效的显示译码器应与共阳极数字显示器配合使用，输出高电平有效的显示译码器应与共阴极数字显示器配合使用。下面我们通过一个译码显示电路的制作来熟悉显示译码器与数码管的选用。

如图 8-2-6 所示的译码显示电路中，CC4511 为显示译码器，数码管为共阴数码管，R_1～R_4 的阻值是 100kΩ，R_5～R_{11} 的阻值是 510Ω，电路的电源由直流稳压电源提供。

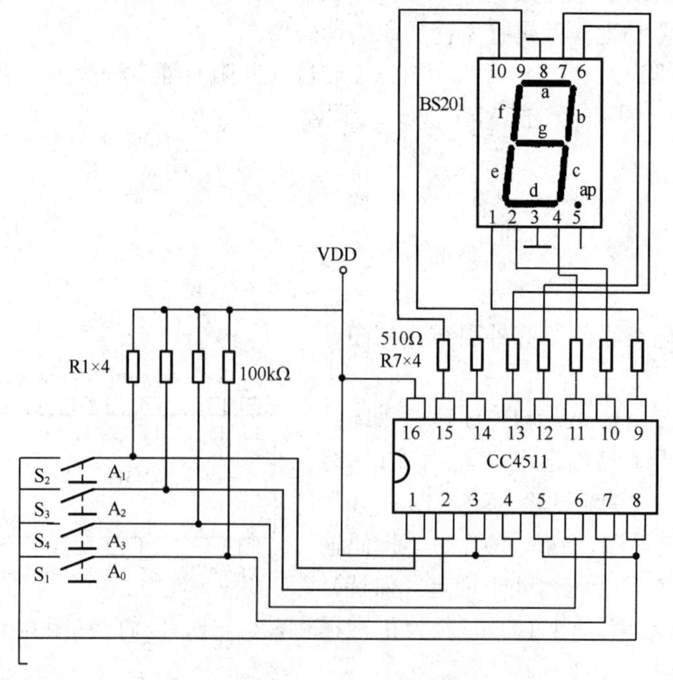

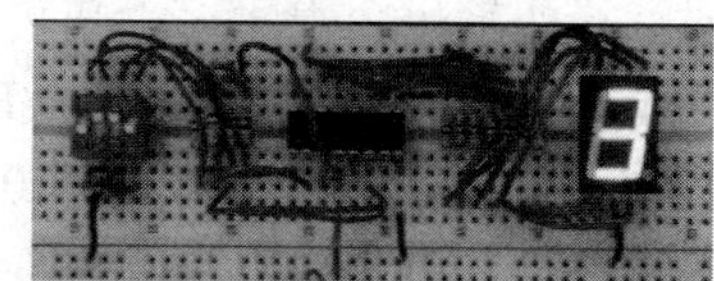

图 8-2-6　译码显示电路的测试接线图

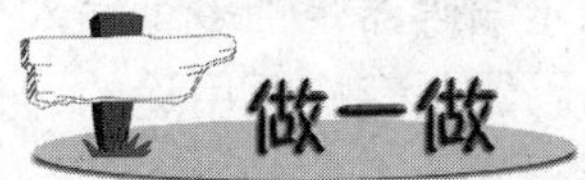

制作译码显示电路

（1）按图接好电路，检查无误后接通+5V 电源。

（2）拨动接线控制端和数据输入端的所接电平开关，在 LE=0，$\overline{LT}$=1，$\overline{BI}$=1 时，输入数据 A3A2A1A0 为 0000～1001 时，观察数码管所显示的字型，并记录。

（3）当输入数据超出范围，如 DCBA 为 1101 或 1111 等时，观察数码管现象。

（4）在三个控制端（LE、$\overline{LT}$、$\overline{BI}$）中，一次只让一个控制端的输入有效，分别测试三个控制端（LE、$\overline{LT}$、$\overline{BI}$）的作用。

第 2 步：认识编码器

情景设计：电话室有三种电话， 按由高到低优先级排序依次是火警电话，急救电话，工作电话，要求电话编码依次为 00、01、10。试设计电话编码控制电路。

【分析】运用分析组合逻辑电路的方法设计：

（1）根据题意知，同一时间电话室只能处理一部电话，假设用 A、B、C 分别代表火警、急救、工作三种电话，设电话铃响用 1 表示，铃没响用 0 表示。当优先级别高的信号有效时，低级别的则不起作用，这时用×表示；用 Y_1, Y_2 表示输出编码。

（2）列真值表（略）。

（3）表达式。

$$Y_1 = \overline{A}\,\overline{B}C \qquad Y_2 = \overline{A}B$$

（4）电路图，如图 8-2-7 所示。

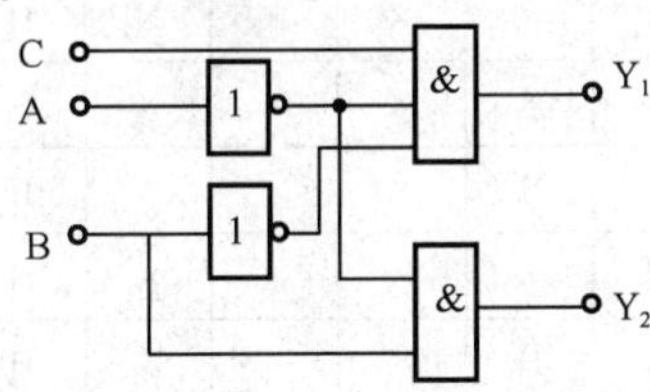

图 8-2-7　电话编码控制电路逻辑图

1. 编码的概念

编码：将特定含义的输入信号（文字、 数字、 符号）转换成二进制代码的过程。

编码器：实现编码操作的数字电路。

2. 编码器的分类

按照编码方式的不同，有优先编码器和普通编码器之分。普通二进制编码器是输入的 *N* 个信号是互相排斥的，任何时刻只能对其中一个输入信息进行编码，而优先编码器是当多个输入端同时有信号时，电路只对优先级别最高的信号进行编码。因此优先编码器是有广泛用途的一种组合电路，用于计算机的优先中断系统、键盘编码系统中。

（1）认识 8 线—3 线优先编码器 CC4532

观察优先编码器 CC4532，并与图 8-2-8 所示的引线排列图相对照，熟悉其引脚功能及逻辑功能。

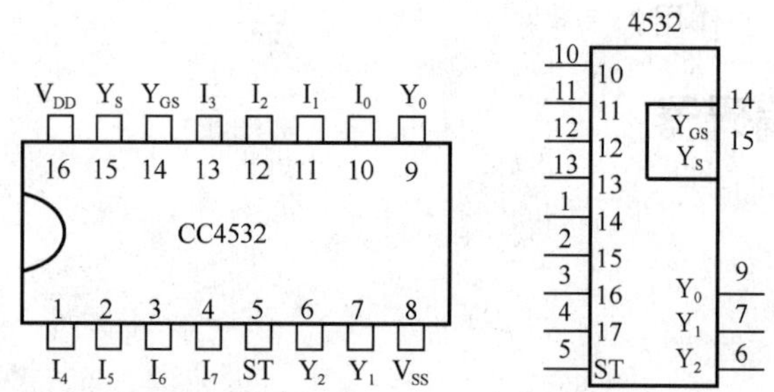

图 8-2-8　8/3 线优先编码器 CC4532 的外引线排列图和逻辑图

I_0～I_7：数据输入端；ST：片选通控制端；V_{DD}：电源；V_{SS}：地；Y_0～Y_2：编码输出端；Y_{GS}：组选通输出端；Y_S：选通输出端。

表 8-2-4　优先编码器 CC4532 的功能表

输入									输出				
ST	I_7	I_6	I_5	I_4	I_3	I_2	I_1	I_0	Y_{GS}	Y_S	Y_2	Y_1	Y_0
L	×	×	×	×	×	×	×	×	L	L	L	L	L
H	L	L	L	L	L	L	L	L	L	H	L	L	L
H	H	×	×	×	×	×	×	×	H	L	H	H	H
H	L	H	×	×	×	×	×	×	H	L	H	H	L
H	L	L	H	×	×	×	×	×	H	L	H	L	H
H	L	L	L	H	×	×	×	×	H	L	H	L	L
H	L	L	L	L	H	×	×	×	H	L	L	H	H
H	L	L	L	L	L	H	×	×	H	L	L	H	L
H	L	L	L	L	L	L	H	×	H	L	L	L	H
H	L	L	L	L	L	L	L	H	H	L	L	L	L

CC4532 可将最高优先输入 I_7～I_0 编码为 3 位二进制码，8 个输入端 I_7～I_0 具有指定优先权，I_7 为最高优先权，I_0 为最低。当片选输入 ST 为低电平时，优先编码器无效；当 ST 为高电平，最高优先输入的二进制编码呈现于输出端 Y_2～Y_0，且组选端 Y_{GS} 为高电平，表明优先输入存在。当无优先输入时，允许输出 Y_S 为高电平，如果任何一个输入为高电平，则 Y_S 为低电平且所有优先级无效。

（2）制作编码译码显示电路

如图 8-2-9 所示的编码译码显示电路中，CC4532 是优先编码器，CC4511 为显示译码器，显示器件为共阴数码管，R_1～R_4 的阻值是 100kΩ，R_5～R_{11} 的阻值是 510Ω。电路的电源由直流稳压电源提供。

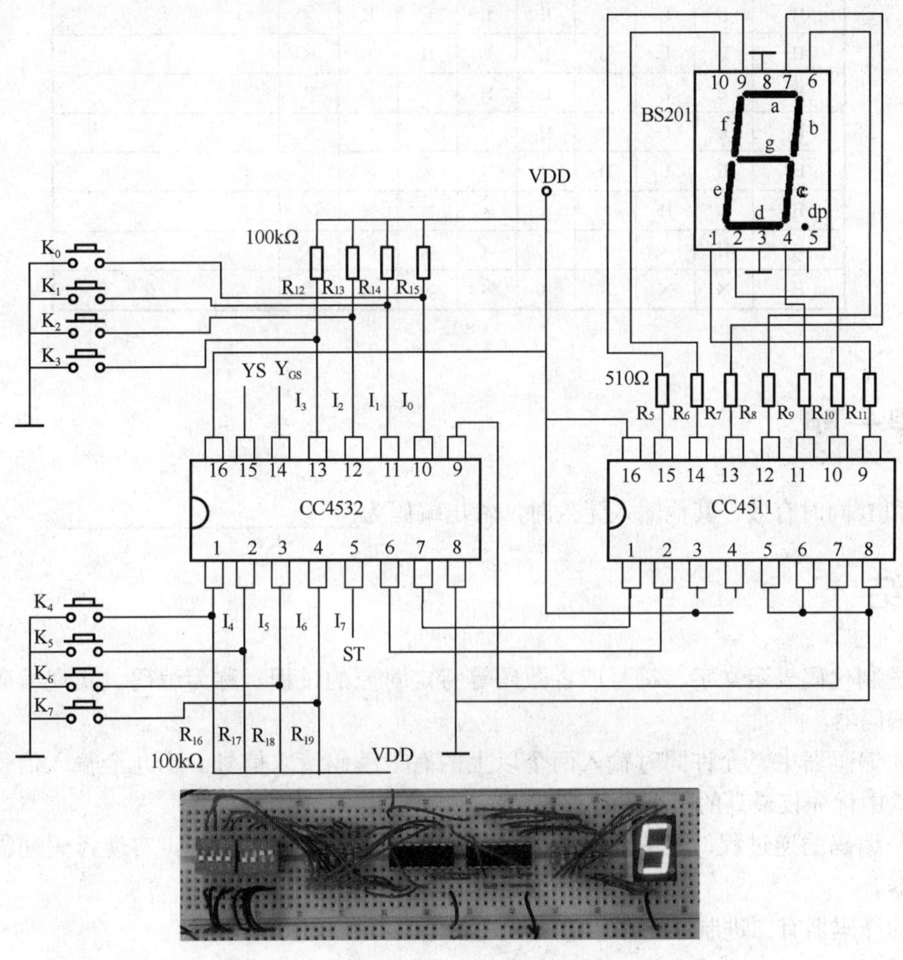

图 8-2-9　编码译码显示电路图

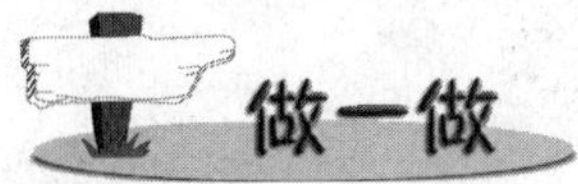

制作编码译码显示电路

① 按图接好电路，检查无误后接通+5V 电源。

② 在 I_0～I_7 端逐个输入高电平信号，同时观察数码管数字显示的变化情况，记录测试结果，并填入下列表 8-2-5 中。

③ 在 I_0～I_7 中任选几个输入端同时输入高电平信号，观察数码管的显示情况，并做好记录，了解 I_0～I_7 的优先权级别高低的顺序。

表 8-2-5　8 线—3 线优先编码器数码管显示字型记录

输　入									数码管显示字型
ST	I_7	I_6	I_5	I_4	I_3	I_2	I_1	I_0	
H	L	L	L	L	L	L	L	H	
H	L	L	L	L	L	L	H	×	
H	L	L	L	L	L	H	×	×	
H	L	L	L	L	H	×	×	×	
H	L	L	L	H	×	×	×	×	
H	L	L	H	×	×	×	×	×	
H	L	H	×	×	×	×	×	×	
H	H	×	×	×	×	×	×	×	
H	×	×	×	×	×	×	×	×	

想一想

当 I_6 和 I_5 同时有效、其他输入无效时，输出编码为______________________。

单元小结

用二进制代码表示文字、符号或者数码等特定对象的过程，称为编码。实现编码的逻辑电路，称为编码器。

在优先编码器中，允许同时输入两个以上的有效编码请求信号。当几个输入信号同时出现时，只对其中优先权最高的一个进行编码。

译码是编码的逆过程，将编码时赋予代码的特定含义"翻译"出来。实现译码功能的电路，称为译码器。

常用的译码器有二进制译码器、二—十进制译码器和显示译码器等。

数字显示电路是数字设备不可缺少的部分。数字显示电路通常由显示译码器、驱动器和显示器等部分组成。

思考与习题

一、选择题

8-1　在下列逻辑电路中，不是组合逻辑电路的有________。

A．译码器　　B．编码器　　C．全加器　　D．寄存器

8-2　优先编码器同时有两个输入信号时，是按________的输入信号编码。

A．高电平　　B．低电平　　C．高频率　　D．高优先级

8-3　半导体数码管是由________排列成显示数字。

A．小灯泡　　B．液态晶体　　C．辉光器件　　D．发光二极管

二、判断题

8-4　优先编码器的编码信号是相互排斥的，不允许多个编码信号同时有效。（　　）

8-5　编码与译码是互逆的过程。（　　）

8-6　组合电路不含有记忆功能的器件。（　　）

三、填空题

8-7　半导体数码显示器的内部接法有两种形式：共________接法和共________接法。

8-8　对于共阳接法的发光二极管数码显示器，应采用_______电平驱动的七段显示译码器。

四、思考题

8-9　七段数码显示器有哪两种类型？在配合显示译码器使用时，应如何对应选用？

8-10　BCD 编码器，有几个信号输入端，有几个信号输出端？所以 BCD 编码器称为什么编码器？

五、分析制作题

8-11　根据逻辑式 $Y = AB + \overline{AB}$ 列出逻辑状态表，说明其逻辑功能，并画出其用“与非门”组成的逻辑图。

8-12　保险柜的两层门上各装有一个开关，当任何一层门打开时，报警灯亮，试用一逻辑门来实现。

8-13　在举重比赛中有 A、B、C 三名裁判，A 为主裁判，当两名以上裁判（必须包括 A 在内）认为运动员上举杠铃合格，按动电钮可发出裁决合格信号，请设计该逻辑电路。

学习领域九　认识与测试时序逻辑电路

学习领域

时序逻辑电路简称为时序电路，它的组成除有组合逻辑门电路外，还包含有存储记忆电路。常见时序电路中的存储电路由触发器构成。本单元主要介绍 RS 触发器、寄存器、计数器的功能及其典型产品的应用。

项目 1　认识触发器

学习目标

✧ 了解基本 RS 触发器的电路组成，通过实验掌握 RS 触发器所能实现的逻辑功能。
✧ 了解同步 RS 触发器的特点、时钟脉冲的作用，了解逻辑功能。
✧ 熟悉 JK 触发器的电路符号。
✧ 了解 JK 触发器的逻辑功能和边沿触发方式。
✧ 会使用 JK 触发器。
✧ 通过实验，掌握 JK 触发器的逻辑功能。
✧ 掌握 D 触发器的电路符号和逻辑功能。
✧ 通过实验，掌握 D 触发器的应用。

工作任务

✧ 认识基本 RS 触发器。
✧ 认识同步 RS 触发器。
✧ 认识 JK 触发器。
✧ 认识 D 触发器。

触发器是由门电路构成的时序逻辑单元，它有一个或多个输入端，两个互补输出端。两个输出端分别用 Q 和 $\overline{Q}$ 表示，其中 Q 的状态代表了触发器的状态，Q =0 表示触发器处于 0 状态，Q =1 表示触发器处于 1 状态。在一定的外界信号作用下，触发器可以从一个稳定状态翻转到另一个稳定状态，它是一个具有记忆功能的二进制信息存储器件，是构成各种时序电路的最基本逻辑单元。

第 1 步：认识基本 RS 触发器

由与非门构成的基本 RS 触发器，有两个输入端$\overline{R}_D$、$\overline{S}_D$，两个输出端 Q、$\overline{Q}$，逻辑状态是互补的，其逻辑图如图 9-1-1（a）所示，其逻辑符号如图 9-1-1（b）所示。

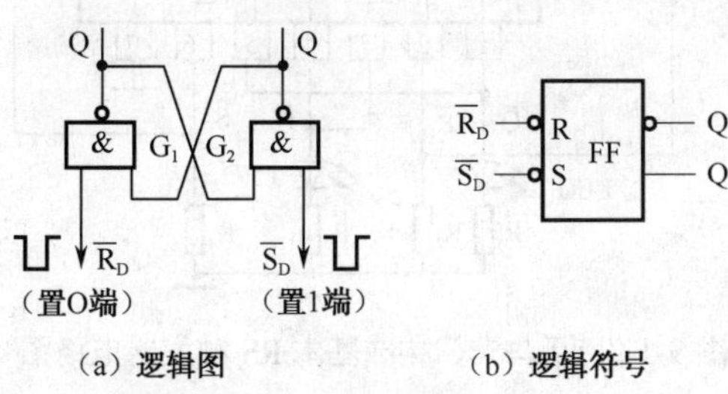

图 9-1-1　基本 RS 触发器

1．逻辑功能

当$\overline{R}_D=0$、$\overline{S}_D=1$时，则$Q=0(\overline{Q}=1)$；

当$\overline{R}_D=1$、$\overline{S}_D=0$时，则$Q=1(\overline{Q}=0)$；

当$\overline{R}_D=1$、$\overline{S}_D=1$时，则 Q 不变（$\overline{Q}$不变）；

当$\overline{R}_D=0$、$\overline{S}_D=0$时，则 Q 不定（$\overline{Q}$不定），这是不允许的。

$\overline{R}_D$—置 0 端、$\overline{S}_D$—置 1 端，均由负脉冲触发，符号 R_D、S_D 上加了“非”号，表示低电平有效。

2．测试基本 RS 触发器

如图 9-1-2 所示，将两个与非门 G_1、G_2 的输出端和输入端交叉反馈相接，电路中的电阻取值都为 1kΩ，电路的电源由直流稳压电源提供。LED 发光二极管亮表示输出为高电平，LED 发光二极管灭表示输出为低电平。

若断开开关 S_1，闭合 S_2，使$\overline{R}_D$输入低电平，$\overline{S}_D$输入高电平，LED_1 应发光，LED_2 应不发光，表示 Q 输出低电平，$\overline{Q}$输出高电平；若断开开关 S_2，闭合 S_1，使$\overline{R}_D$输入高电平，$\overline{S}_D$输入低电平，LED_1 应不发光，LED_2 应发光，表示 Q 输出高电平，$\overline{Q}$输出低电平；若 S_1、S_2 都闭合，使$\overline{R}_D$、$\overline{S}_D$均输入高电平，LED_1 应不发光，LED_2 应发光，表示 Q 输出高电平，$\overline{Q}$输出低电平，说明维持刚才状态不变。

对照图 9-1-2 连接好电路，并参照前面所述测试方法进行测试，观察 LED 的亮灭变化情况是否和基本 RS 触发器的逻辑功能一致。

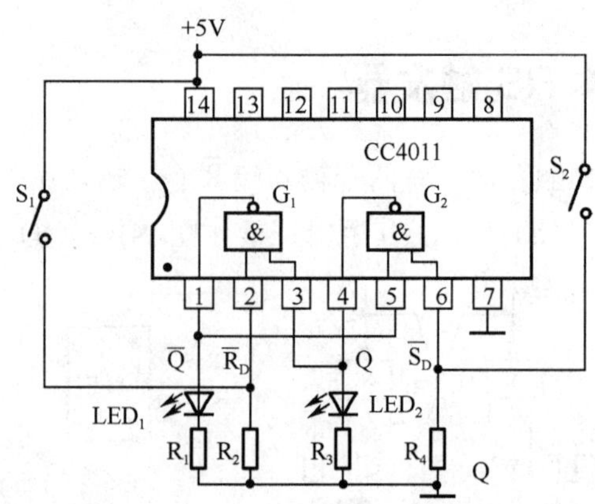

图 9-1-2　用与非门构成基本 RS 触发器电路图

电路中实现记忆功能的最小的电路单元是基本 RS 触发器，只要有输入信号，它就一直的处于工作状态。那怎样对它进行有效的控制呢？

第 2 步：认识同步 RS 触发器

给基本 RS 触发器加一控制端 CP，构成钟控同步 RS 触发器，其逻辑图如图 9-1-3（a）所示，图 9-1-3（b）所示为其逻辑符号。

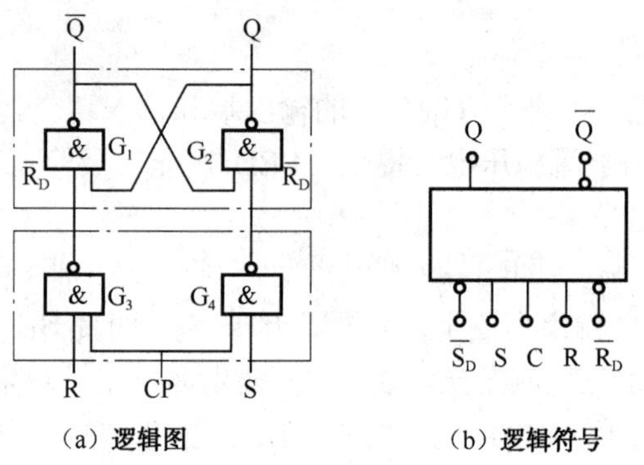

（a）逻辑图　　（b）逻辑符号

图 9-1-3　同步 RS 触发器

1. 控制端 CP 的作用

（1）当无控制触发脉冲时，RS 触发器只对 RS 端出现的触发电平起暂存作用，不会立即翻转。

（2）当有 CP 作用时，触发器才按存入的信息翻转。

控制触发脉冲称为时钟脉冲，用 CP 表示，也可以称为选通信号、控制信号，是指挥数字系统中各触发器协同工作的主控脉冲。CP 端无小圆圈表示此触发器是正脉冲（CP 上升沿）触发有效。

2．逻辑功能

（1）CP = 0 时，G_3、G_4 输出为 1，触发器维持原态；

（2）CP = 1 时，触发器状态由 R、S 决定（参见表 9-1-1）。

表 9-1-1　钟控同步 RS 触发器真值表

CP	*R*	*S*	*Q*
0	X	X	保持
1	0	0	保持
	0	1	1
	1	0	0
	1	0	不定

注：X 为任意固定 0、1 状态。

由 G_1、G_2、G_3、G_4 组成一个同步 RS 触发器，称为从触发器，由 G_5、G_6、G_7、G_8 组成另一个同步 RS 触发器，称为主触发器。通过与非门 G_9 对 CP 脉冲倒相，使高低电平的时钟脉冲分别控制主、从触发器，我们称为主/从触发器。如图 9-1-4（a）、（b）所示。

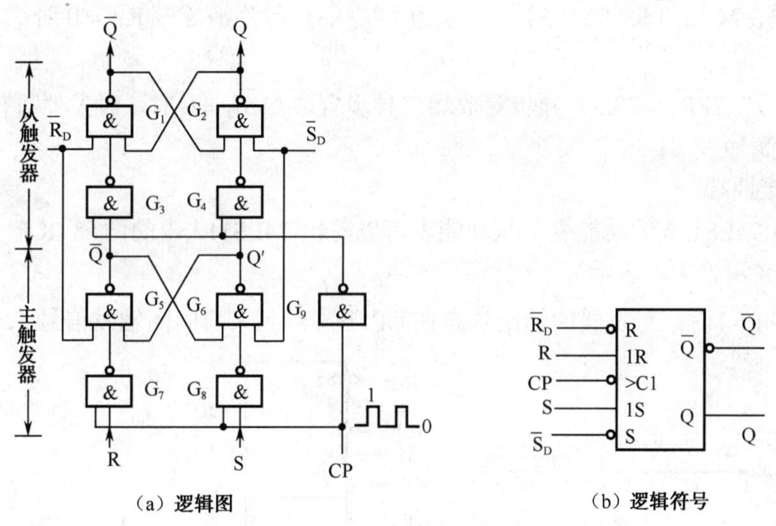

（a）逻辑图　　（b）逻辑符号

图 9-1-4　主/从 RS 触发器

第 3 步：认识 JK 触发器

将主/从触发器的主触发器两个与非门输入端与从触发器输出端交叉反馈相接，并将 S 端改称为 J 端，R 端改称为 K 端，以区别原来的主从触发器，这种改接后的电路，通常称为 JK 触发器。它的逻辑符号如图 9-1-5（b）所示，该图 CP 是下降沿触发有效（有小圆圈）。JK 触发器具有置 0、置 1、保持和翻转四个逻辑功能。

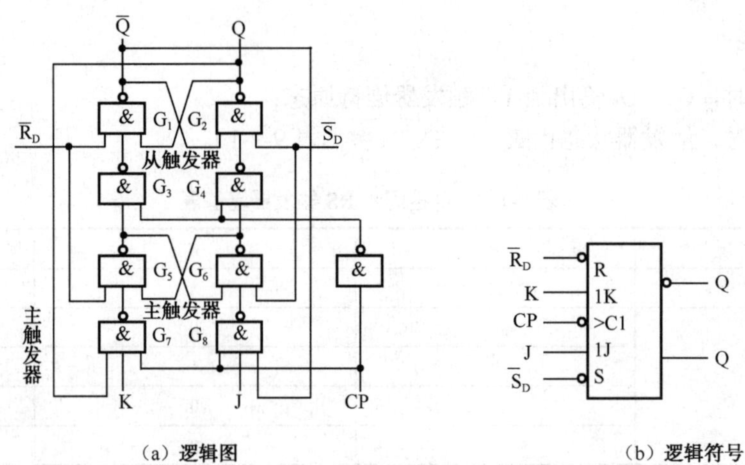

（a）逻辑图　　（b）逻辑符号

图 9-1-5　JK 触发器

集成双 JK 触发器 74LS112 内含两个独立的 JK 触发器，它们有各自独立的时钟信号 CP，复位、置位信号输入端（$\overline{R}_D$、$\overline{S}_D$），共用一个电源，如图 9-1-6 所示。

1J、1K、2J、2K——JK 触发器的信号输入端；

1Q、1$\overline{Q}$、2Q、2$\overline{Q}$——触发器的状态输出端；

1CLK（1CP）、2CLK（2CP）——时钟脉冲信号输入端；

1$\overline{CLR}$（1$\overline{R}_D$）、2$\overline{CLR}$（2$\overline{R}_D$）——异步清零端，异步清零端 $\overline{R}_D=0$ 时，触发器复位，即 $Q^{n+1}=0$；

1$\overline{PR}$（1$\overline{S}_D$）、2$\overline{PR}$（2$\overline{S}_D$）异步置数端，异步置数端 $\overline{S}_D=0$ 时，触发器置位，即 $Q^{n+1}=1$；

V_{CC}——电源输入端；

GND——接地端。

表 9-1-2 为 74LS112 的功能表，从功能表可以看出 74LS112 内的两个 JK 触发器是时钟脉冲 CP 下降沿有效（用“↓”表示）。

$\overline{R}_D=1$、$\overline{S}_D=1$ 时，触发器的输出状态在 CP 下降沿到来瞬间随触发信号 J、K 而变化。

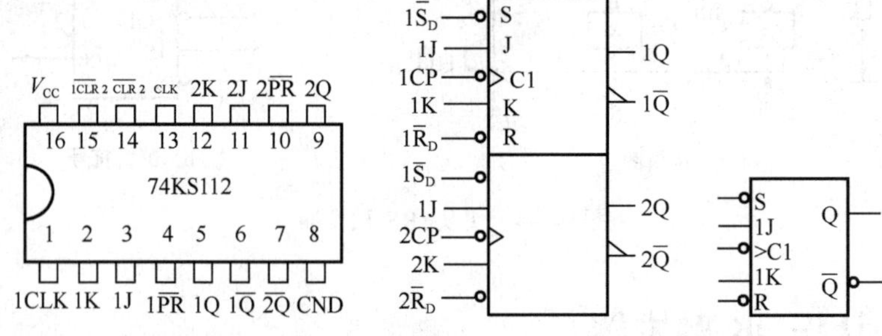

图 9-1-6　双 JK 触发器 74LS112 外引线排列图

表 9-1-2　74LS112 功能表

$\overline{R}_D$	$\overline{S}_D$	CP	J	K	Q^{n+1}	功能说明
0	1	×	×	×	0	清零
1	0	×	×	×	1	置 1

续表

$\overline{R}_D$	$\overline{S}_D$	CP	J	K	Q^{n+1}	功能说明
1	1	↓	0	0	Q^n	保持
1	1	↓	0	1	0	置 0
1	1	↓	1	0	1	置 1
1	1	↓	1	1	$\overline{Q^n}$	翻转

注：Q^n 表示时钟 CP 触发之前的状态，称为初态，Q^{n+1} 表示时钟 CP 触发之后的状态，称为次态。

观察 74LS112 芯片，并与其芯片外引脚排列图相对照，熟悉其引脚功能及逻辑功能。

第 4 步：认识 D 触发器

D 触发器可由 JK 触发器转换而成，如图 9-1-7（a）所示，只要在 JK 触发器的 K 端接一个非门，再接到 J 端，引出一个控制端 D，即可组成 D 触发器。图 9-1-7（b）所示为 D 触发器的逻辑符号。

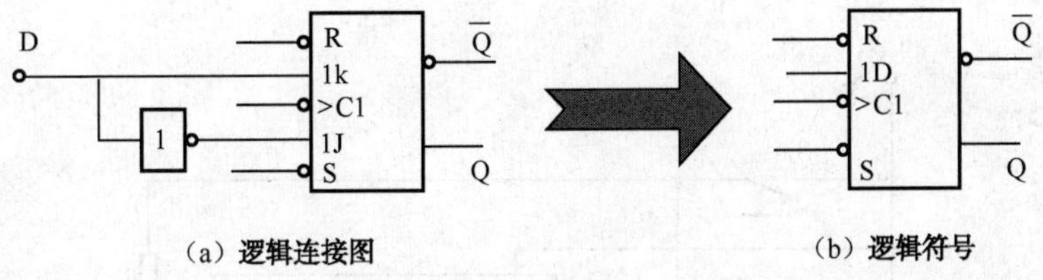

（a）逻辑连接图　　（b）逻辑符号

图 9-1-7　用 JK 触发器转换成 D 触发器

1. 认识 D 触发器 CC4013

CC4013 由两个相同的、相互独立的数据型触发器构成。每个触发器有独立的数据、置位、复位、时钟输入和 Q 及 $\overline{Q}$ 输出，如图 9-1-8 所示。引出端有

1D－2D ——数据输入端；

1CP－2CP ——时钟输入端（上升沿有效）；

1SD－2SD、1RD－2RD ——直接复位端；

1Q－2Q —— 原码输出端；

$1\overline{Q}-2\overline{Q}$ ——反码输出端；

V_{DD} —— 正电源；

V_{SS} —— 地。

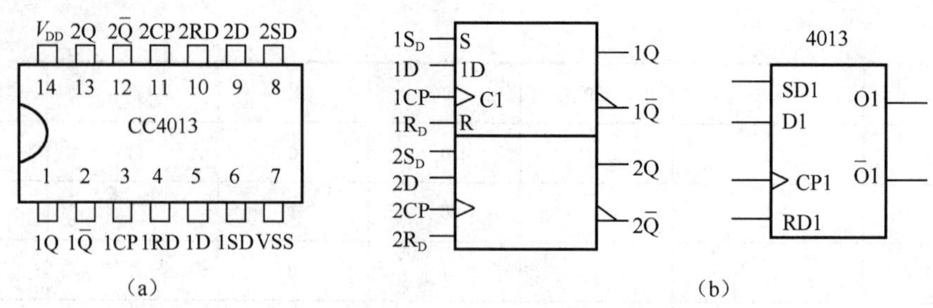

图 9-1-8 D 触发器 CC4013 外引线排列图和逻辑图

观察 CC4013 芯片，并与其芯片外引脚排列图相对照，熟悉其引脚功能及逻辑功能。

2．测试 D 触发器逻辑功能

测试电路如图 9-1-9 所示，测试对象为 CC4013，R_1～R_4 的阻值是 100kΩ，R_5 的阻值是 1kΩ，电路的电源由直流稳压电源提供。CP 为时钟输入信号，在图 9-1-9 中，使用按钮 S_4 连接 CP 端，按下 S_4 瞬间模拟上升沿信号（0→1 即↑），松开 S_4 瞬间模拟下降沿信号（1→0 即↓）。发光二极管“亮”表示 D 触发器输出为“高电平”（即 $Q^{n+1}=1$），发光二极管“灭”表示 D 触发器输出为“低电平”（即 $Q^{n+1}=0$）。

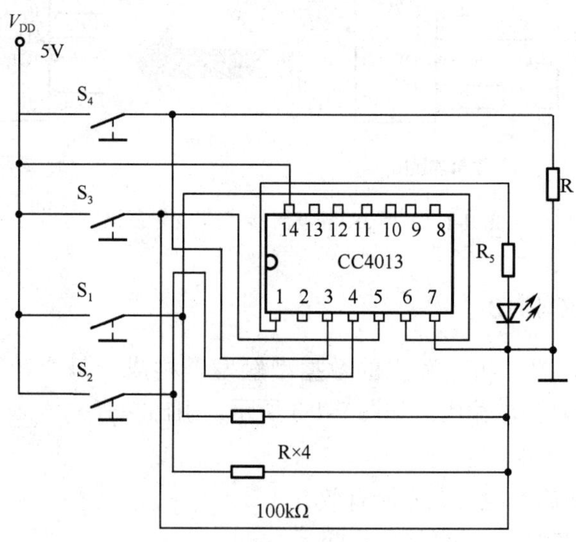

图 9-1-9 CC4013 逻辑功能测试接线图

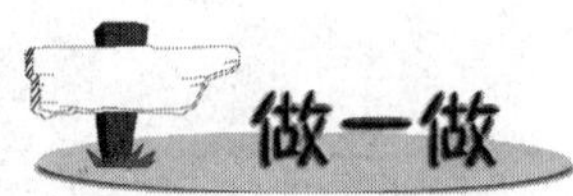

（1）按图接好电路，检查无误后接通+5V 电源。

（2）测试 $\bar{R}_D$ 和 $\bar{S}_D$ 的复位、置位功能。

合上 S_1 观察发光二极管的状态。打开 S_1，合上 S_2 再次观察发光二极管的状态。

同时合上 S_1、S_2，观察发光二极管的状态。

（3）测试 D 触发器的逻辑功能。

先合上 S_3，再按下 S_4，观察发光二极管的状态。

先按下 S_4，再合上 S_3，观察发光二极管的状态。松开 S_4，观察发光二极管的状态。

要求按表 9-1-3 要求进行测试，填写测试记录表 9-1-3。

表 9-1-3　CC4013 逻辑功能测试记录

D	CP	Q^{n+1}	
		Q^n=0 时	Q^n=1 时
0	0→1（↑）		
	1→0（↓）		
1	0→1（↑）		
	1→0（↓）		

逻辑电路如图 9-1-10 所示。这是一个上升沿触发的 D 触发器，其 $\overline{Q}$ 端与 D 端连接在一起。已知 CP 波形，试画出输出 Q 端的信号波形。设 Q 的初状态为 0。

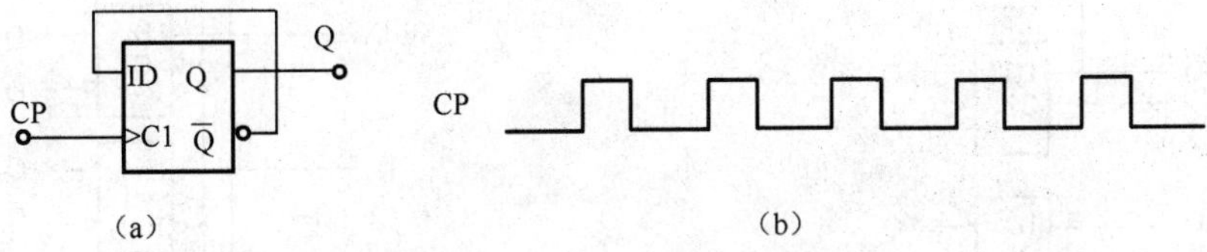

图 9-1-10　D 触发器及其波形

项目 2　认识寄存器

学习目标

✧ 了解寄存器的功能、基本构成和常见类型；
✧ 了解典型集成移位寄存器的应用；
✧ 了解计数器的功能及计数器的类型；
✧ 掌握二进制、十进制等典型集成计数器的外特性及应用。

工作任务

✧ 认识数码寄存器；
✧ 认识移位寄存器；

✧ 集成移位寄存器应用。

寄存器是存放数码、运算结果或指令的电路。移位寄存器不但可存放数码，而且在移位脉冲作用下，寄存器中数码可根据需要向左或向右移动。因此，数码寄存器和移位寄存器是数学系统和计算机中常用的基本逻辑部件，应用广泛。

由于触发器有记忆功能，一个触发器能够存储一位二进制数码，n 个触发器的可存储 n 位二进制码。因此，触发器是寄存器和移位寄存器的重要组成部分。

第 1 步：认识数码寄存器

寄存器中的触发器只要具有置 1 、置 0 的功能，都可以组成寄存器。图 9-2-1 是一个用同步 RS 触发器组成的 4 位寄存器的逻辑图。它的动作特点：在 CP 的高电平期间输出端 Q 的状态跟随输入端 D 的状态而变，在 CP 变为低电平以后输出端 Q 的状态保持 CP 变为低电平时输入端 D 的状态。即：CP=1 期间 Q^{n+1}=D，CP= 0 期间 Q^{n+1}= Q^n；因而无论是用同步 RS 触发器，还是用主/从结构或边沿触发结构的。

而图 9-2-2 是用维持阻塞触发器组成的 4 位寄存器—74LS175 的逻辑图。它的动作特点是：输出端 Q 的状态仅取决于 CP 上升沿到达时刻输入端 D 的状态。即 CP 上升沿到达时 Q^{n+1}=D，R_D=0 时 $Q_3Q_2Q_1Q_0$=0000（R_D 为清零端，复位）。

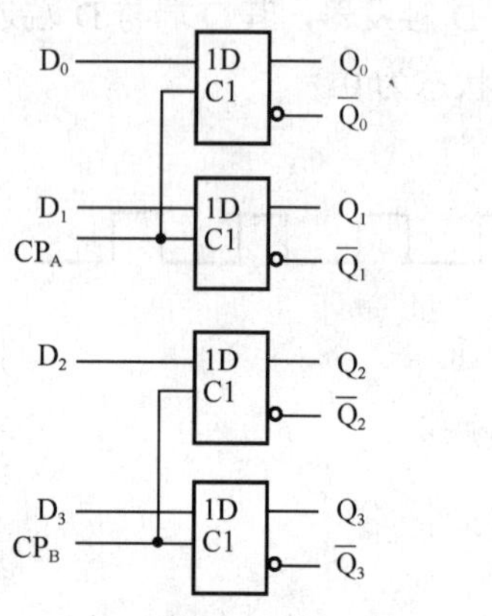

图 9-2-1 用同步 RS 触发器组成的 4 位寄存器

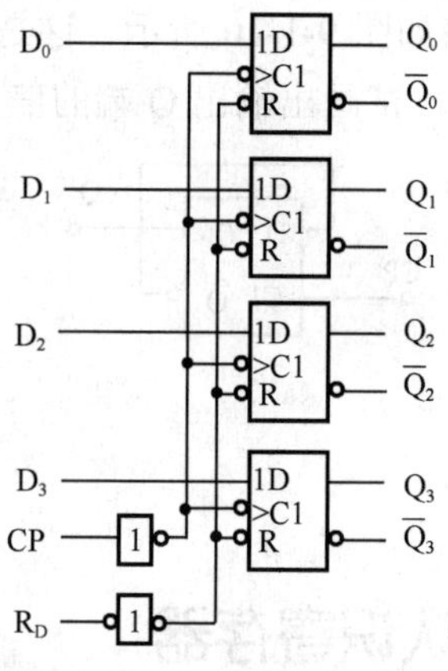

图 9-2-2 是用维持阻塞触发器组成的 4 位寄存器

第 2 步：认识移位寄存器

具有存放数码和右（左）移数码功能的电路称为移位寄存器，又称移存器。移位寄存器分为单向移位寄存器和双向移位寄存器。

1. 单向移位寄存器

（1）右移寄存器

图 9-2-3 所示为 4 位右移寄存器逻辑电路图，设移位寄存器的初始状态为 0000，串行输入数码 D_I=1101，从低位到高位依次输入。在 4 个移位脉冲作用后，输入的 4 位串行数码 1101 全部存入了寄存器中。

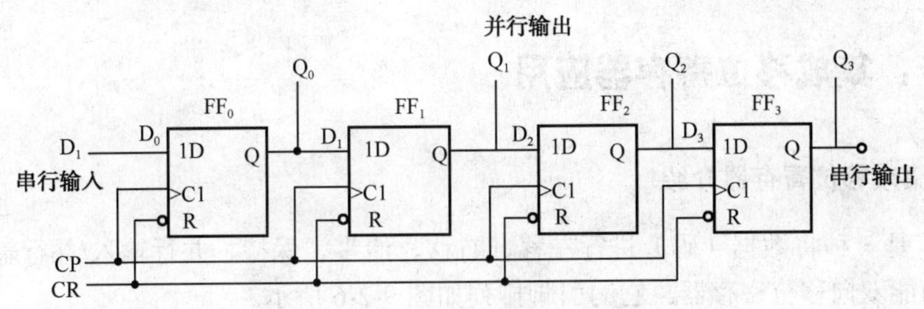

图 9-2-3　D 触发器组成的 4 位右移寄存器

（2）左移寄存器。

图 9-2-4 所示为 4 位左移寄存器，其工作原理与右移存在器完全相同，不同之处是右移寄存器是从低位开始输入数据而左移寄存器是从高位开始输入数据。

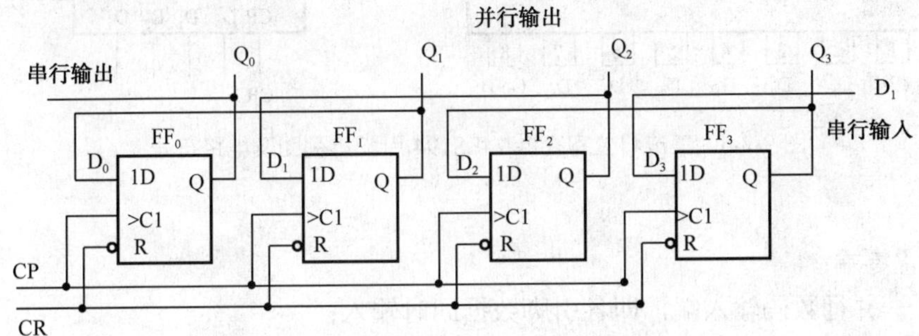

图 9-2-4　D 触发器组成的 4 位左移寄存器

2. 双向移位寄存器

将图 9-2-3 所示的右移寄存器和图 9-2-4 所示的左移寄存器组合起来，并引入一控制端 S 便构成既可左移又可右移的双向移位寄存器，如图 9-2-5 所示。

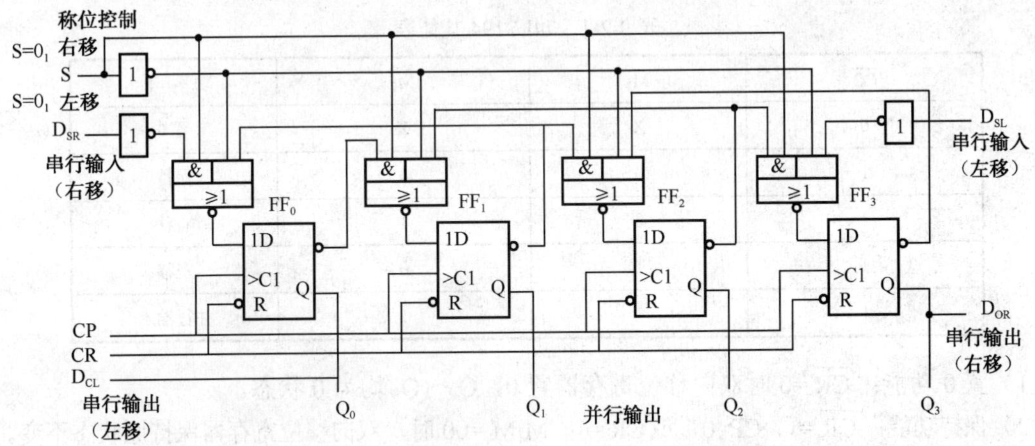

图 9-2-5　D 触发器组成的 4 位双向左移寄存器

D_{SR} 为右移串行输入端，D_{SL} 为左移串行输入端。当 S=1 时，D_0=D_{SR}、D_1=Q_0、D_2=Q_1、D_3=Q_2，在 CP 脉冲作用下，实现右移操作；当 S=0 时，D_0=Q_1、D_1=Q_2、D_2=Q_3、D_3=D_{SL}，在 CP 脉冲作用下，实现左移操作。

第 3 步：集成移位寄存器应用

1．典型集成移位寄存器介绍

74LS194 是一种将数据（码）进行左移、右移、清零、保持、并行输入/并行输出、串行输入的一种多功能双向移位寄存器。它的引脚排列如图 9-2-6 所示。

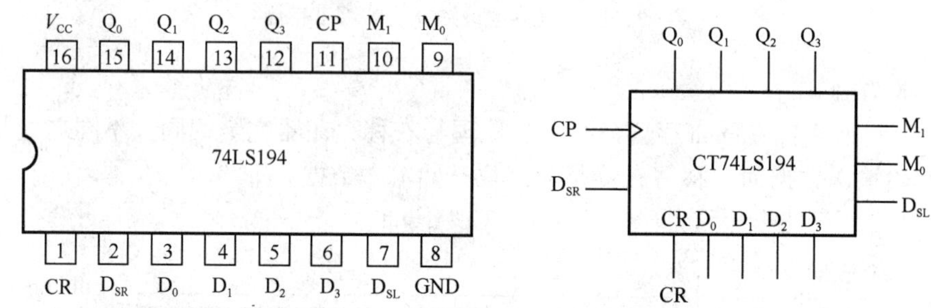

图 9-2-6 集成移位寄存器 74LS194 引脚排列图及电路符号

引出端有

$\overline{CR}$——置零端；

D_0～D_3——并行数码输入端，即各引脚数据同时输入；

D_{SR}——右移串行数码输入端，即在时钟 CP 控制下，数据分时段依次顺序右移输入；

D_{SL}——左移串行数码输入端，即在时钟 CP 控制下，数据分时段依次顺序左移输入；

M_0 和 M_1——工作方式控制端，具体方式见功能表；

Q_0～Q_3——并行数码输出端；

CP——移位脉冲信号输入端。

74LS194 的功能如表 9-2-1 所示，电路主要功能如下：

表 9-2-1 74LS194 功能表

$\overline{CR}$	M_1	M_0	功 能
0	X	X	置 0
1	0	0	保持
1	0	1	右移
1	1	0	左移
1	1	1	并行输入

（1）置 0 功能：$\overline{CR}$=0 时双向移位寄存器置 0，Q_0～Q_3 均为 0 状态。

（2）保持功能：$\overline{CR}$=1、CP=0，或 $\overline{CR}$=1、M_1M_0=00 时，双向移位寄存器保持原状态不变。

（3）并行送数功能：$\overline{CR}$=1、M_1M_0=11 时，在 CP 上升沿作用下，D_0～D_3 端输入的数码并行送入寄存器，为同步并行送数。

（4）右移串行送数功能：$\overline{CR}$=1、M_1M_0=01 时，在 CP 上升沿作用下，执行右移功能，D_{SR} 端输入的数码依次送入寄存器。

（5）左移串行送数功能：$\overline{CR}$=1、M_1M_0=10 时，在 CP 上升沿作用下，执行左移功能，D_{SL} 端输入的数码依次送入寄存器。

观察 74LS194 芯片，并与其芯片外引脚排列图相对照，熟悉其引脚功能及逻辑功能。

2．环形脉冲分配器

移位寄存器构成的计数器在实际工程中经常用到。如用移位存器构成环形计数器、扭环形计数器和自起动扭环形计数器、顺序脉冲发生器等。

如图 9-2-7 是应用 74LS194 构成的环形脉冲分配器。它可以使一个脉冲，按一定的顺序在输出端 Q_0～Q_3，轮流分配反复循环地输出。如果在 Q_0～Q_3 输出端连接彩灯，则彩灯按脉冲分配的顺序闪烁发光。

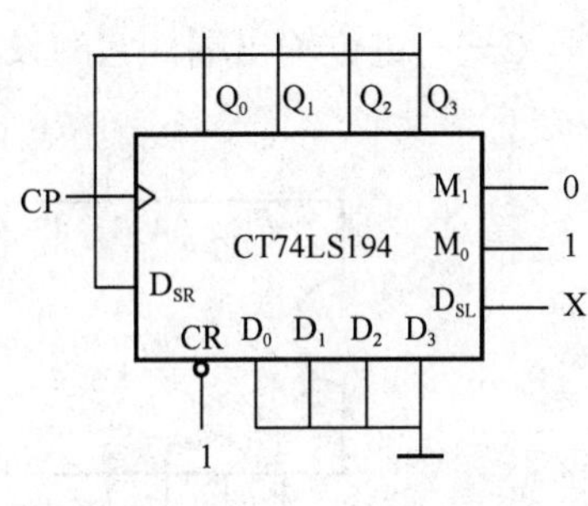

图 9-2-7　环形脉冲分配器

工作原理：把移位寄存器的输出反馈到它的串行输入端，就可以进行循环移位。如图所示。把输出端 Q_3 和串行输入端 D_{SR} 相连接。设初始状态 $Q_0Q_1Q_2Q_3$ 为 1000，则在时钟脉冲的作用下，Q_0、Q_1、Q_2、Q_3 依次变为 0100→0010→0001→1000→…，如表所示。如果把输出端 Q_0 和串行输入端 D_{SL} 相连接，即可实现左移移位循环。

项目 3　认识计数器

学习目标

✧ 了解计数器的功能及计数器的类型；

✧ 掌握二进制、十进制等典型集成计数器的外特性及应用。

工作任务

✧ 认识二进制计数器；

✧ 认识十进制计数器。

计数器是一种能累计脉冲数目的数字电路，在计时器、交通信号灯装置、工业生产流水线等装置或场合中有着广泛的应用。按照触发器翻转的次序，计数器可分为同步计数器和异步计数器两种；按照计数数字的增减方式，计数器可分为加法计数器、减法计数器和可逆计数器；按计数器中计数进位规律，计数器可分为二进制计数器、十进制计数器和可编程 N 进制计数器。

第 1 步：认识二进制计数器

1．集成二进制计数器

74LS161是 4 位二进制同步加法计数器，除了有二进制加法计数功能外，还具有异步清零、同步并行置数 、保持等功能。74LS161的逻辑电路图和引脚排列图如图 9-3-1 所示。

CR——异步清零端；

LD——是预置数控制端；

D_0、D_1、D_2、D_3——预置数据输入端，用于设置计数初值；

P 和 T——计数使能端，只有该引脚为高电平时，才能正常计数；

C——进位输出端，它的设置为多片集成计数器的级联提供了方便。

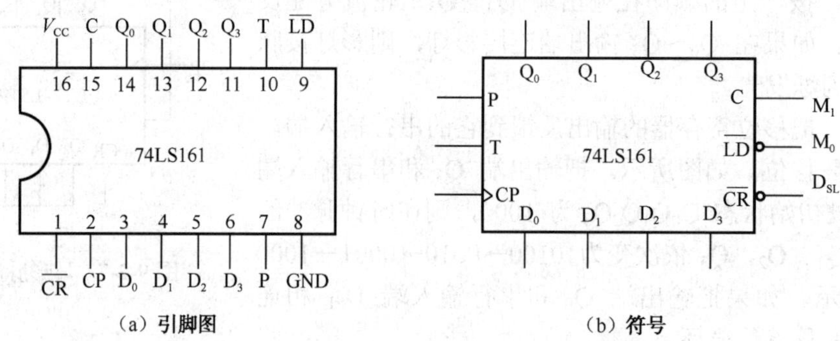

图 9-3-1　74LS161 外引线排列图及逻辑图

观察 74LS161 芯片，并与其芯片外引脚排列图，熟悉其引脚功能及逻辑功能。

2．利用集成二进制计数器制作十进制计数器

电路如图 9-3-2（a）、（b）所示，图 9-3-2（a）是利用清零法使得计数器的模数变化为十进制，图 9-3-2（b）是利用置数法使得计数器的模数变化为十进制。

清零法是当 74LS161 的清零端为异步清零，当输出 $Q_3Q_2Q_1Q_0$=1010 时，输出一个低电平送入异步清零端，立即将输出清零。即 $Q_3Q_2Q_1Q_0$=0000，计数器立即从 1019 状态进入 0000 状态。因为 1010 是个非常短暂的瞬间，实际上计数器立即从 1001 状态进入到 0000 状态，实现了十进制的逻辑功能，完成了计数器模数的转换。利用清零的方法可以进行模数转换，但计数器必须从 0000 开始计数，而有些情况希望计数器的输出不从零开始。如电梯的楼层显示，电视预置台号等，若使用清零法就无法实现，所以采用置数法更适合。例如，要实现 1～8 的循环计数功能，我们只需要在 1001 时将输出状态置为 0001 即可。

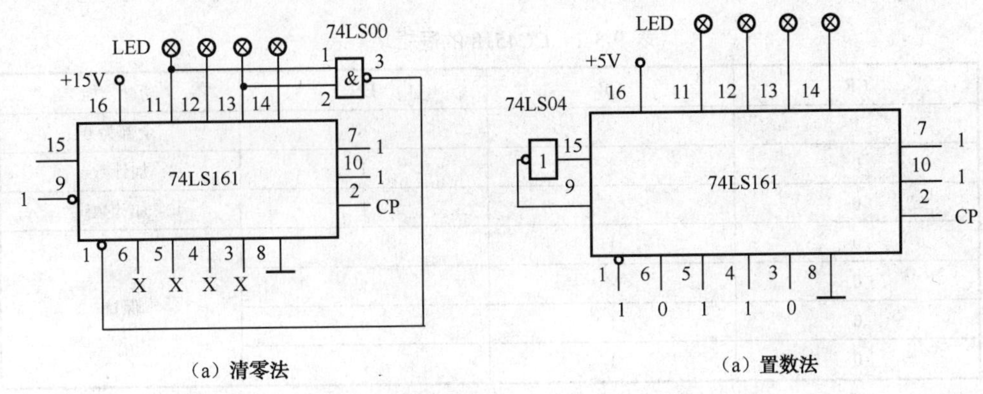

图 9-3-2 用集成二进制计数器 74LS161 制作十进制计数器

第 2 步：认识十进制计数器

1. 集成十进制计数器

CC4518 为集成十进制（BCD 码）计数器，内部含有两个独立的十进制计数器，两个计数器可单独使用，也可级联起来扩大其计数范围。图 9-3-3（a）所示为 CC4518 集成十进制计数器的外引线排列，图 9-3-4 所示为 CC4518 十进制计数器的状态转换图。表 9-3-1 为其逻辑功能表。

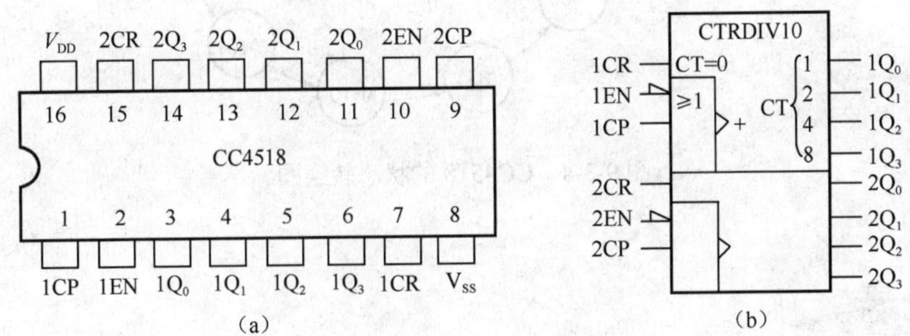

图 9-3-3 CC4518 外引线排列图

（1）CC4518 引脚功能说明：

V_{DD}——电源端（+5V）；

V_{SS}——接地端；

1CP、2CP——两计数器的计数脉冲输入端；

1CR、2CR——两计数器的复位信号输入端（高电平有效）；

1EN、2EN——两计数器的控制信号输入端（高电平有效）；

$1Q_0$～$1Q_3$、$2Q_0$～$2Q_3$——两计数器的状态输出端。

（2）CC4518 的逻辑功能

CC4518 为双 BCD 加计数器，该器件由两个相同的同步 4 级计数器组成。计数器为 D 型触发器。具有内部可交换 CP 和 EN 线，用于在时钟上升沿或下降沿加计数。在单个单元运算中，EN 输入保持高电平，且在 CP 上升沿进位。CR 线为高电平时，计数器清零。

表 9-3-1　CC4518 的逻辑功能表

CR	CP	EN	功　能
1	×	×	全部为 0
0	↑	1	加计数
0	0	↓	加计数
0	↓	×	保持
0	×	↑	
0	↑	0	
0	1	↓	

（3）CC4518 的状态转换

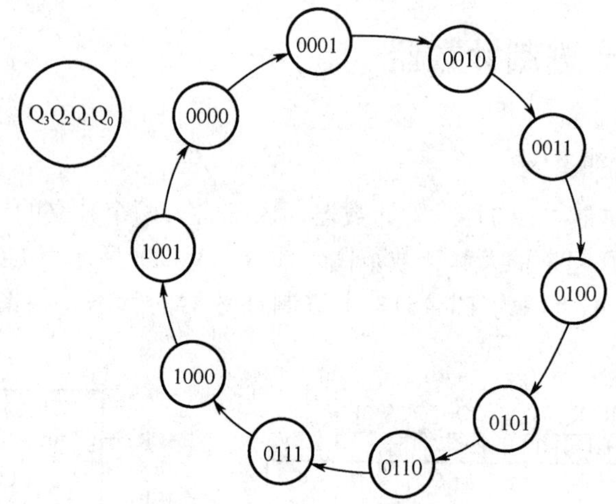

图 9-3-4　CC4518 的状态转换图

观察 CC4518 芯片，并与其芯片外引脚排列图相对照，熟悉其引脚功能及逻辑功能。

2．制作二十四进制计数器

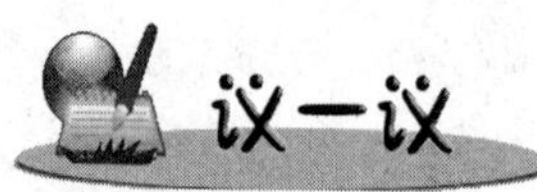

用集成十进制计数器 CC4518 如何实现二十四进制计数器？

测试电路如图 9-3-5 所示，CC4011 是与非门，CC4518 为集成十进制计数器，显示器件为发光二极管，R_1～R_8 的阻值是 510Ω。电路的电源由直流稳压电源提供。

二十四进制计数器的计数原理：计数脉冲输入到个位片的 CP 端，当第十个计数脉冲上升沿到来时，$1Q_3$ 由 1 变 0，作为下降沿送到 2EN，使十位片计数一次，$2Q_0$ 由 0 变 1；当第二十个计数脉冲上升沿到来时，$1Q_3$ 又由 1 变 0，作为下降沿送到 2EN，使十位片又计数一次，$2Q_0$ 由 1 变为 0，而 $2Q_1$ 由 0 变 1；当二十四个计数脉冲上升沿到来时，$1Q_2$ 由 0 变 1，此时 $1Q_2$、$2Q_1$

同时为 1，经与非门送到 1CR、2CR，使十位片、个位片同时复位，即使其个位片和十位片的输出全部为 0，从而完成一个计数循环。

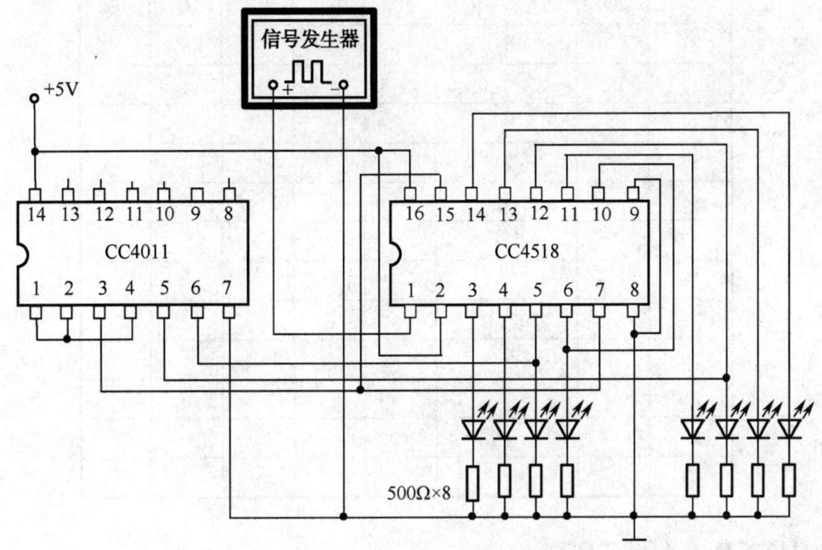

图 9-3-5　CC4518 构成的二十四进制计数器接线图

制作二十四进制计数器

（1）按图 9-3-5 接好电路，检查无误后接通+5V 电源。

（2）计数脉冲由信号发生器提供，计数器的输出状态用 8 个发光二极管表示。调整信号发生器，使其输出频率为 1Hz 的方波，观察发光二极管的工作情况。填入表 9-3-2 中。

表 9-3-2　二十四进制计数器状态测试记录表

计数脉冲	二进制数码							
	$2Q_3$	$2Q_2$	$2Q_1$	$2Q_0$	$1Q_3$	$1Q_2$	$1Q_1$	$1Q_0$
0								
1								
2								
3								
4								
5								
6								
7								
8								
9								
10								
11								

续表

计数脉冲	二进制数码							
	$2Q_3$	$2Q_2$	$2Q_1$	$2Q_0$	$1Q_3$	$1Q_2$	$1Q_1$	$1Q_0$
12								
13								
14								
15								
16								
17								
18								
19								
20								
21								
22								
23								

项目4　制作四人抢答器

学习目标

✧ 会测试中规模集成电路的逻辑功能。
✧ 能查阅资料，了解常用中规模集成电路的逻辑功能。
✧ 能用中规模集成电路及其基本门电路制作四人抢答器。

工作任务

✧ 认识抢答器电路。
✧ 清点与检测元器件。
✧ 制作四人抢答器。
✧ 测试四人抢答器。

第1步：认识抢答器电路

1. 抢答器的技术要求

抢答器是一名公正的裁判员，它的任务是从若干名参赛者中确定出最先的抢答者。从原理上讲，它是一种典型的数字电路，其中包括了组合逻辑电路和时序电路。

本项目完成一款采用 D 触发器数字集成电路制成的数字显示四路抢答器，它利用数字集成电路的锁存特性，实现优先抢答和数字显示功能，要求如下：

（1）制作一个可供 4 名选手参加比赛的 4 路数字显示抢答器。他们的编号分别为“1”、“2”、“3”、“4”各用一个抢答按钮，编号与参赛者的号码一一对应。

（2）抢答器具有数据锁存功能，并将锁存的数据用 LED 数码管显示出抢答成功者的号码。

（3）抢答器对抢答选手动作的先后有很强的分辨能力，即使他们的动作仅相差几毫秒，也能分辨出抢答者的先后来。即不显示后动作的选手编号。

（4）主持人具有手动控制开关，可以手动清零复位，为下一轮抢答做准备。

2. 抢答器的基本组成

抢答器的基本组成框图如图 9-4-1 所示。它主要由抢答控制电路、清零电路、触发锁存电路、编码电路、译码电路、显示电路等七部分组成。

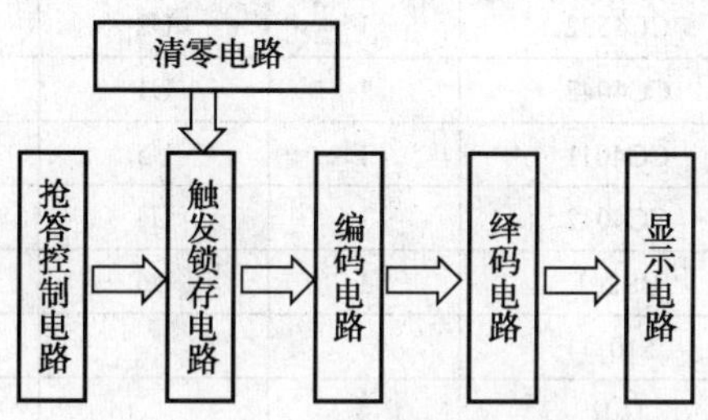

图 9-4-1 抢答器的组成框图

（1）抢答控制电路

该电路由多路开关组成，每一竞赛者与一组开关相对应。开关应为常开型，当按下开关时，开关闭合；当松开开关时，开关自动弹出断开。

（2）触发锁存电路

当某一开关首先按下时，触发锁存电路被触发，在输出端产生相应的开关电平信息，同时为防止其他开关随后触发而产生紊乱，最先产生的输出电平变化又反过来将触发电路锁定。

（3）编码电路

编码电路是将某一开关信息转化为相应的 8421BCD 码，以提供数字显示电路所需要的编码输入。

（4）译码电路

译码电路将编码器输出的 8421BCD 码转换为数码管需要的逻辑状态，并且为保证数码管正常工作提供足够的工作电流。

（5）显示电路

显示电路是数码管，数码管常用发光二极管（LED）数码管或液晶（LCD）数码管。

（6）清零电路

当触发锁存电路被触发锁存后，若要进行一下轮的重新抢答，则需将数据清零。可将使能端强追置 1 或置 0 （根据具体情况而定），使锁存顺处于等待接收状态即可。

将学生分为若干组，每组提供直流稳压电源一台，万用表一块，学生自备焊接工具。实训室提供电路装接所用的元器件及器材，参见表 9-4-1。

第 2 步：清点与检测元器件

根据元器件及材料清单，清点并检测元器件。将测试结果填入表 9-4-1，正常的填“√”，如元器件有问题，及时提出并更换。将正常的元器件对应粘贴在表 9-4-1 中。

表 9-4-1　制作四人抢答器项目元器件及器材清单

序　号	名　称	型号规格	数　量	配件图号	测试结果	元件粘贴区
1	4 线七段锁存译码器	CC4511	1	U3		
2	8/3 线优先编码器	CC4532	1	U2		
3	四 D 锁存器	CC4042	1	U1		
4	四 2 输入与非门	CC4011	1	U5		
5	双 4 输入与非门	CC4012	1	U4		
6	数码显示器	BS201	1	U6		
7	碳膜电阻	510Ω	7			
8	碳膜电阻	1kΩ	4			
9	碳膜电阻	100kΩ	5			
10	发光二极管	普亮ϕ5(圆)	4			
11	轻触开关	2A090	5	S1～S5		
12	印制版					
13	焊锡、松香		若干			
14	连接导线		若干			

第 3 步：制作四人抢答器电路

四人抢答器电路的电路图与装配图，分别如图 9-4-2、图 9-4-3、图 9-4-4、图 9-4-5 所示。根据电路图和装配图，完成电路装接。

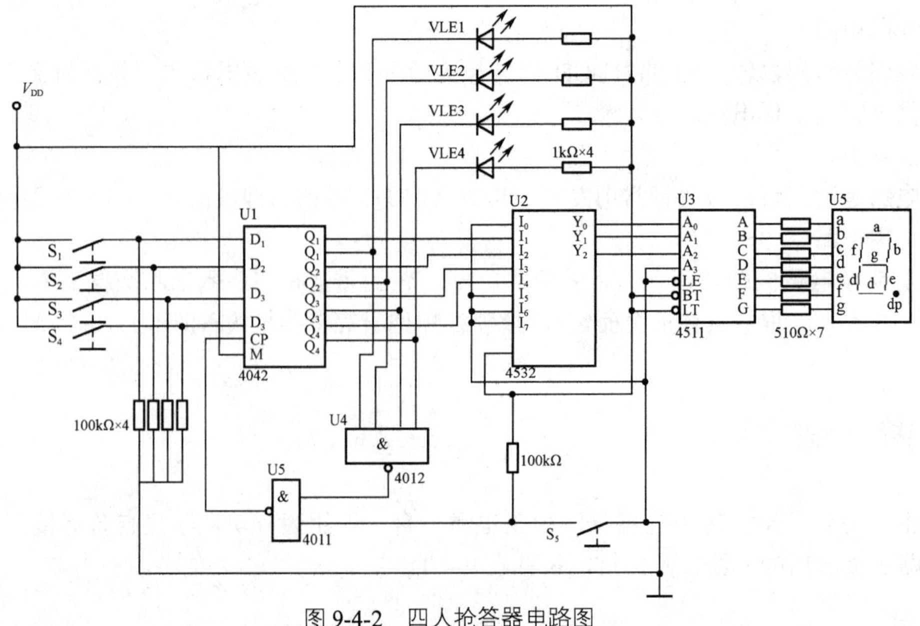

图 9-4-2　四人抢答器电路图

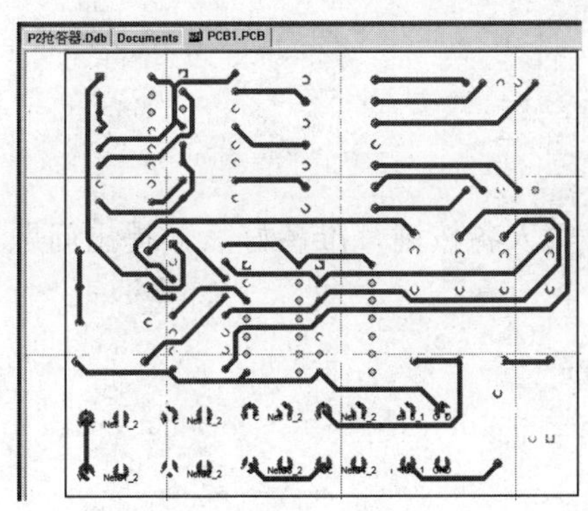

图 9-4-3　四人抢答器印制板装配正面图

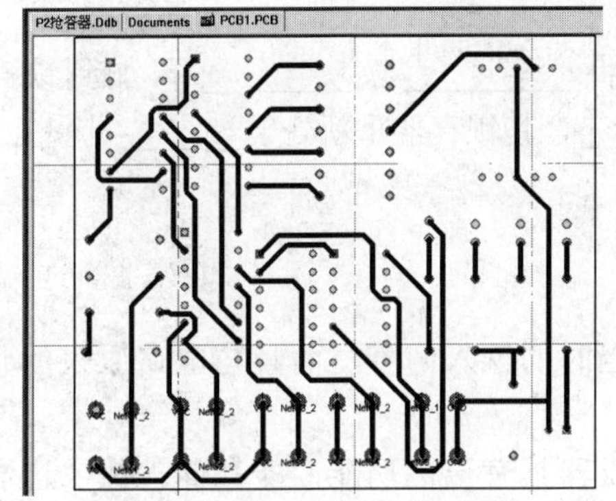

图 9-4-4　四人抢答器印制板装配反面图

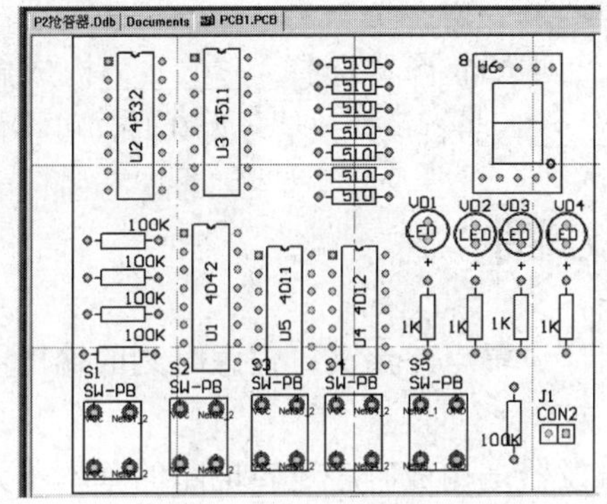

图 9-4-5　四人抢答器印制板元件装配图

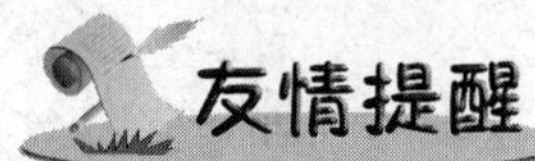

装配焊接时应注意以下要求：（1）按装配图进行装接，不漏装、错装，不损坏元器件；（2）焊接按钮开关与发光二极管时，一定要注意极性；（3）无虚焊，漏焊和搭锡；（4）元器件排列整齐并符合工艺要求。

第 4 步：测试四人抢答器电路

调节直流稳压电源，输出 5V 电压。检查各元器件装配无误后，进行以下测试。

1．按钮开关未按下时，观察发光二极管_____（亮\不亮），数码管显示_______。

2．S_1 按下，观察发光二极管______（VLE_1 /VLE_2 /VLE_3 /VLE_4）亮，数码管显示______。再按下 S_5 复位。

3．S_2 按下，观察发光二极管______（VLE_1 /VLE_2 /VLE_3 /VLE_4）亮，数码管显示______。再按下 S_5 复位。

4．S_3 按下，观察发光二极管______（VLE_1 /VLE_2 /VLE_3 /VLE_4）亮，数码管显示______。再按下 S_5 复位。

5．S_4 按下，观察发光二极管______（VLE_1 /VLE_2 /VLE_3 /VLE_4）亮，数码管显示______。再按下 S_5 复位。

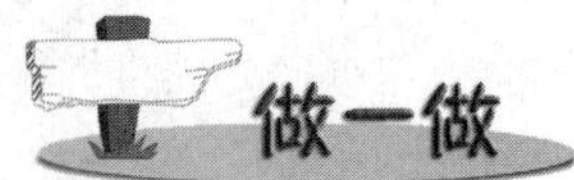

任选四名同学模拟抢答，每人各按键，准备好后，提出问题，统一喊口令，抢答，观察抢答结果。

想一想

1．抢答器主要由________、________、________、________、________、________等几部分组成 。

2．四人抢答器选择_________构成解锁电路。将_________与_________再加到锁存器的_______，当解锁开关信号为0时，可将使能端_______，使锁存器重新处于_______状态。

单元小结

时序逻辑电路定义：任意时刻的输出不仅取决于当时的输入信号，而且与电路原来的状态有关。

触发器是构成时序逻辑电路的基本单元电路。触发器具有记忆功能，能存储一位二进制数码。边沿触发器：靠CP脉冲上升沿或下降沿进行触发。边沿触发器有正边沿触发器、负边沿触发器。正边沿触发器是靠CP脉冲上升沿触发；负边沿触发器是靠CP脉冲下降沿触发。边沿触发器可提高触发器工作的可靠性，增强抗干扰能力。

寄存器是存放数码、运算结果或指令的电路。

计数器用来对脉冲进行计数，按计数规律的不同，计算器可分为加法和减法和可逆计算器；按计数进制的不同可分为二进制、十进制和任意进制计数器，各计数器按其各自计数进位规律进行计数；按时钟触发方式的不同可分为同步计数器和异步计数器两种。目前，集成计数器品种多、功能全、价格低廉，得到广泛的应用。

思考与习题

一、选择题

9-1　同步计数器和异步计数器比较，同步计数器的显著优点是____。

A．工作速度高　　B．触发器利用率高　　C．电路简单　　D．不受时钟CP控制

9-2　下列逻辑电路中为时序逻辑电路的是_________。

A．变量译码器　　B．加法器　　C．数码寄存器　　D．数据选择器

9-3　同步时序电路和异步时序电路比较，其差异在于后者____。

A．没有触发器　　B．没有统一的时钟脉冲控制

C．没有稳定状态　　D．输出只与内部状态有关

9-4　一位8421BCD码计数器至少需要____个触发器。

A．3　　B．4　　C．5　　D．10

9-5　欲设计 0、1、2、3、4、5、6、7 这几个数的计数器，如果设计合理，采用同步二进制计数器，最少应使用_____级触发器。

A．2　　B．3　　C．4　　D．8

二、判断题

9-6　同步时序电路由组合电路和存储器两部分组成。(　　)

9-7　组合电路不含有记忆功能的器件。(　　)

9-8　同步时序电路具有统一的时钟 CP 控制。(　　)

9-9　异步时序电路的各级触发器类型不同。(　　)

三、填空题

9-10　按逻辑功能分，触发器主要有________、________、________和________四种类型。

9-11　触发器的 $\overline{S}_D$ 端、$\overline{R}_D$ 端可以根据需要预先将触发器______或______，不受_____的同步控制。

9-12　RS 触发器具有________、________、________三项逻辑功能。

四、思考题

9-13　计数器的功能是什么？举例说明计数器在现实生活中的应用。

9-14　用一块 CC4518 最大可实现几进制计数器？画出其逻辑图。

五、分析制作题

9-15　分析图中由 CC4518 构成的时序电路为几进制计数器？

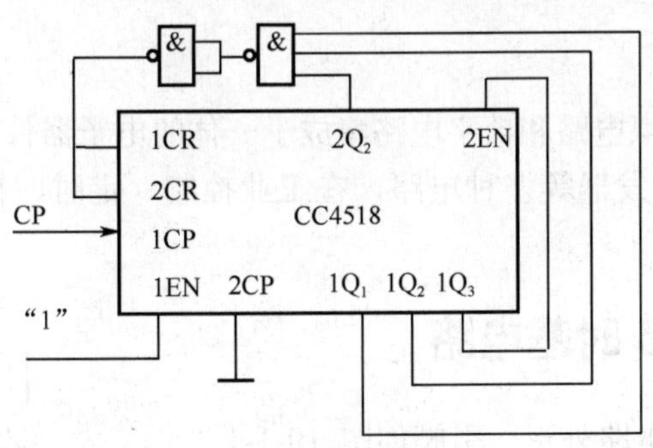

学习领域十　认识脉冲整形与模数转换

学习领域

本领域重点通过学习 555 时基电路、DAC0832 数模转换集成电路、ADC0809 模数转换集成电路，了解其引脚功能及用途，构建多谐振荡器、叮咚门铃电路，以及模数转换与数模转换应用电路。

项目 1　用 555 时基电路构成振荡器

学习目标

✧ 了解 555 时基电路的引脚功能和逻辑功能。
✧ 会用 555 定时器构成振荡器。

工作任务

✧ 认识 555 时基电路。
✧ 认识 555 时基电路的应用。
✧ 制作叮咚门铃电路。

555 定时器是一种将模拟电路和数字电路集成于一体的电子器件。用它可以构成单稳态触发器、多谐振荡器和施密特触发器等多种电路，在工业控制、定时、检测、报警等方面有着广泛应用。

第 1 步：认识 555 时基电路

CC7555 定时器的集成电路外形、引脚如图 10-1-1 所示。相应功能参见表 10-1-1。

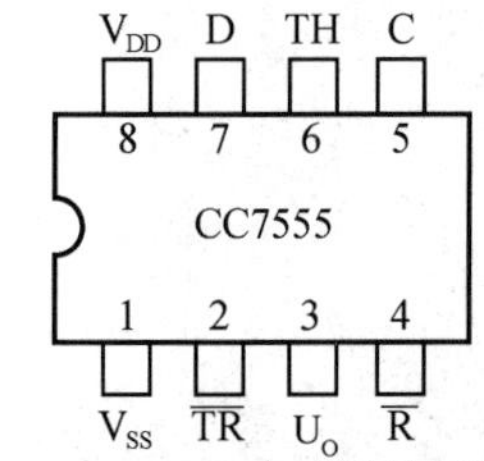

图10-1-1　CCT555定时器外引线排列图

引脚说明：V_{SS} 为接地端，$\overline{TR}$ 为低触发端，U_O 为输出端，$\overline{R}$ 为复位端，C 为控制电压端，TH 为高触发端，D 为放电端，V_{DD} 为电源端。

表 10-1-1 CC7555 功能表

TH(6)	$\overline{TR}$(2)	R(4)	U_O(3)	D(7)
×	×	L	L	L
$>2V_{DD}/3$	×	H	L	L
$<2V_{DD}/3$	$>V_{DD}/3$	H	不变	不变
$<2V_{DD}/3$	$<V_{DD}/3$	H	H	H

观察 CC7555 芯片，并与其芯片外引脚排列图相对照，熟悉其引脚功能及逻辑功能。

第 2 步：认识 555 时基电路的应用

由 555 时基电路可以构成多谐振荡器、单稳态触发器等实用电路。

1. 555 定时器构成的多谐振荡器

CC7555 定时器构成的多谐振荡器如图 10-1-2 所示。

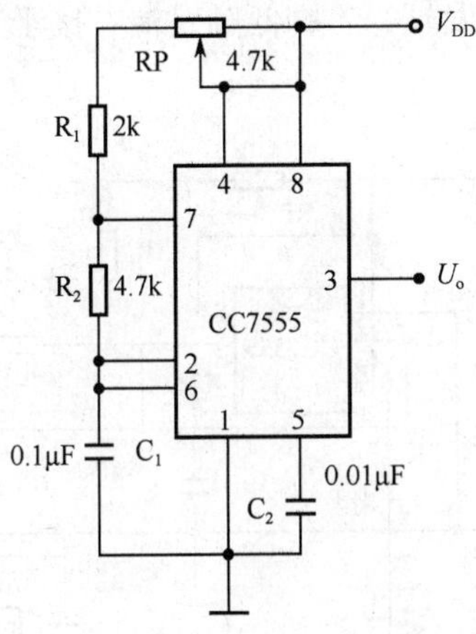

图 10-1-2 CC7555 定时器构成的 1kHz 秒脉冲多谐振荡器原理图

当接通电源时，由于电容两端的电压不能突变，定时器的低触发端 2 端为低电平，输出端 3 端为高电平（内部结构决定）。电源经过 R_1、R_2 给电容充电。当 u_C 上升到 $\frac{2}{3}V_{CC}$ 时，u_O=0，T 导通，C_1 通过 R_{45} 和 T 放电，u_C 下降。当电容电压充到电源电压的 2/3 时，555 内部 NMOS 管导通，输出为低电平。电容通过 R_2 和 NMOS 管放电，当电容两端的电压下降到低于 1/3 电源电压时，NMOS 管截止，电容放电停止，电源通过 R_1、R_2 再次向电容充电。如此反复，形成振荡。忽略 NMOS 管导通电阻可得（下式中 R_1 包括 R_P 的一部分）

充电时间：$t_{w1} = 0.7(R_1 + R_2)C$

放电时间：$t_{w2} = 0.7R_2C$

振荡周期：$T = 0.7(R_1 + 2R_2)C$

555 定时器构成的多谐振荡器的波形如图 10-1-3 所示。

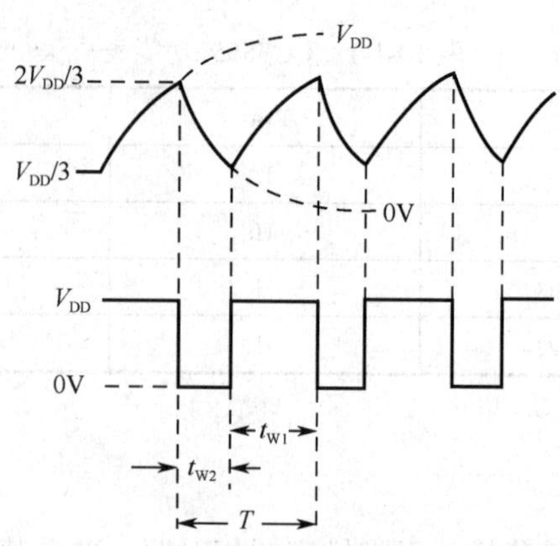

图 10-1-3　555 定时器构成的 1kHz 秒脉冲多谐振荡器波形图

对照实训室提供的器件和仪器，在老师的指导下正确识读器件，使用示波器和直流稳压电源。

CC7555 集成电路的 8 脚、1 脚分别接 5V 直流电源的正、负端。复位端接电源，为高电平，使电路处于非复位状态。5 脚 C 端通过小电容接地而不起作用。R_1、R_2、C_1 构成充电电路。7 脚构成放电电路。5 脚高触发端、2 脚低触发端并接于充放电电路中的 R_2 和 C_1 之间，控制输出端 3 脚的状态。

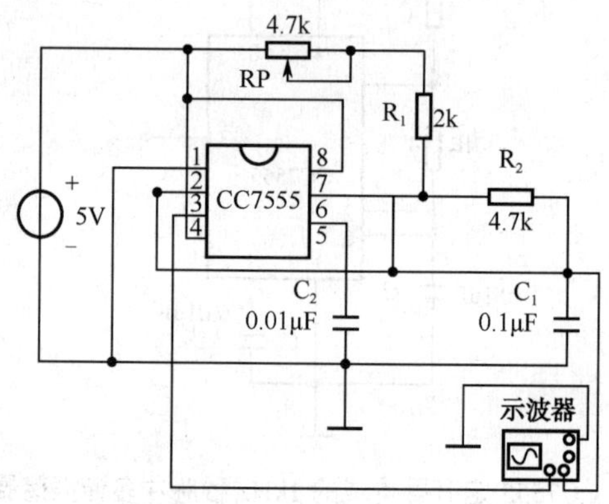

图 10-1-4　555 定时器构成的 1kHz 秒脉冲多谐振荡器接线图

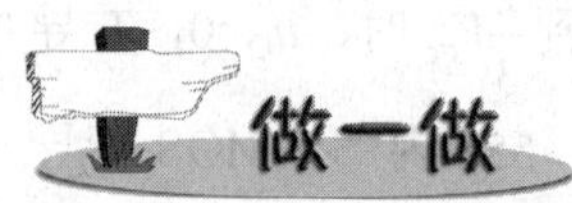

（1）根据图 10-1-4 所示的接线图，并搭建电路，观察 3 脚输出电压 u_o 和电容 C_1 两端电压 u_c 的波形。

（2）用示波器观察 3 脚输出电压 u_o 和电容 C_1 两端电压 u_c 的波形，并验证其正确性。

（3）由示波器波形读取振荡周期。

2. 单稳态触发器

（1）单稳态触发器的特点

单稳态触发器具有下列特点：第一，它有一个稳定状态和一个暂稳状态；第二，在外来触发脉冲作用下，能够由稳定状态翻转到暂稳状态；第三，暂稳状态维持一段时间后，将自动返回到稳定状态，而暂稳状态时间的长短，与触发脉冲无关，仅决定于电路本身的参数。

（2）组成及其工作原理

单稳态触发器的组成如图 10-1-5 所示。

接通 V_{CC} 后瞬间，V_{CC} 通过 R 对 C 充电，当 u_C 上升到 $\frac{2}{3}V_{CC}$ 时，比较器 C_1 输出为 0，将触发器置 0，u_O=0。这时 $\overline{Q}$=1，放电管 T 导通，C 通过 T 放电，电路进入稳态。

u_i 到来时，因为 $u_i < \frac{1}{3}V_{CC}$，使 C_2=0，触发器置 1，u_O 又由 0 变为 1，电路进入暂稳态。由于此时 $\overline{Q}$=0，放电管 T 截止，V_{CC} 经 R 对 C 充电。虽然此时触发脉冲已消失，比较器 C_2 的输出变为 1，但充电继续进行，直到 u_C 上升到 $\frac{2}{3}V_{CC}$ 时，比较器 C_1 输出为 0，将触发器置 0，电路输出 u_O=0，T 导通，C 放电，电路恢复到稳定状态。

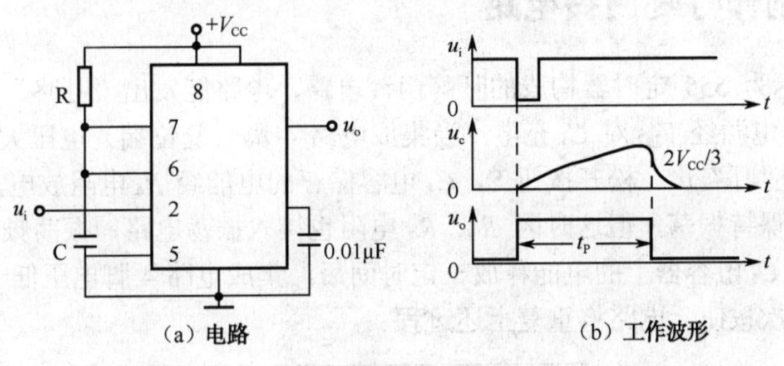

（a）电路　　（b）工作波形

图 10-1-5　555 定时器构成的单稳态触发器

（3）主要参数的估算

输出脉冲宽度：t_P=1.1RC

恢复时间：t_{re}=3～5$R_{CES}\cdot C$

最高工作频率：$f_{max} = \frac{1}{t_p + t_{re}}$

3. 施密特触发器

（1）555 定时器组成的施密特触发器的电路如图 10-1-6 所示。只要将 555 定时器的 2 号脚和 6 号脚接在一起，就可以构成施密特触发器。简记为“二六一搭”。

（2）施密特触发器的工作原理

当 u_i=0 时，由于比较器 C_1=1、C_2=0，触发器置 1，即 Q=1、$\overline{Q}=0$，u_{o1}=u_o=1。u_i 升高时，在未到达 $\frac{2}{3}V_{CC}$ 以前，u_{o1}=u_o=1 的状态不会改变。

当 u_i 升高到 $\frac{2}{3}V_{CC}$ 时，比较器 C_1 输出为 0、C_2 输出为 1，触发器置 0，即 Q=0、$\overline{Q}=1$，u_{o1}=u_o=0。此后，u_i 上升到 V_{CC}，然后再降低，但在未到达 V_{CC}/3 以前，u_{o1}=u_o=0 的状态不会改变。

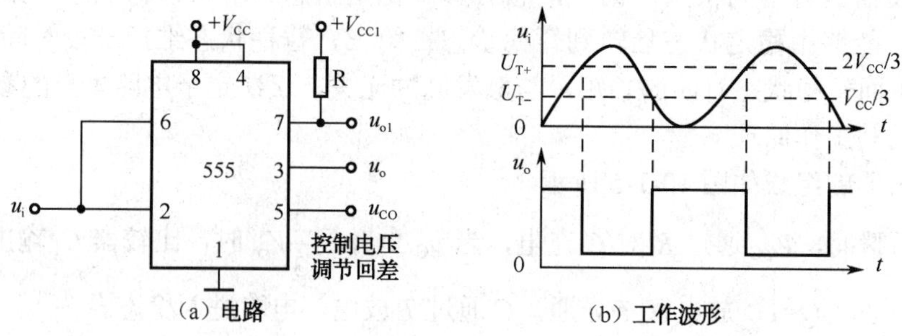

图 10-1-6 555 定时器构成的施密特触发器

当 u_i 下降到 $\frac{2}{3}V_{CC}$ 时，比较器 C_1 输出为 1、C_2 输出为 0，触发器置 1，即 Q=1、$\overline{Q}=0$，u_{o1}=u_o=1。此后，u_i 继续下降到 0，但 u_{o1}=u_o=1 的状态不会改变。

第 3 步：制作叮咚门铃电路

图 10-1-7 所示为 555 定时器构成的叮咚门铃电路，电路能发出“叮咚”的声音。其工作原理：当按下 S 时，电源经 V_{D2} 对 C_1 充电，当集成电路 4 脚（复位端）电压大于 1V 时，电路振荡，扬声器中发出“叮”声。松开按钮 S，C_1 电容储存的电能经 R_4 电阻放电，但集成电路 4 脚继续维持高电平而保持振荡，但这时因 R_1、R_4 电阻也接入振荡电路，振荡频率变低，使扬声器发出“咚”声。当 C_1 电容器上的电能释放一定时间后，集成电路 4 脚电压低于 IV，此时电路将停止振荡。再按一次按钮，电路将重复上述过程。

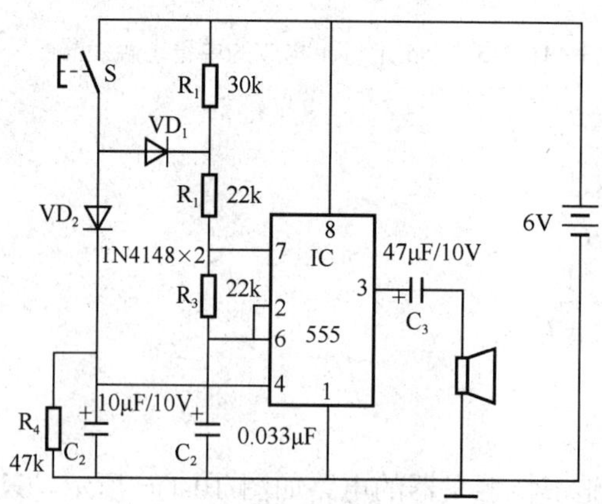

图 10-1-7 叮咚门铃电路

（1）按图接好电路，检查无误后接通+5V 电源。

（2）按下 S 和断开 S，听扬声器中发出的声音是否相同。

（1）断开 S 后要改变余音的长短，可调整电路中元件________的数值。

（2）如果 VD_2 接反，电路将________________。

（3）如果 R_1 开路，当按下 S 时，电路出现的现象是________________；当松下开关 S 时，电路出现的现象是________________。

项目 2　认识模数转换和数模转换

学习目标

✧ 了解模数转换的基本概念，列举其应用；
✧ 了解典型集成数模转换电路的引脚功能；
✧ 了解数模转换的基本概念，列举其应用；
✧ 了解典型集成模数转换电路的引脚功能。

工作任务

✧ 认识数模转换；
✧ 认识模数转换。

随着数字电子技术的迅速发展，尤其是计算机在自动控制、自动检测，以及许多其他领域中的广泛应用，用数字电路处理模拟信号也日趋普遍了。要使数字电路能处理模拟信号，必须把模拟信号转换成相应的数字信号，方能送入数字系统（如微型计算机）进行处理。同时，往往还要求把处理后得到的数字信号再转换成相应的模拟信号，作为最后的输出。

第 1 步：认识数模转换

1. 数模转换

数模转换就是把数字量信号转换成模拟量信号。简称为 D/A 转换。同时，把实现 D/A 转换的电路称为 D/A 转换器，简写为 DAC。常用的集成电路是 DAC0832。

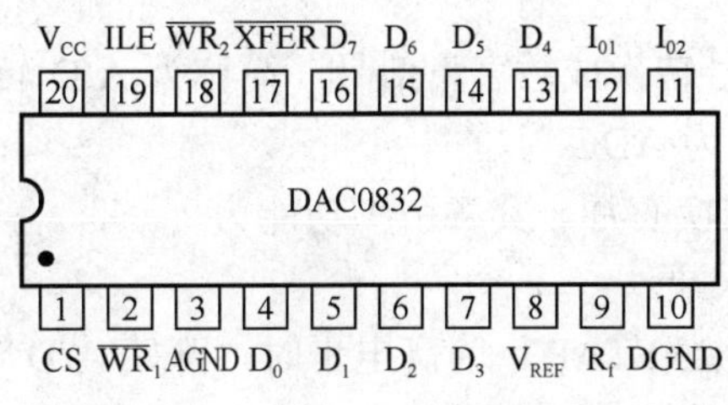

图 10-2-1　DAC0832 外引脚排列图

各引脚功能为

D_7～D_0——八位数字量输入端，D_7 为最高位，D_0 为最低位。

I_{O1}——模拟电流输出 1 端，当 DAC 寄存器为全 1 时，I_{O1} 最大；全 0 时，I_{O1} 最小。

I_{O2}——模拟电流输出 2 端，$I_{O1}+I_{O2}$=常数=V_{REF}/R，一般接地。

R_f——为外接运放提供的反馈电阻引出端。

V_{REF}——是基准电压参考端，其电压范围为-10V～+10V。

V_{CC}——电源电压，一般为+5V～+15V。

DGND——数字电路接地端。

AGND——模拟电路接地端，通常与 DGND 相连。

CS ——片选信号，低电平有效。

ILE——输入锁存使能端，高电平有效。它与 WR_1 、CS 信号共同控制输入寄存器选通。

WR_1 ——写信号 1，低电平有效。当 CS =0，ILE=1 时，WR_1 此时才能把数据总线上的数据输入寄存器中。

WR_2 ——写信号 2，低电平有效。与 XFER 配合，当二者均为 0 时，将输入寄存器中当前的值写入 DAC 寄存器中。

XFER：控制传送信号输入端，低电平有效。

观察 DAC0832 芯片，并与其芯片外引脚排列图相对照，熟悉其引脚功能及逻辑功能。

2．D/A 转换的工作原理

DAC 数模转换电路接受的是数字信息，而输出的是与输入数字量成正比的电压或电流，输入数字信号可以用任何一种编码形式，代表正、负或正负都有的输入值，图 5.5 表示一个双极性输出型有三位数字输入的 DAC 的转换特性。

图中输入数字信息的最高位（MSB）为符号位，1 表示负值，0 表示正值。输入的数字信息是以原码表示的。

DAC 的分辨率取决于数字输入的位数，通常不超过 16 位，则分辨率为满刻度的（-1）分之一。而 DAC 的精度则与转换器的所有元件的精度和稳定度、电路中的噪声和漏电等因素有关。例如，一个 16 位的 DAC 转换器，它的最大输出电压为 10V，则对应于最低位 LSB 的电压为 152μV（分辨率），即为总电压的 0.00152%。由此可见，为了达到 16 位 DAC 的分辨率，要求所有元件有极精密的配合，并且严格地屏蔽干扰，彻底地杜绝漏电。

第 2 步：认识模数转换

模数转换就是把模拟量信号转换成数字量信号。简称为 A/D 转换。同时，把实现 A/D 转换的电路称为 A/D 转换器，简写为 ADC。

ADC0809 是常用的 A/D 转换芯片，其各引脚功能为

IN_0～IN_7：八个模拟量输入端。

START：启动 A/D 转换，当 START 为高电平时，开始 A/D 转换。

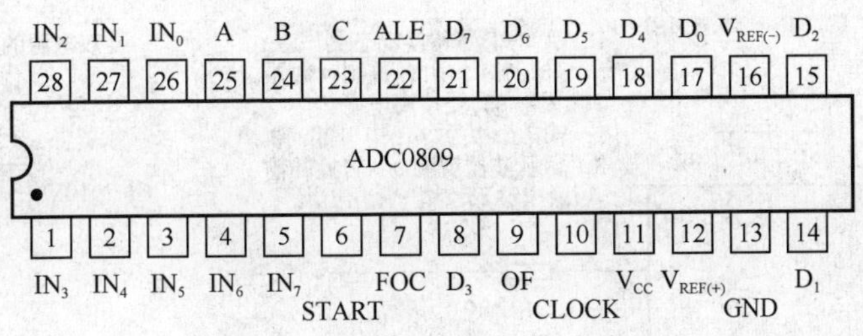

图 10-2-2　ADC0809 外引脚排列图

EOC：转换结束信号。当 A/D 转换完毕之后，发出一个正脉冲，表示 A/D 转换结束，此信号可用做 A/D 转换是否结束的检测信号或中断申请信号（加一个反相器）。

C、B、A：通道号地址输入端，C、B、A 为二进制数输入，C 为最高位，A 为最低位，CBA 从 000～111 分别选中通道 IN_0～IN_7。

ALE：地址锁存信号，高电平有效。当 ALE 为高电平时，允许 C、B、A 所示的通道被选中，并把该通道的模拟量接入 A/D 转换器。

CLOCK：外部时钟脉冲输入端，改变外接 R、C 可改变时钟频率。

D_7～D_0：数字量输出端。

$V_{REF(+)}$,$V_{REF(-)}$：参考电压端子，用来提供 D/A 转换器权电阻的标准电平。一般 $V_{REF(+)}$=5V，$V_{REF(-)}$=0V。

V_{CC}：电源电压，+5V。

GND：接地端。

观察 ADC0809 芯片，并与其芯片外引脚排列图相对照，熟悉其引脚功能及逻辑功能。

项目 3　模数转换与数模转换集成电路的应用

学习目标

✧ 会搭接数模转换集成电路的典型应用电路，观察现象，并测试相关数据；
✧ 会搭接模数转换集成电路的典型应用电路，观察现象，并测试相关数据。

工作任务

✧ 用 DAC0832 搭接数模转换应用电路；
✧ 用 ADC0809 搭接模数转换应用电路。

第 1 步：用 DAC0832 搭接数模转换应用电路

DAC0832 动态测试电路如图 10-3-1 所示，直流稳压电源为电路提供电源，示波器用来观察输入/输出波形。

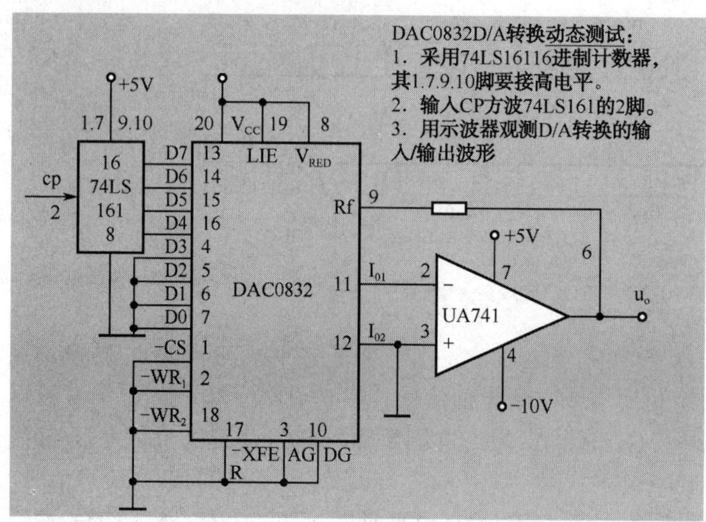

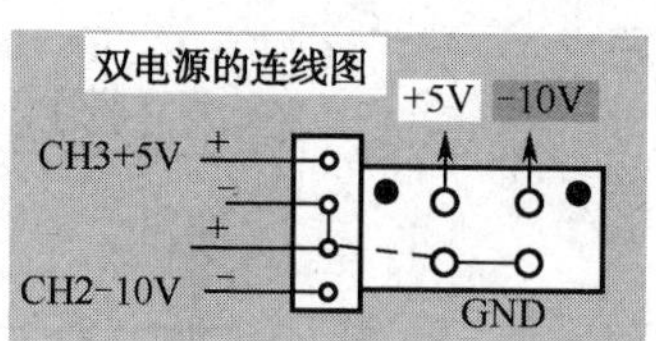

图 10-3-1 DAC0832 动态测试电路

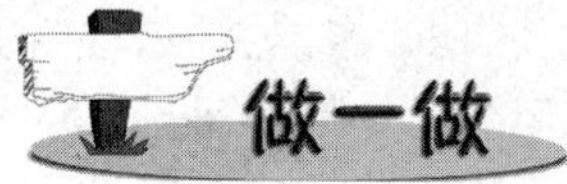

（1）按图 10-3-1 要求连接电路，通电检测。

（2）输入 1HzCP 脉冲，用示波器观测并记录输出电压及波形。

（3）输入 1kHzCP 脉冲，用示波器观测并记录输出电压及波形。

第 2 步：用 ADC0809 搭接模数转换应用电路

A/D 转换测试电路如图 10-3-2 所示，直流稳压电源为电路提供电压。8 路输入模拟信号 1～4.5V，由+5V 电源经电位器分压获得；CP 时钟脉冲由信号发生器提供，取 f=500kHz；A2～A0 地址端接相应的逻辑电平；输出数码用 LED 显示。

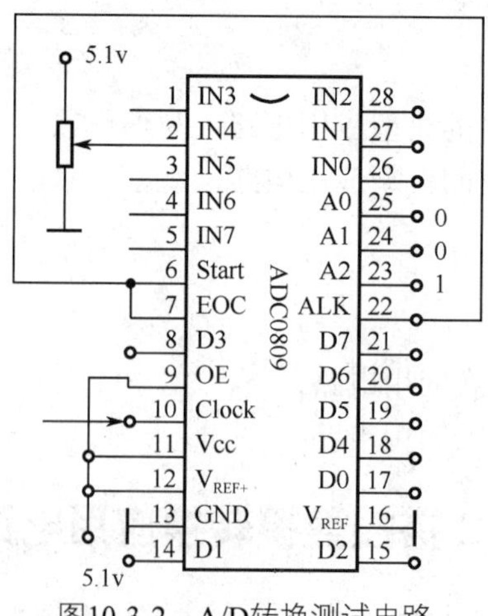

图10-3-2 A/D转换测试电路

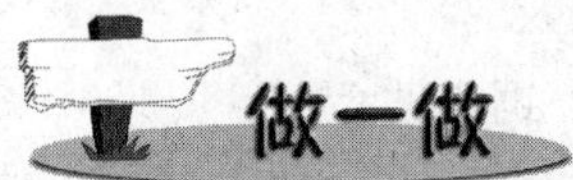

（1）按图要求连接电路，通电检测。

（2）在启动端加一正单次脉冲，即开始 A/D 转换。

（3）分别记录输入 8 路模拟信号转换的数字量，并换算成十进制数值。

ADC0809 模数转换测试数据参见表 10-3-1。

表 10-3-1　ADC0809 模数转换测试数据表

模拟量输入					数字量输出								
选项 IN	电压 V	地址			二进制数								十进制
		A_2	A_1	A_0	D7	D6	D5	D4	D3	D2	D1	D0	
IN0	0.02	0	0	0	0	0	0	0	0	0	0	1	0.02
IN1	1.0	0	0	1									
IN2	2.0	0	1	0									
IN3	2.56	0	1	1									
IN4	3.0	1	0	0									
IN5	4.0	1	0	1									
IN6	4.5	1	1	0									
IN7	5.12	1	1	1	1	1	1	1	1	1	1	1	5.12

与电压表实测输入电压值进行比较，分析误差原因。

单元小结

1．555 定时器为数字—模拟混合集成电路，在波形的产生与变换、测量与控制、家用电器、电子玩具等许多领域中都得到了应用。可产生精确的时间延迟和振荡，内部有三个 5kΩ 的电阻分压器，故称为 555。

2．D/A 转换是将数字信号转换成模拟信号，A/D 转换是将模拟信号转换成数字信号。

思考与习题

一、选择题

10-1　脉冲整形电路有________。

A．多谐振荡器　B．单稳态触发器　　C．施密特触发器　　D．555 定时器

10-2 多谐振荡器可产生________。

A．正弦波 B．矩形脉冲 C．三角波 D．锯齿波

10-3 555 定时器可以组成________。

A．多谐振荡器 B．单稳态触发器 C．施密特触发器 D．JK 触发器

10-4 以下各电路中，________可以产生脉冲定时。

A．多谐振荡器 B．单稳态触发器 C．施密特触发器 D．石英晶体多谐振荡器

10-5 多谐振荡器是一种自激振荡器，能产生________。

A．矩形脉冲波 B．三角波 C．正弦波 D．尖脉冲

二、分析制作题

10-6 利用 555 定时器设计一个数字定时器，每启动一次，电路即输出一个宽度为 10s 的正脉冲信号，搭建电路并测试其功能。

附录A 半导体器件型号命名方法

表 A.1 中国半导体器件型号组成部分的符号及其意义

第一部分		第二部分		第三部分				第四部分	第五部分
用数字表示器件的电极数目		用汉语拼音字母表示器件的材料和极性		用汉语拼音字母表示器件的类型					
符号	意义	符号	意义	符号	意义	符号	意义		
2 3	二极管 三极管	A B C D A B C D E	N型，锗材料 P型，锗材料 N型，硅材料 P型，硅材料 PNP型，锗材料 NPN型，锗材料 PNP型，硅材料 NPN型，硅材料 化合物材料	P V W C Z L S N U K X G	普通管 微波管 稳压管 参量管 整流管 整流堆 隧道管 阻尼管 光电器件 开关管 低频小功率管 （f_α<3MHz,P_C≥1W） 高频小功率管 （f_α>3MHz,P_C≥1W）	D A T Y B J CS BT FH PIN JG	低频大功率管 （f_α<3MHz,P_C≥1W） 高频大功率管 （f_α>3MHz,P_C≥1W） 半导体闸流管 （可控整流管） 效应器件 雪崩管 阶跃恢复管 场效应器件 半导体特殊器件 复合管 PIN型管 激光器件	用数字表示序号	用汉语拼音字母表示规格号

【示例 A.1】

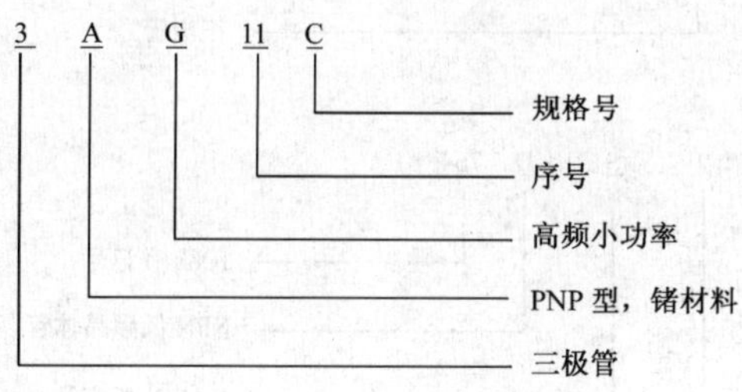

【示例 A.2】

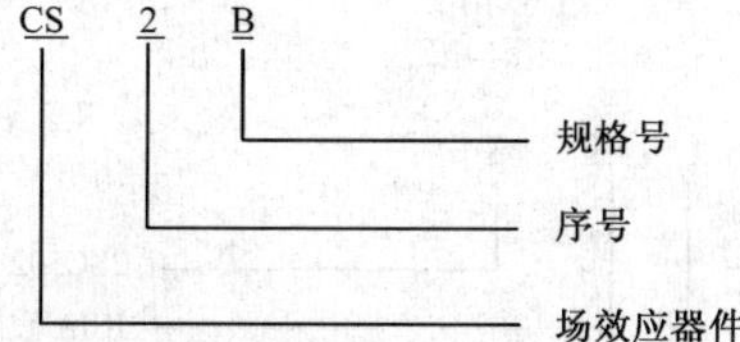

表 A.2 日本半导体器件型号组成部分的符号及其意义

第一部分	第二部分	第三部分	第四部分	第五部分
用数字表示器件有效电极数目或类型	日本电子工业协（JEIA）注册登记的半导体器件	用字母表示器件使用材料和类型	器件在日本电子工业协会（JEIA）登记号	同一型号的改进型产品标志

续表

第一部分		第二部分		第三部分		第四部分		第五部分	
符号	意义	符号	意义	符号	意义	符号	意义	符号	意义
0 1 2 3 ⋮	光电二极管或三极管及包括上述器件的组合管 二极管 三极管或具有三个电极的其他器件 具有四个有效电极的器件	S	已在日本电子工业协会（JEIA）注册登记的半导体器件	A B C D F G H J K M	PNP 高频晶体管 PNP 低频晶体管 NPN 高频晶体管 NPN 低频晶体管 P 控制极晶闸管 N 控制极晶闸管 N 基极单结晶体管 P 沟道场效应管 N 沟道场效应管 双向晶闸管	多位数字	这一器件在日本电子工业协会（JEIA）的注册登记记号。性能相同、不同厂家生产的器件可以使用同一个登记号	B C D · · ·	表示这一器件是原型号产品的改进产品

【示例 A.3】

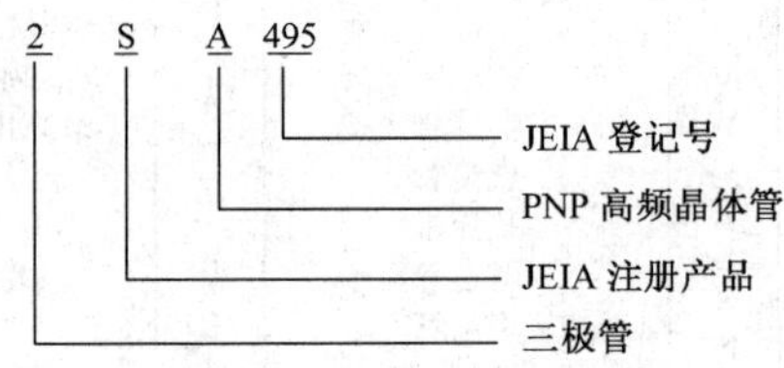

【示例 A.4】

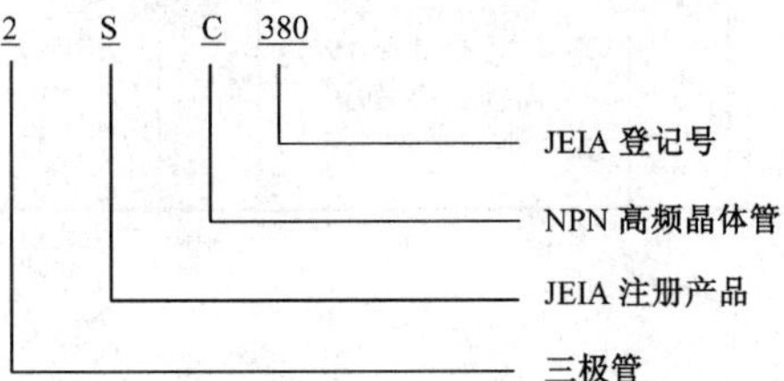

【示例 A.5】

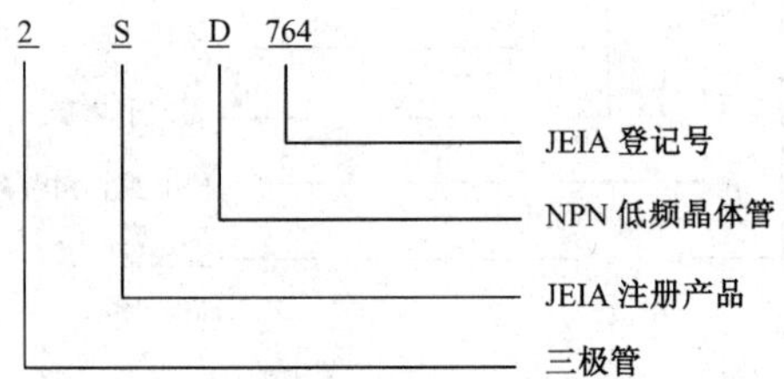

【示例 A.6】

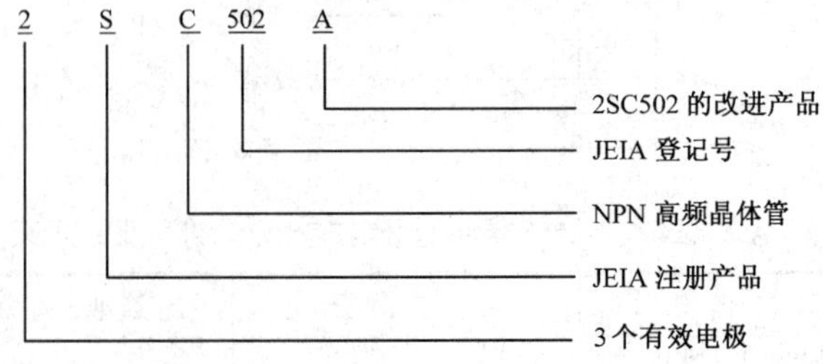

表 A.3 欧洲半导体器件型号组成部分的符号及其意义

<table>
<tr><th colspan="2">第一部分</th><th colspan="4">第二部分</th><th colspan="2">第三部分</th><th colspan="2">第四部分</th></tr>
<tr><th colspan="2">用字母表示器件使用的材料</th><th colspan="4">用字母表示器件的类型及主要特性</th><th colspan="2">用数字或字母加数字表示登记号</th><th colspan="2">用字母对同一型号器件进行分档</th></tr>
<tr><th>符号</th><th>意义</th><th>符号</th><th>意义</th><th>符号</th><th>意义</th><th>符号</th><th>意义</th><th>符号</th><th>意义</th></tr>
<tr><td rowspan="2">A</td><td rowspan="2">器件使用禁带为 0.6 ～ 1.0eV（注）的半导体材料，如锗</td><td>A</td><td>检波二极管
开关二极管
混频二极管</td><td>M</td><td>封闭磁路中的霍尔元件</td><td rowspan="5">三位数字</td><td rowspan="5">代表通用半导体器件的登记序号（同一类型器件使用一个登记号）</td><td rowspan="10">A
B
C
D
E
⋮</td><td rowspan="10">表示同一型号的半导体器件按某一个参数进行分档的标志</td></tr>
<tr><td>B</td><td>变容二极管</td><td>P</td><td>光敏器件</td></tr>
<tr><td rowspan="2">B</td><td rowspan="2">器件使用禁带为 1.0～1.3eV 的半导体材料，如硅</td><td>C</td><td>低频小功率三极管 R_{Tj}>15℃/W</td><td>Q</td><td>发光器件</td></tr>
<tr><td>D</td><td>低频大功率三极管 R_{Tj}≤15℃/W</td><td>R</td><td>小功率可控硅 R_{Tj}>15℃/W</td></tr>
<tr><td rowspan="2">C</td><td rowspan="2">器件使用禁带大于 1.3eV 的半导体材料，如砷化镓</td><td>E</td><td>隧道二极管</td><td>S</td><td>小功率开关管 R_{Tj}>15℃/W</td></tr>
<tr><td>F</td><td>高频小功率三极管 R_{Tj}>15℃/W</td><td>T</td><td>大功率可控硅 R_{Tj}≤15℃/W</td><td rowspan="5">一个字母两位数字</td><td rowspan="5">代表专用半导体器件的登记序号（同一类型器件使用一个登记号）</td></tr>
<tr><td rowspan="2">D</td><td rowspan="2">器件使用禁带小于 0.6eV 的半导体材料，如锑化铟</td><td>G</td><td>复合器件及其他器件</td><td>U</td><td>大功率开关管 R_{Tj}≤15℃/W</td></tr>
<tr><td>H</td><td>磁敏二极管</td><td>X</td><td>倍增二极管</td></tr>
<tr><td rowspan="2">R</td><td rowspan="2">器件使用复合材料，如霍尔元件和光电池使用的材料</td><td>K</td><td>开放磁路中的霍尔元件</td><td>Y</td><td>整流二极管</td></tr>
<tr><td>L</td><td>高频大功率三极管 R_{Tj}≤15℃/W</td><td>Z</td><td>稳压二极管</td></tr>
</table>

【示例 A.7】

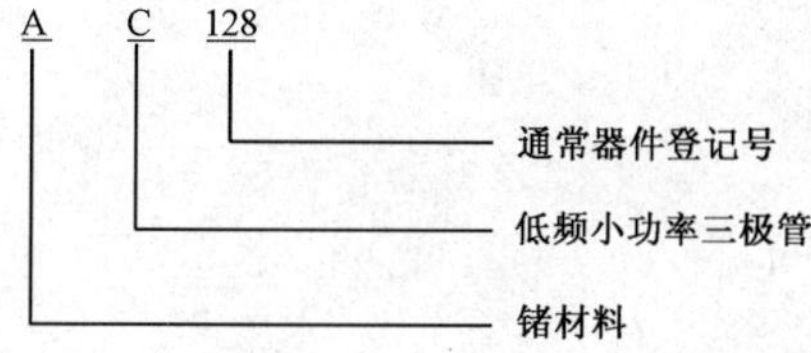

【示例 A.8】

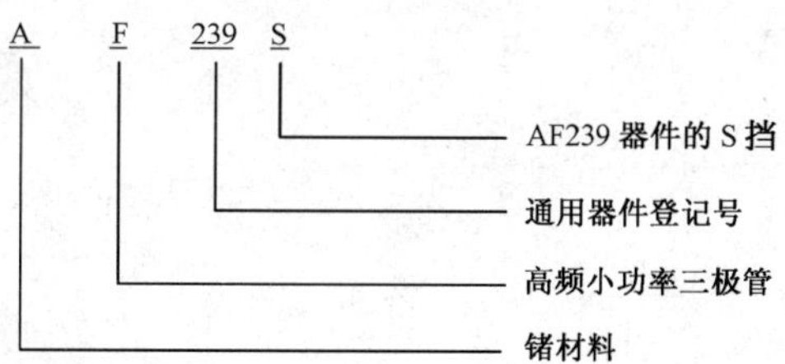

【示例 A.9】

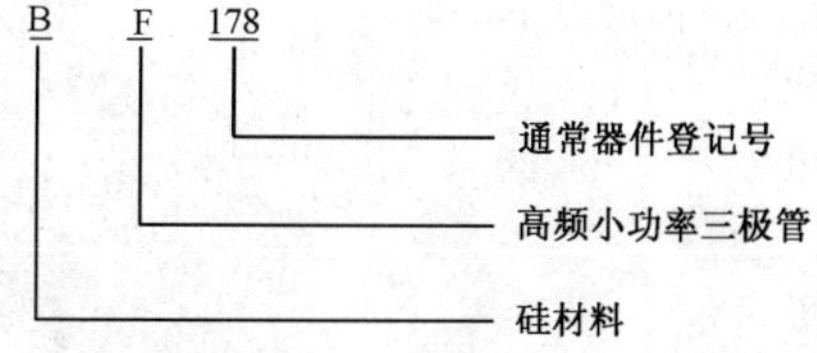

【示例 A.10】

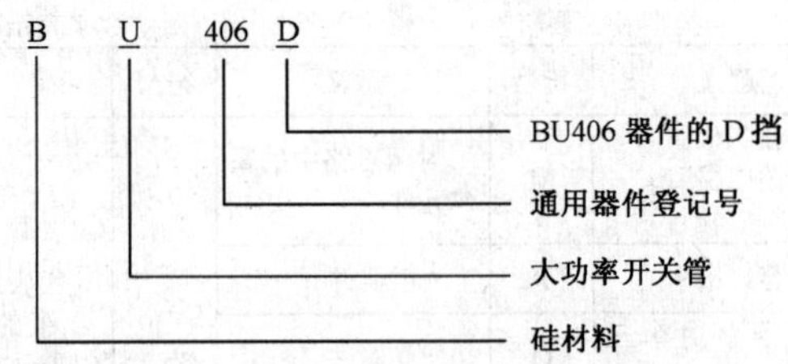
B U 406 D
BU406 器件的 D 挡
通用器件登记号
大功率开关管
硅材料

【示例 A.11】

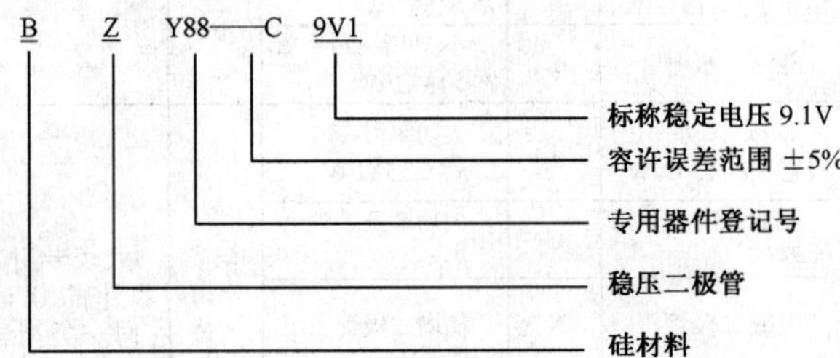
B Z Y88—C 9V1
标称稳定电压 9.1V
容许误差范围 ±5%
专用器件登记号
稳压二极管
硅材料

附录 B 常用半导体三极管参数及其代换

表 B.1 常用低频小功率晶体管的典型参数

参 数	3AX31	3AX 81	3BX3
I_{CBO}/mA	6～20 U_{CB}=－6V	15～30 U_{CB}=－6V	10～18 U_{CB}=6V
I_{CEO}/mA	500～1000 U_{EB}=－6V	700～1000 U_{CE}=－6V	400～600 U_{CE}=6V
I_{EBO}/mA	6～20 U_{EB}=－6V	15～30 U_{EB}=－6V	10～18 U_{EB}=6V
β	30～150	30～200	400～200
BU_{CBO}/V	20～40	20～30	20～30
BU_{CEO}/V	12～25	10～15	10～20
BU_{EBO}/V	10～20	7～10	10
P_{CM}/mW	100～125	200	125
I_{CM}/mA	125	200	125
结 构	锗 PNP 合金型	锗 PNP 合金型	锗 PNP 合金型
主要应用	低频、音频放大和功率放大	低频功率放大	常用于 OTL 电路中

表 B.2 常用低频大功率三极管的典型参数

参 数	3AD56	3AD50	3DD12	3DD10
I_{CBO}/mA	0.8 U_{CB}=10V	0.3～1 U_{CB}=20V	1 U_{CB}=100V	2 U_{CB}=50V
I_{EBO}/mA	15 U_{EB}=10V	5 U_{EB}=10V	2 U_{EB}=50V	0.5 U_{EB}=50V
U_{CEO}/V	0.7～1.0	0.8	3	1
β	20～140	20～140	20	40
BU_{CEO}/V	60～100	40～70	150～500	150～350
BU_{EBO}/V	20	20	4	4
BU_{CBO}/V	30～60	18～30	100～400	100～300
I_{CM}/A	15	3	5	1.5
P_{CM}/W	50	10	50	20
主要应用	低频功放	低频功放	电视机的帧扫描，稳压电源	电视机行输出，帧输出稳压电源

表 B.3 常用高频小功率三极管的典型参数

型号	主要参数					
	I_{CEO}/mA	β	BU_{CBO}/V	f_T/MHz	I_{CM}/mA	P_{CM}/mW
3DG6A～D	≤0.1	10～200	≥15	≥100	20	100
3DG8A～D	≤1	≥10	≥15	≥100	20	200
3DG12A～C	≤1	20～200	≥30	≥100	300	700
3DG27A～F	≤5	≥20	≥60～250	≥100	500	1000
3DG30A～D	≤0.1	≥30	≥12	≥400～900	15	100
3DG41A～G	≤5	≥15	≥20～260	≥100	100	1000
3DG56A～B	≤0.1	≥20	≥20	≥500	15	100
3DG75	≤0.1	≥20	≥20	≥700	20	150
3DG79A～C	≤0.1	≥20	≥20	≥600	20	100
3DG80	≤0.1	≥30	≥20	≥600	30	200
3DG82A～N						
3DG83A～E	≤50	≥20	≥100	≥50	100	1000
3DG84	≤0.1	≥30	≥20	≥600	15	100
2G210	≤0.1	≥20	≥20	≥500	15	100
2G211	≤0.1	≥30	≥20	≥600	30	200
2G910	≤0.5	≥10	≥12	≥600	10	100
2G911	≤0.1	≥20	≥10	≥800	10	100
3DG200～203	≤0.5	20～270	≥15	≥100	20	100
3DG204～205	≤0.5	25～120	≥15	≥500	10	100
3DG253～254	≤0.1	30～220	≥20	≥400	15	100
3DG255	≤0.1	30～220	≥20	≥400	30	300
3DG300	≤1	55～270	≥18	≥100	50	300
3DG304A～C	≤0.1	≥20	≥15～40	≥400～600	30	300
3DG380	≤0.1	≥40	≥30	≥100	100	300
3DG382	≤0.1	≥40	≥40	≥450	50	250
3DG388	≤0.1	≥40	≥25	≥450	50	300
3DG415	≤0.1	40～270	≥150	≥80	50	800
3DG471	≤0.1	40～270	≥30	≥50	1000	800
3DG732	≤0.1	≥10	≥50	≥150	150	400
3DG815	≤0.1	40～270	≥45	≥200	200	400
3DG915	≤0.1	40～270	≥40	≥100	100	250
3DG1815	≤0.1	≥40	≥50	≥100	150	400
3DG1959	≤0.1	≥40	≥30	≥150	500	500
3DG2229	≤0.1	≥40	≥150	≥80	50	600
3DG2482	≤0.1	≥40	≥300	≥50	100	800
3CG3A～E	≤1	≥20	≥15	≥50	30	300
3CG5A～F	≤1	≥20	≥15	≥30	50	500
3CG14A～C	≤0.1	30～200	≥25	≥50	15	100
3CG15A～D	≤0.1	≥20	≥15	≥600	50	300
3CG21A～G	≤1	40～200	≥15	≥100	50	300
3CG23A～G	≤1	40～200	≥15	≥60	150	700

表 B.4 国内外晶体管代换型号

型号	简要特性	可代换国外型号	可代换国内型号
2SA562	高频、中功率、大电流	BC328, BC298, BC728, BC636, 2N2906～07	3CK9C, 3CG562
2SA673	行推动		3CG23C, 3CG23E
2SA678	同步分离		3CG15A, 3CG15B, 3CG21C
2SA715	场输出管		CD77-2A, 3CF3A
2SA778A	开关电源误差放大		3CG21G, CG75-1A
2SA844	高频、小功率	BC177, BC204, BC212, BC251,BC307, BC512, BC557	3CG121C, 3CG22C
2SA1015	高频、小功率	2SA544 ～ 545, BC116A, BC181, BC281, BC291～292, BC320, BC478～479, BC512, BCW52, BFW62～64	3CG130C, 3CG22C, 3CG1015, 3CG22D
2SB337	电源调整	B337	3AD53B, 3AD53C, 3AD30B, 3AD30C
2SB507	低频、功率放大	BD242A, BD244A, BD578, BD588	CD50B, CD77-1A
2SC97A	高放、振荡	2SC108A, BSS27, 2SC1150	3DK4, 3DK64, 3DK100, 3DK106
2SC383	高频、小功率	2SC45, 2SC383H, 2SC401, 2SC402, 2SC403, 2SC828A, 2SC907AH, 2SC945, 2SC1328, 2SC1380A, 2SC1453, 2SC1685, 2SC1747, 2SC1850, 2SC2385, 2SC779, 2SC248, 2SC249, 2SC499, 2SC1890, BC147, BC277, BC280, BC347 ～ 348, BCP147, BCP247, BCW87, BCW98, BCX70, BCY56, BFJ92, BFV89A, BFV98, 2N335B,2N56（S）, 2N707A, 2N930, 2N1074～1077, 2N1439～1443, 2N2247～2249, 2N2253～2255, 2N3877	3DG120B, 3DG170G, 3DG110F, 3DG111F
2SC400	开关管	2N3605, BSV52, 2SC1319	3DK2, 3DW24, 3DW25, 3DK16, 3DK18, 3DK101
2SC454	高频放大、混频、变频	BF240, BF254, BF454, BF494, BF594	3DK205C
2SC495	高频、大功率、大电流	BD139, BD169, BD179, BD237, BD441	3DK9D
2SC496	高频、大功率、大电流	BD135, BD165, BD175, BD233, BD437	3DK4A
2SC533	功放、振荡	2N3733	3DA92, 3DA107, 3DA22, 3DA86, 3DA404
2SC536	高频放大、混频、变频、振荡	2SC87, 2SC529～533, 2SC537, 2SC693～694, 2SC752, 2N947, 2N3390, 2N3391	2DG8A, 3DG121C, 3DX202
2SC619	开关、功率放大	BC107, BC171, BC183, BC207, BC237	3DG130D
2SC684	UHF, VHF 本振	2SC1069, 2SC2468, 2SC2730	3DG301, 3DG56B, 3DG79B, 2G210A, 3DG80B, 3DB84D
2SC689H	开关管	2SC356, BSY28, BFV878	3DK1, 3DK7, 3DK102
2SC710	中放	2SC717	DG304, 3DG84, FG021
2SC741	高放、振荡	2SC216, BC185	3DG12, 3DG130, 3DG204
2SC776	高频功率放大	BC141, BC301, BFX96, 97A, BSW53, 54, 2N2217, 19A	3DA1, 3DA2A
2SC781	高频、大功率	BFW47, BFS23, BFY99, 2N3553, 40305	3DA87B
2SC790	低频、大功率	BD241A, BD243A, BD577, BD587	
2SC797	高放、振荡	25C1213AK, 2TX223	3DG5, 3DG7

续表

型　号	简要特性	可代换国外型号	可代换国内型号
2SC828	高频、高β、低输入阻抗	2SC96, 2SC128, 2SC196（S）, 2SC263, 2SC281, 2SC350, 2SC368～369, 2SC370～374, 2SC471～472, 2SC475～476, 2SC631～634, 2SC715～716, 2SC912, 2SC1090, 2SC1327, 2SC1684, 2SC1849, 2SD603, 2SD778, BC108～109, BC171, BC254～255, BC386, BCP108～109, BCP148～149, BCY42～43, BCY69, 2N1199～1201, 2N2244～2246, 2N2250～2252, 2N5088～5089, 2N930A～B	3DG120A, 3DG120B
2SC829	高频、低频放大	2SC62, 2SC544, 2SC561～562, 2SC1686, 2N3289～3292	3DG111E
2SC911A	功放、振荡	2N5644	3DA816
2SC917	UHF 高放、混频	2SC2466, 2SC2728, 2SC2731, 2N6389	3DG302, FG024
2SC920	高频放大、混频、变频	2SC33, 2SC838～839, BF237～238	3DG111F
2SC930	高频、小功率	2SC545, 2SC772, 2SC923, 2N1992, 2N3292～3294	3DG111D
2SC1008	高频、大电流	BC141, BC301, BSS15, BSS42, BSW39, 2N5320	3DG12, 3DG81C
2SC1014	大功率开关管	BC429A, 2N4349～4350, 2N5914, 2N5923, BD437	3DA28B, 3DK104B, 3DK204A
2SC1069	UHF 本振、VHF 本振、混频	2SC684, 2C2468, 2SC2730	3DG301, FG023
2SC1239	功率放大	40544, 40544L	3DA2, 3DA101C, 3DA102A
2SC1349	开关管	2N3605, 2SC400, BSV52	3DK2, 3DK16, 3DK101
2SC1413	大功率开关管	BU108, BU208, BDX31, BDX32, BUY71	3DA58H, 3DA87G, 3DK205F
2SC1514	视放	2SC1722, 2SC1921, 2SC2228, 2SC2068	3DG27, 3DG82, 3DA87, 3D150
2SC1776	高频、小功率	BC174, BC182, BC190, 2N2220～2222	
2SC1923	高放、混频变频、振荡	BF241, BF255, BF455, BF595	3DG18A, 3DG103B, 3DG205
2SC1961	功率放大	40392, 40544, 405445	3DA2, 3DA45, 3DA53, 3DA102
2SC2120	功率放大	BC338, BC378, BC738	
2SC2369	高频放大	2SC3429, 2SC3302, 2SC3268, 2SC3128, 2SC3110	2G914A-D, 3DG44E, 3DG70C, 3DG81D, 3DG85A-C, 3DG143
2SC2466	UHF 高放、混频	2SC917, 2SC2728, 2SC2731, 2N6389	3DG302, FG024
2SC2468	UHF 本振、VHF 本振、混频	2SC684, 2SC1069, 2SC2730	3DG301, FG023
2SC3037	低频、大功率	DG5421, DG5422, BFR49, 2SC1459	2G913B-G, 2G915A-C, DG42, 3DG90C-E
2SC3355	适用开关、高频放大	2SC3510, 2SC3512	2DG72B-G, 3DG82B-C, FDA901, FDG002, 3DA312
2SD313	低频、大功率	BD241A, BD243A, BD557, BD587	3DD30A, DD03B
2SD325	低频、大功率	FDD305A	3DD325
2SD401	低频、大功率、高反压	BD401, MJE5655, 2N5655	DD01B
2SD880	大功率、高β，功率放大	SDT7744, 1814-3205	3DK03, 3DK105, 3DK205, 3DD102, D680, 3DD301A

续表

型 号	简要特性	可代换国外型号	可代换国内型号
2N1489	电源、调整管		DD03A
2N3055	低频功率放大		3DD71D
2N5401	高频、中功率放大		CG160C, 3CA3F
2N5551	高频、中功率放大		3DG84G, 3DG1621
BC558	高频、中功率放大		3CG120B
BU208	电视机行输出	2SC937	3DK304F, 3DD501, 3DA711, 3DA58
BU406D	高频、大功率放大		3DD15C
JA101	高频放大	2SC733	3CG21
JC500	高频放大	2SC945	3DG8

附录C　部分集成运算放大器主要参数表

品种性能			通用型				特殊型					
参数名称	符号	单位	第一代	第二代	第三代	第四代	高阻型	高精度型	宽带型	低功耗型	高速型	高压型
			CF709 F005 μA709	F007 μA741 5G24 CF741	OP-07 5GOP-07 CF714 μA741	HA2900	F3140 CA3140	5G7650 C7650 ILC7650	5G28 BG313	FC12	F053 μA715	F143 LM143
电源电压范围	V_{CC} V_{EE}	V	±15	±(9～16)	±(3～15)		±(2～22)	±(3～8)	±15	±(1.5～15)	±15	±28
开环差模增益	A_{UO}	dB	93	100～106	100～112	160	94～100	120		100～110	90	105
共模抑制比	K_{CMR}	dB	90	80～86	94～110	120	86～94	120～150	66～70	86～96	92	90
最大差模输入电压	U_{IDM}	V	±5.0	±30			±8	V_{CC}+0.7～V_{EE}−0.7	86～±15	7	±15	80
最大共模输入电压	U_{ICM}	V	±10	±12	±(13～14)		−15～+12.5	−5～+2	±10	±14	±12	26
最大输出电压	U_{OPP}	V	±13	±(10～12)	±(11.5～12.8)		±(12～14)	±7	±12	±(10～14)	±13	±25
输入失调电压	U_{IO}	mV	1.0	2～10	0.06～0.15	0.06	1.3～3	0.005	5～20	≤5	2.0	2.0
U_{IO}的温漂	dU_{IO}/dt	μV/C	3.0	20	0.7～2.5	0.6	5	0.05	20	5		
输入失调电流	I_{IO}	nA	50	50～100	0.8～6	0.5	$(0.5～30)\times10^{-3}$	0.005	0.04	0.01～0.2	70	1.0
I_{IO}的温漂	dI_{IO}/dt	nA/C		1.0	$(18～50)\times10^{-3}$			0.1	0.1	0.5		
输入偏置电流	I_{IB}	NA	200	0.2	$(2～12)\times10^{-3}$	1	0.01～0.03	1×10^{-5}	≤10	0.1～0.5	400	8.0
差模输入电阻	r_{id}	MΩ	0.4	0.5		100	1.5×10^{6}	10^{6}	10^{4}	0.8	1	
输出电阻	r_o	Ω		200	60		60			200	75	
−3dB 带宽	BW	Hz		7								
单位增益带宽积	GBW	MHz		1	0.6		4.5	2	5			1.0
转换速率	S_R	V/μs		0.5	0.17		9	2	20	2	70	2.5
静态功耗	P_C	mW	80	120	80～150		120～180	50	200	6～9	165	

附录 D　常见仪器仪表介绍和使用

（一）直流稳压电源

1．概述

直流稳压电源具有稳压、稳流，双路具有跟踪功能，串联跟踪可产生 64V 电压，纹波小，输出调节分辨率高的特点。

2．工作特性

输出电压：0～20V。
输出电流：0～5A。
输出调节分辨率：50mA。
跟踪误差：±1%10mA。

3．面板操作键作用说明

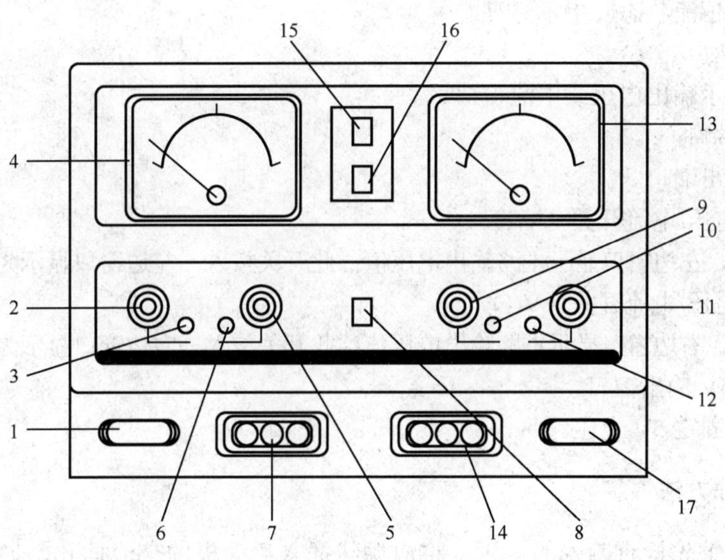

图 D.1　面板操作键作用说明

（1）电源开关（POWER）
将电源开关按键弹出即为“关”位置，将电源先接入，按电源开关，以接通电源。
（2）电压调节旋钮（VOLTAGE）
此为主路输出电压调节旋钮，顺时针调节，电压由小变大，逆时针调节，电压由大变小。
（3）恒压指示灯（C.V）
当主路处于恒压状态时指示灯亮。

（4）显示窗口

此窗口显示输出电压或电流。

（5）电流调节旋钮（CURRENT）

顺时针调节，电流由小变大，逆时针调节，电流由大变小。

（6）恒流指示灯（C.C）

当主路处于恒流状态时指示灯亮。

（7）输出端口

此为主路输出端口。

（8）跟踪（TRACK）

当此开关按入，主路与从路的输出正端相连，为并联跟踪；调节主路电压或电流调节旋钮，从路的输出电压（或）电流跟随主路变化，主路的负端接地，从路的正端接地，为串联跟踪。

（9）电压调节旋钮（VOLTAGE）

此为从路输出电压调节旋钮，顺时针调节，电压由小变大，逆时针调节，电压由大变小。

（10）恒压指示灯（C.V）

当从路处于恒压状态时指示灯亮。

（11）电流调节旋钮（CURRENT）

此为从路输出电流调节旋钮，顺时针调节，电流由小变大，逆时针调节，电流由大变小。

（12）恒流指示灯（C.C）

当从路处于恒流状态时指示灯亮。

（13）显示窗口

此为从路显示输出电压或电流窗口。

（14）输出端口

此为从路输出端口。

（15）主路电压/电流开关（V/I）

此开关弹出，左边窗口显示主路输出电压值；此开关按入，左边窗口显示为主路输出电流值。

（16）从路电压/电流开关（V/I）

此开关弹出，右边窗口显示主路输出电压值；此开关按入，右边窗口显示为主路输出电流值。

（17）固定 5V 输出窗口

此端口输出固定 5V 电压。

4．基本操作方法

打开电源开关先检查输入的电压，将电源线插入后面板的交流插孔，如下表所示设定各个控制键：

表 D.1　控判键的设定

电源（POWER）	电源开关键弹出
电压调节旋钮（VOLTAGE）	调至中间位置
电流调节旋钮（CURRENT）	调至中间位置
电压/电流开关（V/I）	置弹出位置
跟踪开关（TRACK）	置弹出位置
+ GND −	“−”端接 GND

所有控制键如上设定后，打开电源。

一般检查

① 调节电压调节旋钮，显示窗口显示的电压值应相应变化。顺时针调节，电压由小变大，逆时针调节，电压由大变小。

② 输出端口应有输出

③ 电压/电流开关按入，表头指示值应为零，当输出端口接上响应的负载，表头应有指示。顺时针调节电流调节旋钮，电流由小变大，逆时针调节，电流由大变小。

④ 跟踪开关按入，主路负端接地，从路正端接地。此时调节主路电压调节旋钮。从路的显示窗口显示应同主路相一致。

⑤ 固定5V输出端口，应有5V输出。

（二）交流毫伏表

1．概述

用来测量低频小信号交流电压的有效值。

2．使用特性

测量精度高，频率特性好，频率范围广。

3．面板操作键作用说明

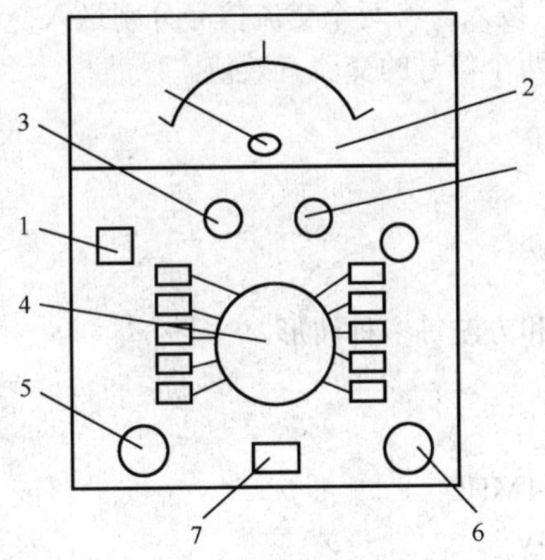

图D.2　面板操作键作用说明

（1）电源（POWER）开关：将电源开关按键弹出即为“关”位置，将电源线接入，按电源开关，以接通电源。

（2）显示窗口：表头指示输入信号的幅度，对于YB2173，黑色指针显示CH_1输入信号幅度。红色指针显示CH_2输入信号幅度。

（3）零点调节：开机前，如表头不在机械零点处，请用小一字起将其调至零点，对于YB2173，黑框内调黑指针，红框内调黑指针。

（4）量程旋钮：开机前，应将量程旋钮调至最大量程处，然后，当输入信号送至输入端后，调节量程旋钮，使表头指针指示在表头的适当位置。对于 YB2173，左边为 CH_1 的量程旋钮，右边为 CH_2 的量程旋钮。

（5）输入（INPUT）端口：输入信号由此输入。左边为 CH_1 输入，右边为 CH_2 输入。

（6）输出（OUTPUT）端口：输出信号由此输出。对于 YB2173 输出端口在后面板上。

（7）方式（MODE）开关：当此开关弹出时，CH_1 和 CH_2 量程旋钮分别控制 CH_1 和 CH_2 的量程，当此开关按入时，CH2 量程旋钮失去作用，CH1 量程旋钮同时控制 CH_1、CH_2 的电压量程。

（8）接地选择开关：此开关在后面板上，当此开关拨向上方，CH_1 和 CH_2 不共地，当此开关拨向下方，CH_1 和 CH_2 共地。

4．基本操作方法

（1）使用之前的检查步骤：

① 检查表针是否指在机械零点，如有偏差，请将其调至机械零点。

② 检查量程旋钮是否指在最大量程处，如有偏差，请将其调至最大量程处。

（2）使用步骤：

① 打开电源开关。

② 将输入信号由输入端口（INPUT）送入交流毫伏表。

③ 调节量程旋钮，使表头指针位置在大于或等于满度的 1/3 处。

④ 将交流毫伏表的输出用探头送入示波器的输入端，当表针指示位于满刻度时，其输出应满足指标。

⑤ 将方式开关（MODE）按入，将两个交流信号分别送入交流毫伏表的两个输入端，调节量程旋钮，两只指针分别指示两个信号的交流有效值。

（三）函数信号发生器

1．概述

用来产生正弦波、三角波和方波等多种波形。

2．工作特性

（1）频率范围广：0.1Hz～1MHz

（2）调频电压范围：0～10V

（3）输出波形：正弦波、方波、三角波、斜波、TTL 方波、直流电平、调频波。

（4）输出阻抗：50Ω

（5）输出信号的类型：单频、调频

（6）输出电压幅度：≥$20V_{P-P}$

3．面板控制键作用说明

电压部分

（1）电源开关（按入开、弹出关）

（2）电压极性开关（按入改变输出信号的极性）

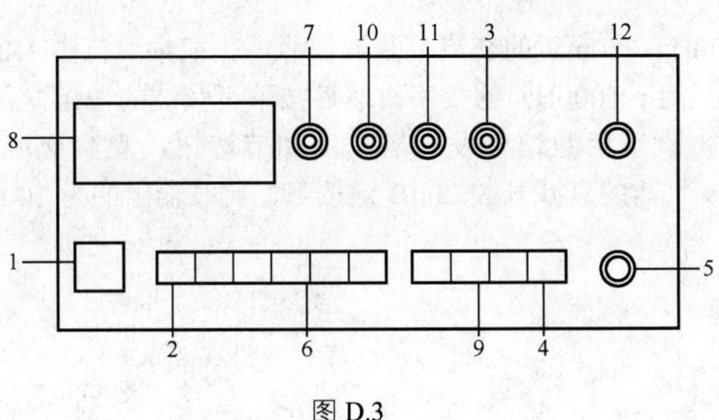

图 D.3

（3）幅度调节旋钮

（4）电压衰减开关（按入衰减 10 倍）

（5）电压输出端

频率部分

（6）频率范围选择开关

（7）频率调节旋钮

（8）频率显示窗

波形部分

（9）波形选择开关

（10）占空比开关旋钮（将开关拉出，调节可改变波形的占空比）

（11）直流偏置开关旋钮（将开关拉出，调节改变输出电压的直流电平）

（12）TTL 输出端

4．各键使用前的位置

表 D.2

电 源 开 关 键	弹　出
波形开关	弹出
极性开关	弹出
衰减开关	弹出
频率调节旋钮	旋至中间位置
直流偏置	按下
占空比	按下
频率选择开关	弹出
占空比开关旋钮	按下
幅度调节旋钮	逆时针旋到底

5．使用步骤

（1）检查各键使用前的位置。

（2）通电（打开电源开关）。

（3）如果输出 1000Hz，10mV 的交流正弦波信号。先把频率范围 1KHz 的键按下，调节频率旋钮，使显示屏上显示出 1000Hz 的数字，然后按下正弦波的按键。再将函数信号发生器与交流毫伏表正确连接，调节函数信号发生器幅度调节旋钮，观察交流毫伏表，使之输出为 1V，然后将函数信号发生器的衰减开关 20dB 键按下，此时输出的为 1000Hz，10mV 的交流正弦波信号。

（四）双踪示波器

1．概述

用来观察和测量高低频或脉冲波形。

2．工作特性

（1）频率范围广：DC～25MHz

（2）灵敏度高：最高偏转因数 1mV/div。

（3）6 英寸大屏幕便于清楚观看信号波形。

（4）标尺亮度：便于夜间和照相使用

（5）交替扩展：正常（×1）和扩展（×5）

（6）INT：无须转换 CH1、CH2 选择开关即可得到稳定触发。

（7）TV 同步：运用新的电视触发电路可以显示稳定 TV-H 和 TV-V 信号。

（8）自动聚焦：测量过程中聚焦电平可自动校正。

（9）触发锁定：除法电路呈全自动同步状态无须人工调节触发电平。

（10）元器件测试：无须外加驱动电源，即可测试电阻、电容、电感、晶体管等元器件，并可观察动态特性，筛除失效元器件。

3．面板控制键作用说明

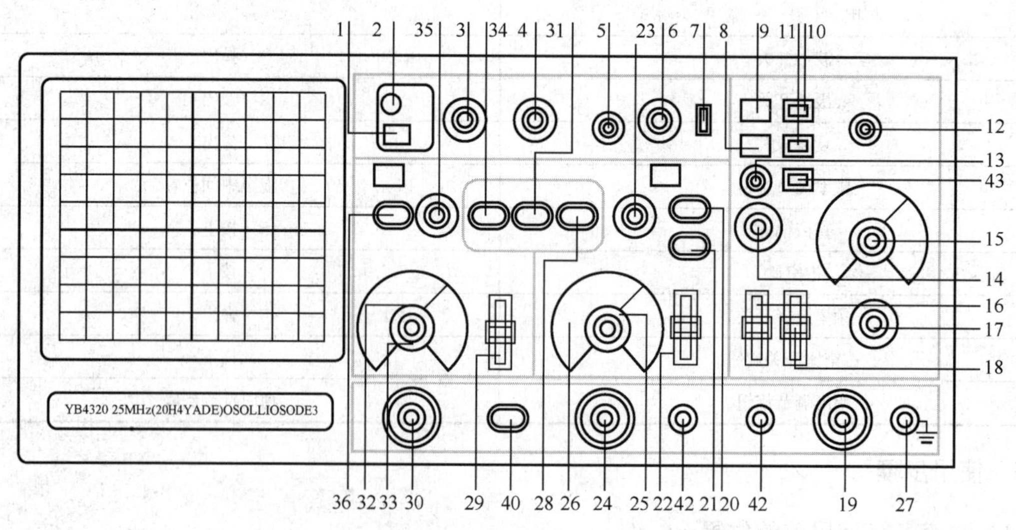

图 D.4

主机电源

（1）电源（POWER）开关：将电源开关按键弹出即为“关”位置，将电源线接入，按电源开关，以接通电源。

（2）电源指示灯

电源接通时指使灯亮。

（3）辉度旋钮（INTENSITY）

顺时针方向旋转旋钮，亮度增强。接通电源之前将该旋钮逆时针方向旋转到底。

（4）聚焦旋钮（FOCUS）

用亮度控制钮将亮度调节至合适的标准，然后调节聚焦控制钮直至轨迹达到最清晰的程度。该功能用于黑暗环境或拍照时的操作。

垂直方向部分

（30）通道 1 输入端[CH1 INPUT（X）]

该输入端用于垂直方向的输入。在 X-Y 方式时输入端的信号成为 X 轴信号。

（24）通道 2 输入端[CH2 INPUT（Y）]

该输入端用于垂直方向的输入。在 X-Y 方式时输入端的信号仍为 Y 轴信号。

（22）、（29）交流—接地—直流　耦合选择开关（AC-GND-DC）

选择垂直放大器的耦合方式

交流（AC）：垂直输入端由电容器来耦合。

接地（GND）：放大器的输入端接地。

直流（DC）：垂直放大器输入端与信号直接耦合。

（26）、（33）衰减器开关（VOLT/DIV）

用于选择垂直偏转灵敏度的调节。

如果使用的是 10:1 的探头，计算时将幅度×10。

（25）（32）垂直微调旋钮（VARIBLE）

垂直微调用于连续改变电压偏转灵敏度。词旋钮在正常情况下应位于顺时针方向旋到底的位置。将旋钮逆时针方向旋到底，垂直方向的灵敏度下降到 2.5 倍以上。

（20）（36）CH_1×5 扩展、CH_2×5 扩展（CH_1×5MAG、CH_2×5MAG）

按下×5 扩展按键，垂直方向信号扩大 5 倍，最高灵敏度变为 1mV/div。

（23）（35）垂直移位（POSITION）

调节光迹在屏幕中的垂直位置。

垂直方式工作按钮：VERTICAL MODE

选择垂直方向的工作方式

（34）通道 1 选择（CH1）：屏幕上仅显示（CH_1）的信号。

（28）通道 2 选择（CH2）：屏幕上仅显示（CH_2）的信号。

（34）（28）双踪选择（DUAL）：同时按下 CH_1 和 CH_2 按钮，屏幕上会出现双踪并自动以断续或交替方式同时显示 CH_1 和 CH_2 的信号。

（31）叠加（ADD）：显示 CH_1 和 CH_2 输入电压的代数和。

（21）CH_2 极性开关（INVERT）：按此开关时 CH_2 显示反相电压值。

水平方向部分

（15）扫描时间因数选择开关（TIME/DIV）

共 20 档，在 0.1us/div～0.2s/div 范围选择扫描速率。

（11）X-Y 控制键

如 X-Y 工作方式时，垂直偏转信号接入 CH2 输入端，水平偏转信号接入 CH1 输入端。

（23）通道 2 垂直移位键（POSITION），控制通道 2 在屏幕中的垂直位置，当工作在 X-Y 方式时，该键用于 Y 方向的移位。

（12）扫描微调控制键（VARBLE）

此旋钮在正常情况下应位于顺时针方向旋到底的位置（校准位置）。将旋钮逆时针方向旋到底，扫描减慢 2.5 倍以上。

（14）水平移位（POSITION）

调节光迹在屏幕中的水平位置。

（9）扩展控制键（MAG×5）

按下去时，扫描因数×5 扩展或×10 扩展，扫描时间是 Time/Div 开关指示数值的 1/5 或 1/10。

（8）ALT 扩展按钮（ALT-MAG）

按下去时，扫描因数×1、×5 或×10 同时显示，此时要把放大部分移到屏幕中心，按下 ALT-MAG 键。

扩展以后的光迹可由光迹分离控制键（13）移位距×1 光迹 1.5div 或更远的地方。同时使用垂直双踪方式和水平 ALT-MAG 可在屏幕上同时显示四条光迹。

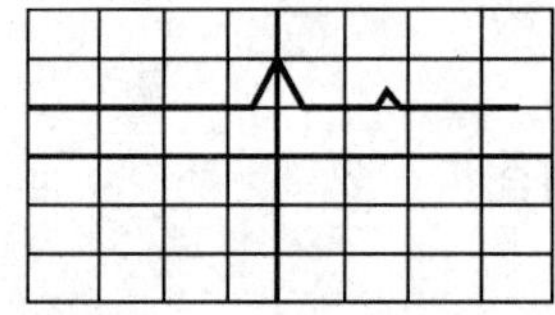

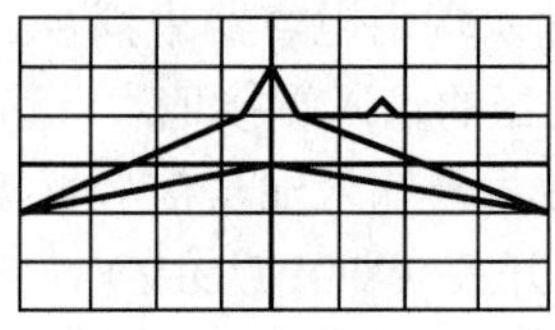

ALT.MAG（×10）

图 D.5

触发部分（TRIG）

（18）触发源选择开关（SOURCE）

选择触发信号源

内触发（INT）：或上的输入信号是触发信号。

通道 2 触发（CH2）：上的输入信号是触发信号。

电源触发（LINT）：电源频率成为触发信号。

外触发（EXT）：触发输入上的触发信号是外部信号，用于特殊信号触发。

（43）交替触发（ALT TRIG）

在双踪交替显示时，触发信号交替来自于两个 Y 通道，此方式可用于同时观察两路不相关信号。

（19）外触发输入插座（EXT INPUT）

用于外部触发信号的输入。

（17）触发电平旋钮（TRIG LEVEL）

用于调节被测信号在某一电平触发同步。

（10）触发极性按钮（SLOPE）

触发极性选择。用于选择信号的上升沿或下降沿触发。

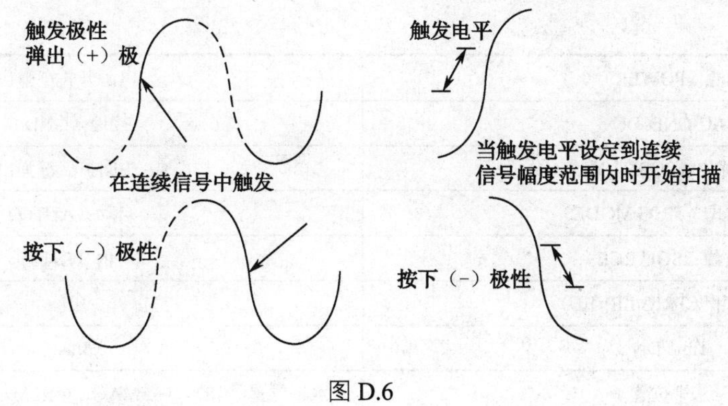

图 D.6

（16）触发方式选择（TRIG MODE）

自动（AUTO）：在自动扫描方式时扫描电路自动进行扫描。

在没有信号或输入信号没有被触发同步时，屏幕上仍然可以显示扫描基线。

常态（NORM）：有触发信号才能扫描，否则，屏幕上无扫描线显示。

当输入信号的频率低于 20Hz 时，请用常态触发方式。

TV-H：用于观察电视信号中行信号波形。

TV-V：用于观察电视信号中场信号波形。

（注意）：仅在触发信号为负同步信号时，TV-H 和 TV-H 同步。

（41）Z 轴输入连接器（后面板）（Z AXIS INPUT）

Z 轴输入端。加入正信号时，辉度降低；加入负信号时，辉度增加。

（39）通道 1 输出（CH_1 OUT）

通道 1 信号输出连接器，可用于频率计数器输入信号。

（7）校准信号（CAL）

电压幅度 0.5VP-P 频率为 1kHz 的方波信号。

（27）接地柱⊥

这是一个接地端。

（40）元器件测试

当仪器工作“元器件测试”状态时，需将元器件测试（示波器）方式开关和 X-Y（元器件测试）（11）开关同时按下，并且将 AC-⊥-DC（22）（29）输入耦合开关置于“⊥”状态。

（42）元器件测试输入

该插孔为被测元器件输入端口或元器件测试夹输入端口

4．基本操作方法

打开电源开关先检查输入的电压，将电源线插入后面板的交流插孔，如下表所示设定各个控制键：

表 D.3

电源（POWER）	电源开关键弹出
亮度（INTENSITY）	顺时针方向旋转
聚焦（FOCUS）	中间

续表

电源（POWER）	电源开关键弹出
AC-GND-DC	接地（GND）
垂直移位（POSITION）	中间扩展键弹出
触发方式（TRIG MODE）	自动（AUTO）
触发源（SOU RCE）	内（INT）
触发电平（TRIG LEVEL）	中间
Time/Div	0.5ms/div
水平位置	水平位置　×1、(×5MAG)（×10MAG）ALT MAG 均弹出

所有的控制键如上设定后，打开电源。当亮度旋钮顺时针方向旋转时，轨迹就会在大约 15 秒钟后出现。调节聚焦旋钮直到轨迹最清晰。如果电源打开后却不用示波器时，将亮度旋钮逆时针方向旋转以减弱亮度。

注意：

一般情况下，将下列微调控制钮设定到“校准”位置。

V/DIV　　VAR：顺时针方向旋转到底，以便读取电压选择旋钮指示的的数值。

Time/Div　VAR：顺时针方向旋转到底，以便读取扫描选择旋钮指示的上的数值。

改变 CH_1 移位旋钮，将扫描线设定到屏幕的中间。如果光迹在水平方向略微倾斜，调节前面板上的光迹旋钮与水平刻度线相平行。

一般检查

（1）屏幕上显示信号波形

如果选择通道 1，设定如下控制键：

垂直方式开关——CH_1

触发方式开关——AUTO

触发源开关——INT

完成这些设定之后，高于 20Hz 的频率的大多数重复信号可通过调节触发电平旋钮进行同步。由于触发方式为自动，即使没有信号，屏幕上也会出现光迹。如果 AC-⊥-DC 开关设定为 DC，直流电压即可显示。

（2）观察两个波形时：

将垂直工作方式设定为双踪（DUAL），这时可以很方便地显示两个波形，如果改变了 Time/Div 范围，系统会自动选择（ALT）或（CHOP）

如果要测量相位差，带有超前相位的信号应该是触发信号。

（3）显示 X-Y 图形：

当按下 X-Y 开关时，示波器 CH_1 为 X 轴输入，CH_2 为 Y 轴输入，垂直方式×5 扩展开关断开（弹出状态）

（4）叠加的使用：

当垂直工作开关、设定为 ADD（叠加），可显示两个波形的代数和。

5. 信号测量

测量的第一步是将信号输入到示波器通道输入端。当使用探头时，测量高频信号，必须将探头衰减开关拨到×10 位置；测量低频信号，必须将探头衰减开关拨到×1 位置。

6．测试步骤

（1）测量直流电压

① 设定 AC-⊥-DC 开关至 GND，调节零电平定位到屏幕上最佳位置。

② 调节 Volts/Div 到合适位置，然后将 AC-⊥-DC 开关拨到 DC，直流信号将会产生偏移，电压可通过刻度的总数乘以 Volts/Div 值的偏移后得到。

例如，如图，如果 Volts/Div 是 50mV/Div，计算值为 50mV/Div×4.2=210mV。当然，如果探头 10:1。实际的信号值就是×10，因此，50mV/Div×4.2×10=2100mV=2.1V。

（2）交流电压的测量

① 设定 AC-⊥-DC 开关至 GND，调节零电平定位到屏幕上最佳位置。

② 调节 Volts/Div 到合适位置，电压可通过刻度的总数乘以 Volts/Div 值的偏移后得到。

在如图中，如果 Volts/Div 为 1V/Div，计算方法为 1V/Div×4.8=4.8V_{P-P}:。当然，如果探头 10:1。实际的信号值就是 48VP-P。

如果幅度信号被重叠在一个高直流上，可以通过 AC-⊥-DC 开关设置至 AC。这将隔开信号的直流部分，仅耦合交流部分。

（3）频率和时间

如图为例。一个周期是 A 点到 B 点，在屏幕上为 2div。假设扫描时间为 1ms/div，周期则为 1ms/div×3=3ms，由此可得，频率为 1/3ms≈333Hz。不过，如果运用×5 扩展，那么 Time/Div 则为指示值的 1/5。

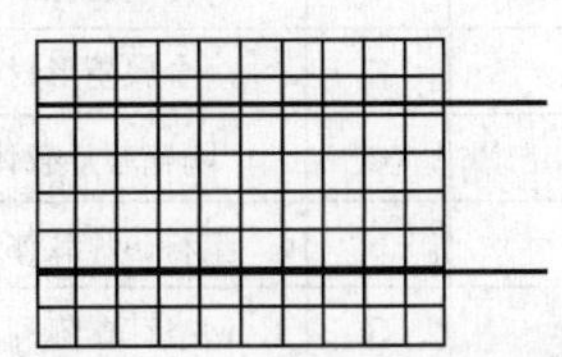

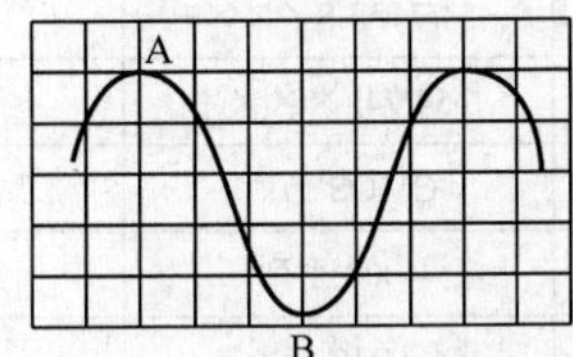

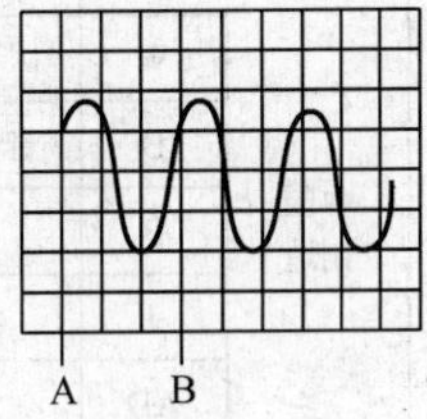

（4）时间差的测量设定可观察的两个信号的参考信号为触发信号

① 就 CH_1 而言，如寻找 CH_2 的延迟时间，设定触发信号源为 CH_1。

② 就 CH_2 而言，如寻找 CH_1 的延迟时间，设定触发信号源为 CH_2。

③ 从触发源的上升边缘到延迟信号源的上升边缘计算刻度的数目可算得延迟时间，乘以 Time/Div 可得。

为了测量时间延迟，将带有超前相位的信号设定为触发信号。这样在屏幕上可观察到所需波形。

附录 E　中国国标半导体集成电路型号命名方法

中国国家标准局批准颁布的标准《GB 3430—82》规定半导体集成电路毓和品种的国家标准型号共由五部分组成，各组成部分的符号及其意义如下表所示。

第零部分		第一部分		第二部分	第三部分		第四部分	
用字母表示器件符合国家标准		用字母表示器件的类型		用阿拉伯数字和字母表示器件系列品种	用字母表示器件的工作温度范围		用字母表示器件的封装	
符号	意义	符号	意义		符号	意义	符号	意义
		T	TTL 电路	TTL 分为：	C	0～70℃	F	多层陶瓷扁平封装
		H	HTL 电路	54/74×××	G	-25～70℃	B	塑料扁平封装
		E	ECL 电路	54/74H×××	L	-25～85℃	H	黑瓷扁平封装
		C	CMOS 电路	54/74L×××	E	-40～85℃	D	多层陶瓷双列直插封装
		M	存储器	54/74S×××	R	-55～85℃	J	黑瓷双列直插封装
		μ	微型机电路	54/74LS×××	M	-55～125℃	P	塑料双列直插封装
		F	线性放大器	54/74AS×××	…		S	塑料单列直插封装
		W	稳压器	54/74ALS×××			T	金属圆壳封装
		D	音响、电视电路	54/74F×××			K	金属菱形封装
C	中国制造	B	非线性电路	CMOS 为：			C	陶瓷芯片载体封
		J	接口电路	4000 系列			E	塑料芯片载体封装
		AD	A/D 转换器	54/74HC×××			G	网格针栅陈列封装
		DA	D/A 转换器	54/74HCT×××			…	
		SC	通信专用电路	…			SOIC	小引线封装
		SS	敏感电路				PCC	塑料芯片载体封装
		SW	种表电路				LCC	陶瓷芯片载体封装
		SJ	机电仪表电路					
		SF	复印机电路					
		…						

注：74：国际通用 74 系列（民用）

54：国际通用 54 系列（军用）

H：高速

L：低速

LS：低功耗

C：只出现在 74 系列

M：只出现在54系列

示例：

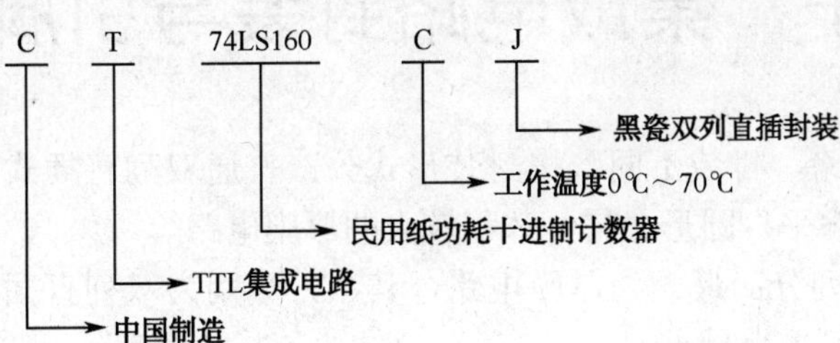

附录 F　集成电路封装与引脚识别

不同种类的集成电路，封装不同，按封装形式分：普通双列直插式，普通单列直插式，小型双列扁平，小型四列扁平，圆形金属，体积较大的厚膜电路等。

按封装体积大小排列分：最大为厚膜电路，其次，分别为双列直插式，单列直插式，金属封装、双列扁平、四列扁平为最小。

表 F-1　常见集成电路封装及特点

名　称	封　装　标	引脚数/间距	特点及其应用
金属圆形 Can，TO-99		8，12	可靠性高，散热和屏蔽性能好，价格高，主要用于高档产品
功率塑封 ZIP-TAB		3，4，5，8，10，12，16	散热性能好，用于大功率器件
双列直插 DIP，SDIP，DIPtab		8，14，16，20，22，24，28，40 2.54mm/1.78mm 标准/窄间距	塑封造价低，应用最广泛；陶瓷封装耐高温，造价较高，用于高档产品中
单列直插 SIP，SSIP，SIP tab		3，5，7，8，9，10，12，16 2.54mm/1.78mm 标准/窄间距	造价低且安装方便，广泛用于民品
双列表面安装 SOP，SSOP		5，8，14，16，20，22，24，28，40 2.54mm/1.78mm 标准/窄间距	体积小，用于微组装产品
扁平封装 QFP，SQFP	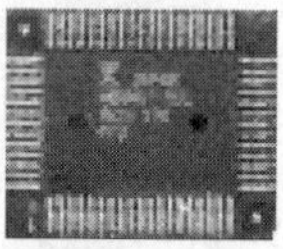	32，44，64，80，120，144，168 0.88mm/0.65mm QFP/SQFP	引脚数多，用于大规模集成电路
软封装		直接将芯片封装在 PCB 板上	造价低，主要用于低价民品，如玩具 IC 等

两引脚之间的间距分为普通标准型塑料封装，双列、单列直插式一般多为 2.54±0.25 mm，其次有 2mm（多见于单列直插式）、1.778±0.25mm（多见于缩型双列直插式）、1.5±0.25mm，或 1.27±0.25mm（多见于单列附散热片或单列 V 型）、1.27±0.25mm（多见于双列扁平封装）、1±0.15mm（多见于双列或四列扁平封装）、0.8±0.05～0.15mm（多见于四列扁平封装）、0.65±0.03mm（多见于四列扁平封装）。

双列直插式两列引脚之间的宽度一般有 7.4～7.62mm、10.16mm、12.7mm、15.24mm 等数种。

双列扁平封装两列之间的宽度分（包括引线长度：一般有 6～6.5±mm、7.6mm、10.5～10.65mm 等。

四列扁平封装 40 引脚以上的长×宽一般有 10×10mm（不计引线长度）、13.6×13.6±0.4mm（包括引线长度）、20.6×20.6±0.4mm（包括引线长度）、8.45×8.45±0.5mm（不计引线长度）、14×14±0.15mm（不计引线长度）等。

表 F-1 给出常见集成电路封装及特点。

表 F-2 给出了几种集成电路引脚识别方法。

表 F-2 几种集成电路引脚识别方法

定位销 ① ② ③ ④	双列IC 识别 标志 逆时针方向	直插双列IC 识别 标志 逆时针方向
弧形凹口 1 9	缺角 1 7	短垂线条 散热片 1 10
散热片 标志 1 9	14 8 标志 1 7	色带 1 10
标志	色点 1 4	缺角 1 5

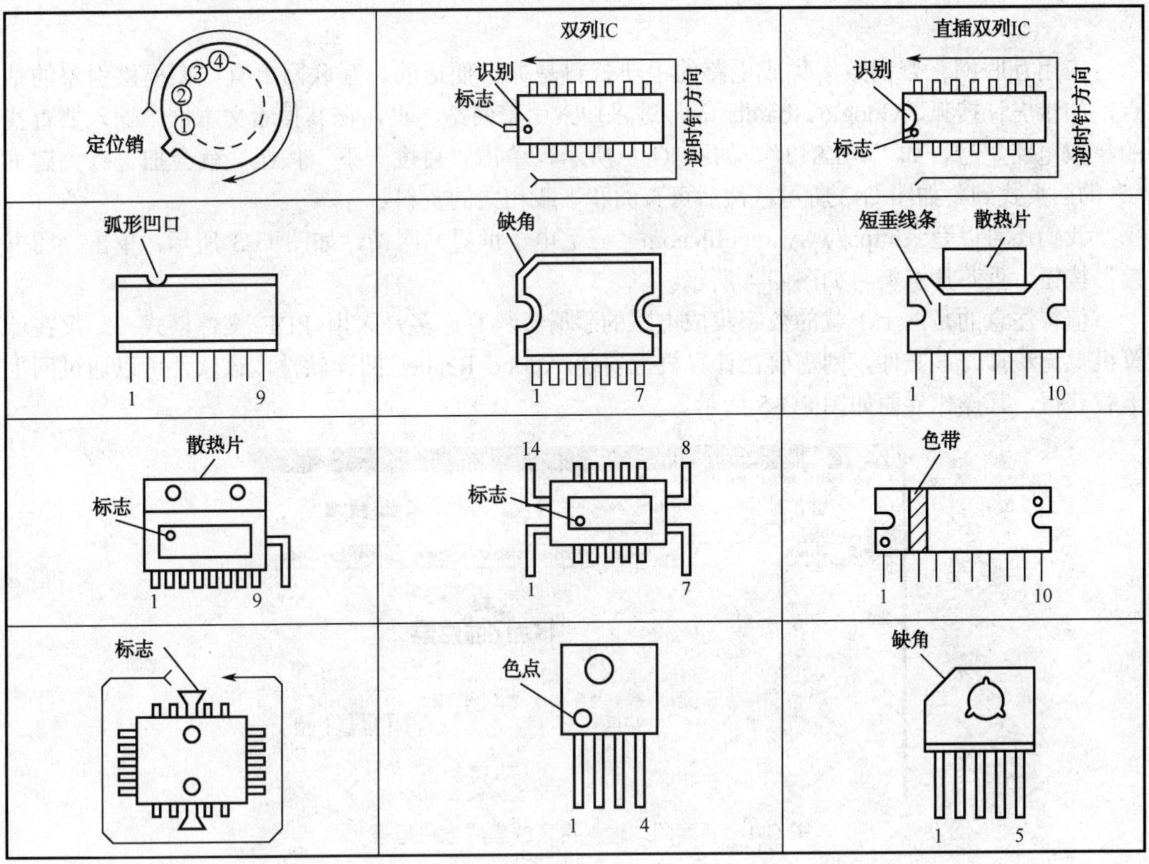

附录 G　互联网上搜索数字集成电路资料

应用互联网来查询数字集成电路的手册资料是非常便捷的。互联网上有许多提供引擎的站点，如雅虎、搜狐、Google、baidu 等，进入搜索引擎网站主页，在其搜索文本框中输入要查找的集成电路型号，如“74LS12”，如图 G-1 所示，单击“百度一下”按钮，就会把含有关键词“”的网页找到，如图 G-2 所示，然后可查阅和下载相关的资料。

我们还可以登录http://www.mculib.com（三毛电子世界）网站，如图 G-3 所示，单击“图书馆”按钮，查芯片资料，如图 G-4 所示。

值得注意的是网上下载的数字集成电路的手册资料有许多是采用 PDF 文件格式，如果在计算机上无法打开该文件，则需要在计算机上安装 Adobe Reader 阅读软件，该软件可以通过网上下载获得，其操作界面如图 PG-5 所示。

图 G-1　百度网站输入搜索的集成电路型号

74LS12　搜索　搜歌　搜影视　搜软件　更多　已拦截:60　设置

中国半导体

关于我们 | 联系我们 | 免费注册 | 用户登录 | 广告服务

首页　产品库　供求信息　产品概述　企业库　行业资讯　芯片资料　技术资料　芯片替换

首页>>产品库>>产品目录

最新产品

AD3851	AD389BD	AD389KD
AD389TD	AD390JD	AD390JDKD
AD390KD	AD390SD	AD390TD
AD390TD/883B	AD3944	AD394JD
AD394KD	AD394SD/883B	AD394TD
AD394TD/883B	AD4-C111	AD40060
AD400AA160	AD40232	AD40288
AD40291	AD40321	AD40323
AD40328	AD406	AD40605
AD40J	AD41124	AD41124KH

求购银鱼请认准"威伍"牌
工艺严谨、质量优良、规格齐全 包装新颖，以品种求发展，以质量求生

齿轮转向器一流生产企业
引进德国先进生产技术,专业生产高品质 齿轮转向器,择先通过ISO认证

上海天弓假肢矫形器公司
具备数十年假肢矫形器装配经验 拥有多名资深技术专家,服务一流

Google 提供的广告

型号	品牌	封装	供应商
74LS12			+查看
74LS12	HIT	SOP	+查看
74LS12	TI	SOP14M	+查看
74LS12	PHI	SOP/DIP	+查看

图 G-2　找到含有“74LS12”的“中国半导体”网站

图 G-3　“三毛电子世界”主页

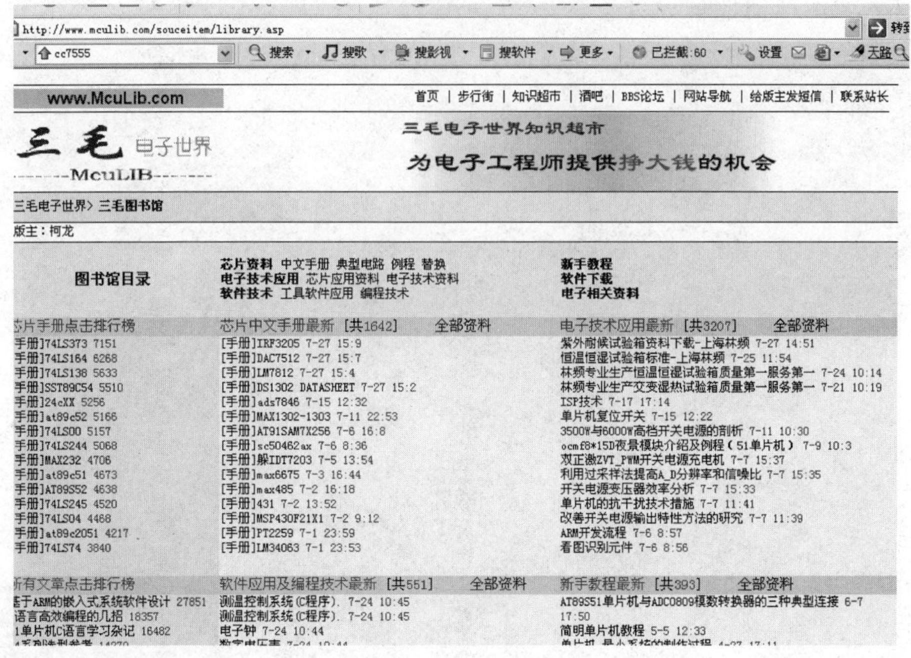

图 G-4　“三毛电子世界”图书馆超链接——芯片资料

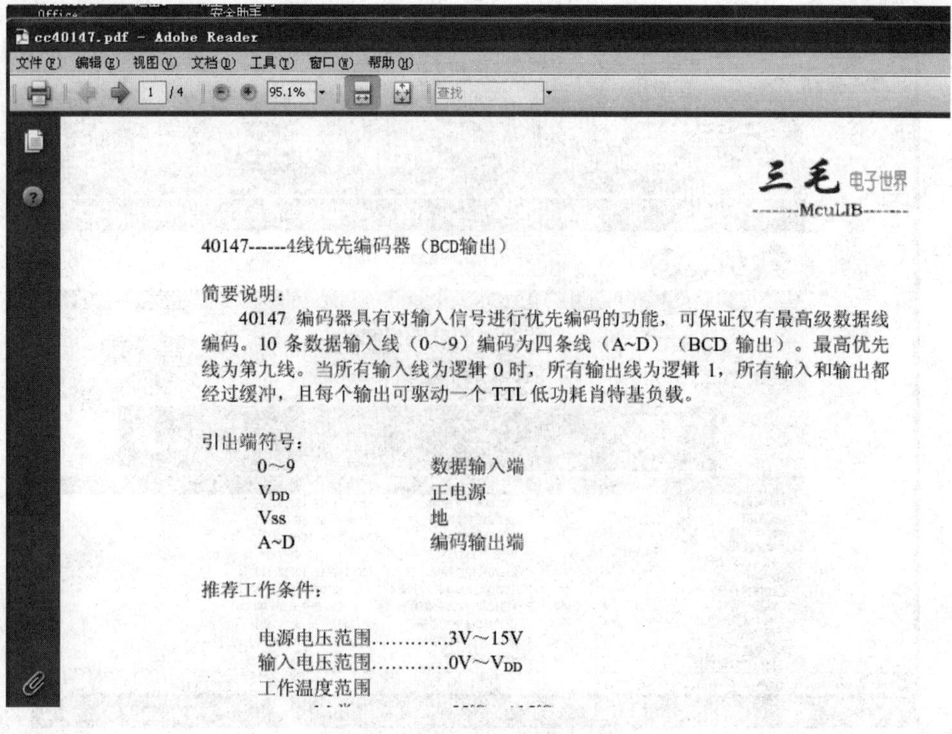

图 G-5　Adobe Reader 阅读器

附录H 常见数字集成电路引脚图

1. 74系列数字逻辑电路外引线排列图

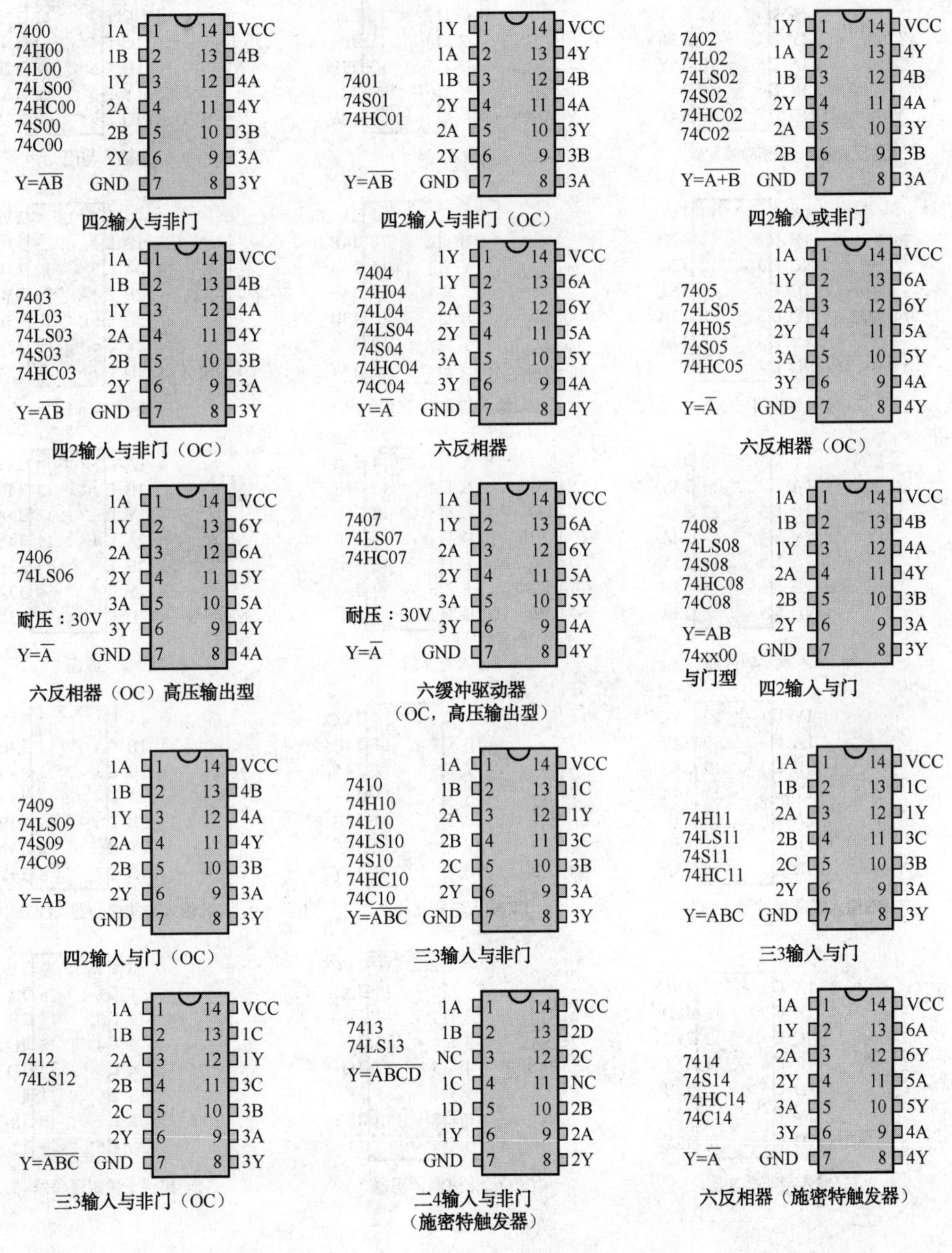

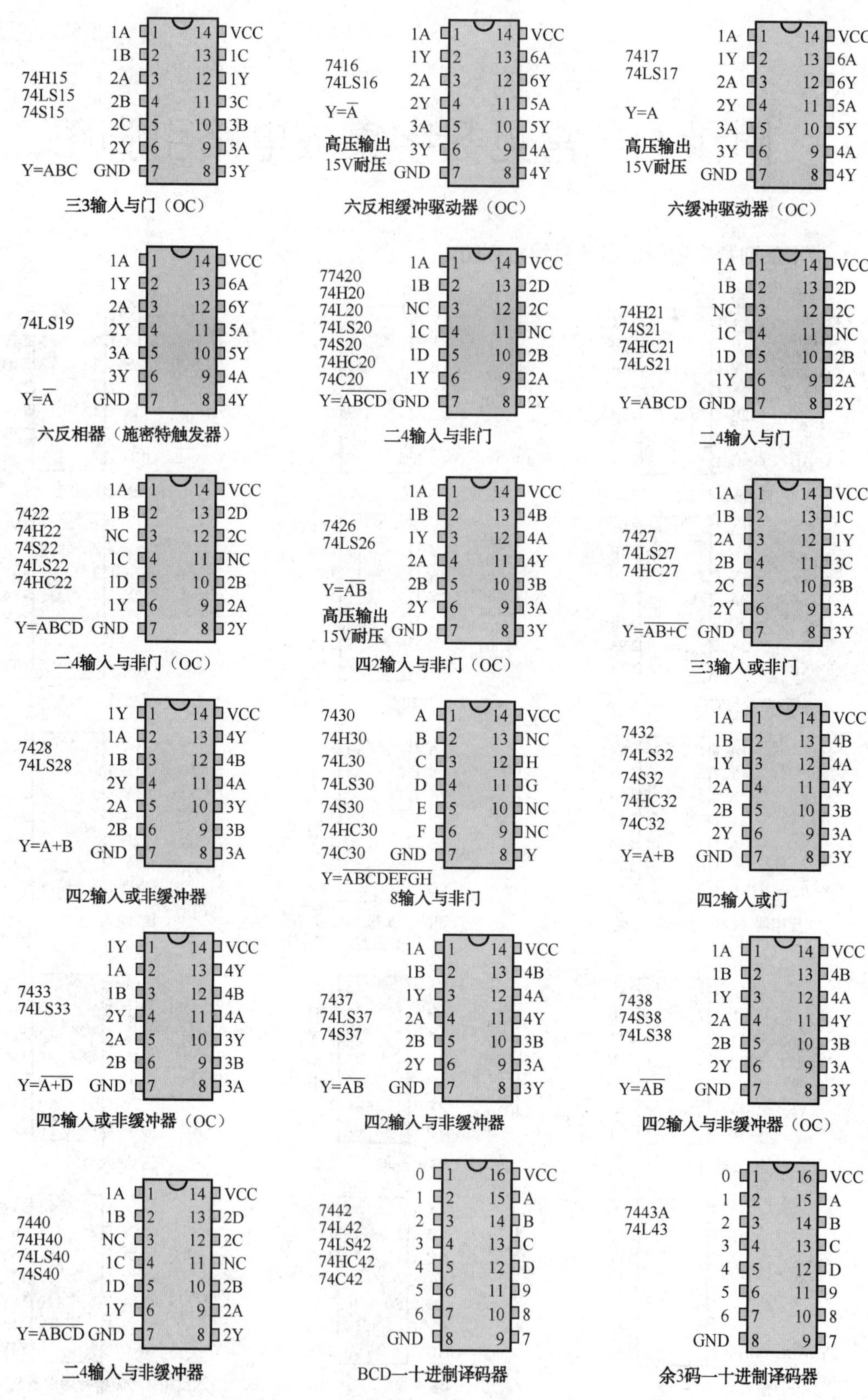
74H15 74LS15 74S15
1A 1 14 VCC
1B 2 13 1C
2A 3 12 1Y
2B 4 11 3C
2C 5 10 3B
2Y 6 9 3A
GND 7 8 3Y
Y=ABC
三3输入与门（OC）
7416 74LS16
Y=$\overline{A}$
高压输出 15V耐压
1A 1 14 VCC
1Y 2 13 6A
2A 3 12 6Y
2Y 4 11 5A
3A 5 10 5Y
3Y 6 9 4A
GND 7 8 4Y
六反相缓冲驱动器（OC）
7417 74LS17
Y=A
高压输出 15V耐压
1A 1 14 VCC
1Y 2 13 6A
2A 3 12 6Y
2Y 4 11 5A
3A 5 10 5Y
3Y 6 9 4A
GND 7 8 4Y
六缓冲驱动器（OC）
74LS19
Y=$\overline{A}$
1A 1 14 VCC
1Y 2 13 6A
2A 3 12 6Y
2Y 4 11 5A
3A 5 10 5Y
3Y 6 9 4A
GND 7 8 4Y
六反相器（施密特触发器）
77420 74H20 74L20 74LS20 74S20 74HC20 74C20
Y=$\overline{ABCD}$
1A 1 14 VCC
1B 2 13 2D
NC 3 12 2C
1C 4 11 NC
1D 5 10 2B
1Y 6 9 2A
GND 7 8 2Y
二4输入与非门
74H21 74S21 74HC21 74LS21
Y=ABCD
1A 1 14 VCC
1B 2 13 2D
NC 3 12 2C
1C 4 11 NC
1D 5 10 2B
1Y 6 9 2A
GND 7 8 2Y
二4输入与门
7422 74H22 74S22 74LS22 74HC22
Y=$\overline{ABCD}$
1A 1 14 VCC
1B 2 13 2D
NC 3 12 2C
1C 4 11 NC
1D 5 10 2B
1Y 6 9 2A
GND 7 8 2Y
二4输入与非门（OC）
7426 74LS26
Y=$\overline{AB}$
高压输出 15V耐压
1A 1 14 VCC
1B 2 13 4B
1Y 3 12 4A
2A 4 11 4Y
2B 5 10 3B
2Y 6 9 3A
GND 7 8 3Y
四2输入与非门（OC）
7427 74LS27 74HC27
Y=$\overline{AB+C}$
1A 1 14 VCC
1B 2 13 1C
2A 3 12 1Y
2B 4 11 3C
2C 5 10 3B
2Y 6 9 3A
GND 7 8 3Y
三3输入或非门
7428 74LS28
Y=A+B
1Y 1 14 VCC
1A 2 13 4Y
1B 3 12 4B
2Y 4 11 4A
2A 5 10 3Y
2B 6 9 3B
GND 7 8 3A
四2输入或非缓冲器
7430 74H30 74L30 74LS30 74S30 74HC30 74C30
Y=$\overline{ABCDEFGH}$
A 1 14 VCC
B 2 13 NC
C 3 12 H
D 4 11 G
E 5 10 NC
F 6 9 NC
GND 7 8 Y
8输入与非门
7432 74LS32 74S32 74HC32 74C32
Y=A+B
1A 1 14 VCC
1B 2 13 4B
1Y 3 12 4A
2A 4 11 4Y
2B 5 10 3B
2Y 6 9 3A
GND 7 8 3Y
四2输入或门
7433 74LS33
Y=$\overline{A+D}$
1Y 1 14 VCC
1A 2 13 4Y
1B 3 12 4B
2Y 4 11 4A
2A 5 10 3Y
2B 6 9 3B
GND 7 8 3A
四2输入或非缓冲器（OC）
7437 74LS37 74S37
Y=$\overline{AB}$
1A 1 14 VCC
1B 2 13 4B
1Y 3 12 4A
2A 4 11 4Y
2B 5 10 3B
2Y 6 9 3A
GND 7 8 3Y
四2输入与非缓冲器
7438 74S38 74LS38
Y=$\overline{AB}$
1A 1 14 VCC
1B 2 13 4B
1Y 3 12 4A
2A 4 11 4Y
2B 5 10 3B
2Y 6 9 3A
GND 7 8 3Y
四2输入与非缓冲器（OC）
7440 74H40 74LS40 74S40
Y=$\overline{ABCD}$
1A 1 14 VCC
1B 2 13 2D
NC 3 12 2C
1C 4 11 NC
1D 5 10 2B
1Y 6 9 2A
GND 7 8 2Y
二4输入与非缓冲器
7442 74L42 74LS42 74HC42 74C42
0 1 16 VCC
1 2 15 A
2 3 14 B
3 4 13 C
4 5 12 D
5 6 11 9
6 7 10 8
GND 8 9 7
BCD—十进制译码器
7443A 74L43
0 1 16 VCC
1 2 15 A
2 3 14 B
3 4 13 C
4 5 12 D
5 6 11 9
6 7 10 8
GND 8 9 7
余3码—十进制译码器

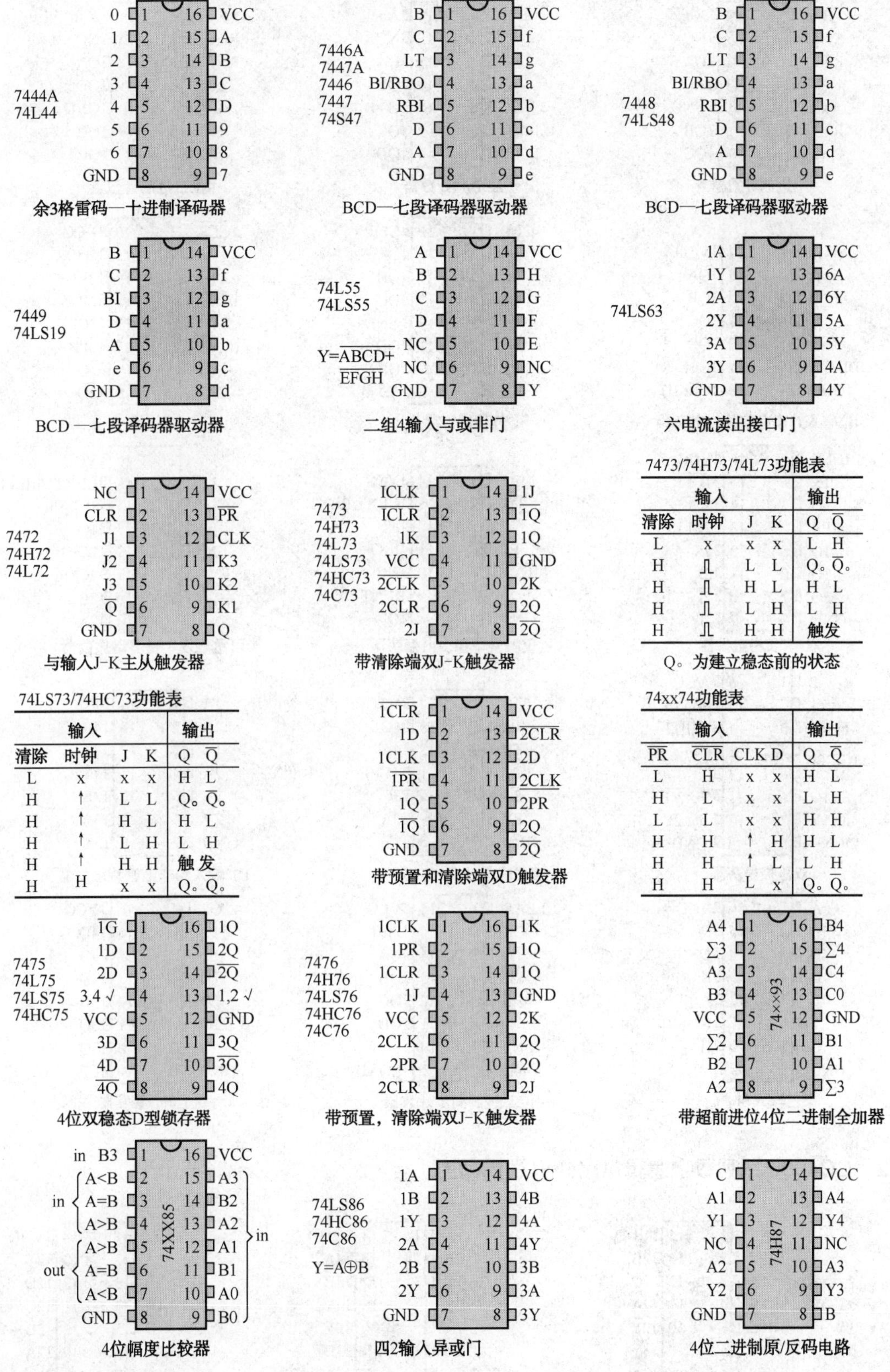

余3格雷码—十进制译码器

BCD—七段译码器驱动器

BCD—七段译码器驱动器

BCD —七段译码器驱动器

二组4输入与或非门

六电流读出接口门

与输入J-K主从触发器

带清除端双J-K触发器

7473/74H73/74L73功能表

输入				输出	
清除	时钟	J	K	Q	$\overline{Q}$
L	x	x	x	L	H
H	⎍	L	L	Q。	$\overline{Q}$。
H	⎍	H	L	H	L
H	⎍	L	H	L	H
H	⎍	H	H	触发	

Q。为建立稳态前的状态

74LS73/74HC73功能表

输入				输出	
清除	时钟	J	K	Q	$\overline{Q}$
L	x	x	x	H	L
H	↑	L	L	Q。	$\overline{Q}$。
H	↑	H	L	H	L
H	↑	L	H	L	H
H	↑	H	H	触	发
H	H	x	x	Q。	$\overline{Q}$。

带预置和清除端双D触发器

74xx74功能表

输入				输出	
$\overline{PR}$	$\overline{CLR}$	CLK	D	Q	$\overline{Q}$
L	H	x	x	H	L
H	L	x	x	L	H
L	L	x	x	H	H
H	H	↑	H	H	L
H	H	↑	L	L	H
H	H	L	x	Q。	$\overline{Q}$。

4位双稳态D型锁存器

带预置，清除端双J-K触发器

带超前进位4位二进制全加器

4位幅度比较器

四2输入异或门

4位二进制原/反码电路

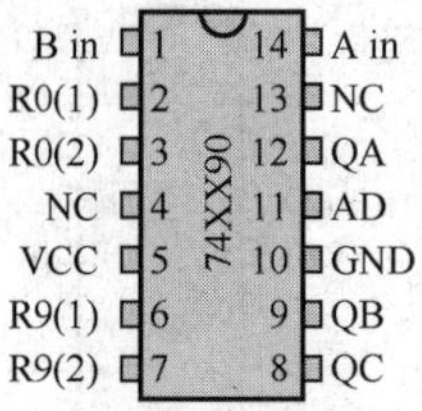

74XX90

引脚	名称	引脚	名称
1	B in	14	A in
2	R0(1)	13	NC
3	R0(2)	12	QA
4	NC	11	AD
5	VCC	10	GND
6	R9(1)	9	QB
7	R9(2)	8	QC

十进制计数器

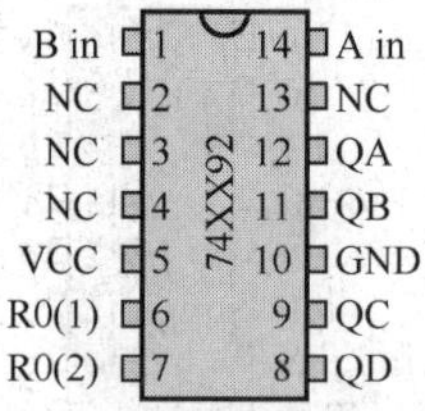

74XX92

引脚	名称	引脚	名称
1	B in	14	A in
2	NC	13	NC
3	NC	12	QA
4	NC	11	QB
5	VCC	10	GND
6	R0(1)	9	QC
7	R0(2)	8	QD

十二分频计数器

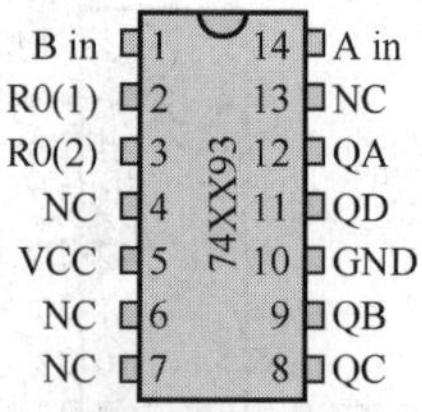

74XX93

引脚	名称	引脚	名称
1	B in	14	A in
2	R0(1)	13	NC
3	R0(2)	12	QA
4	NC	11	QD
5	VCC	10	GND
6	NC	9	QB
7	NC	8	QC

4位二进制计数器

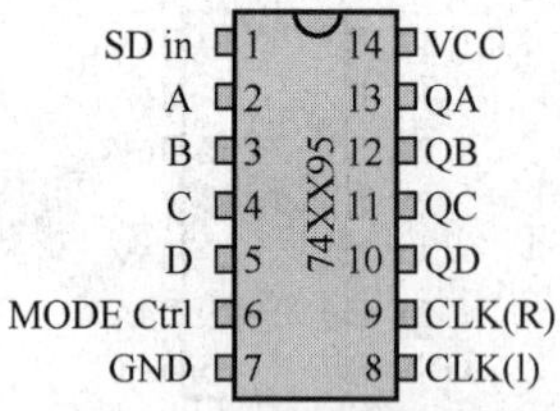

74XX95

引脚	名称	引脚	名称
1	SD in	14	VCC
2	A	13	QA
3	B	12	QB
4	C	11	QC
5	D	10	QD
6	MODE Ctrl	9	CLK(R)
7	GND	8	CLK(l)

4位串入并出存取移位寄存器

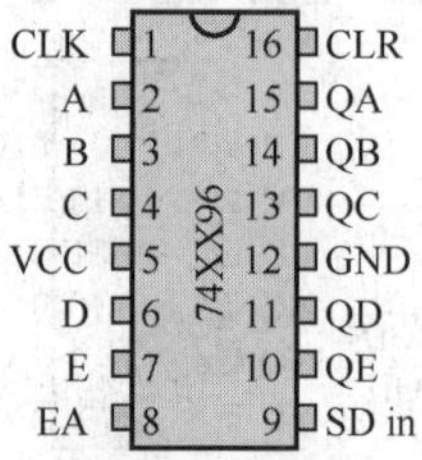

74XX96

引脚	名称	引脚	名称
1	CLK	16	CLR
2	A	15	QA
3	B	14	QB
4	C	13	QC
5	VCC	12	GND
6	D	11	QD
7	E	10	QE
8	EA	9	SD in

5位移位寄存器

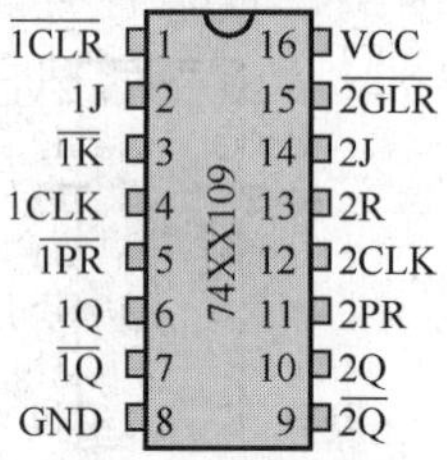

74XX109

引脚	名称	引脚	名称
1	$\overline{1CLR}$	16	VCC
2	1J	15	$\overline{2GLR}$
3	$\overline{1K}$	14	2J
4	1CLK	13	2R
5	$\overline{1PR}$	12	2CLK
6	1Q	11	2PR
7	$\overline{1Q}$	10	2Q
8	GND	9	$\overline{2Q}$

双J-K正沿触发器

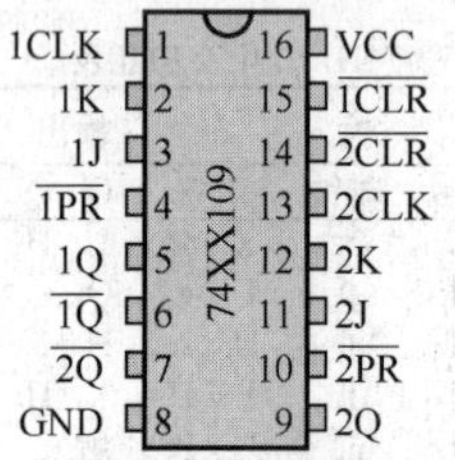

74XX109

引脚	名称	引脚	名称
1	1CLK	16	VCC
2	1K	15	$\overline{1CLR}$
3	1J	14	$\overline{2CLR}$
4	$\overline{1PR}$	13	2CLK
5	1Q	12	2K
6	$\overline{1Q}$	11	2J
7	$\overline{2Q}$	10	$\overline{2PR}$
8	GND	9	2Q

双J-K负沿触发器

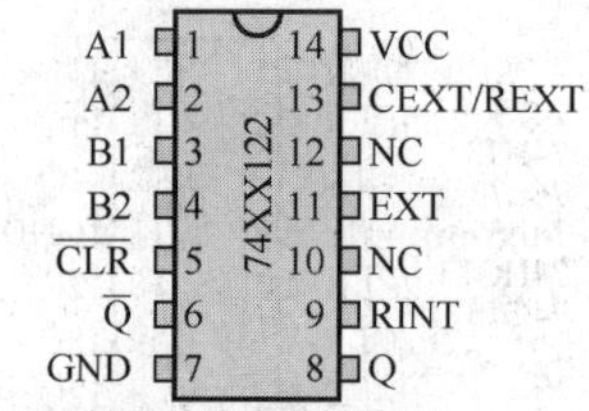

74XX122

引脚	名称	引脚	名称
1	A1	14	VCC
2	A2	13	CEXT/REXT
3	B1	12	NC
4	B2	11	EXT
5	$\overline{CLR}$	10	NC
6	$\overline{Q}$	9	RINT
7	GND	8	Q

可重触发单稳多谐振荡器

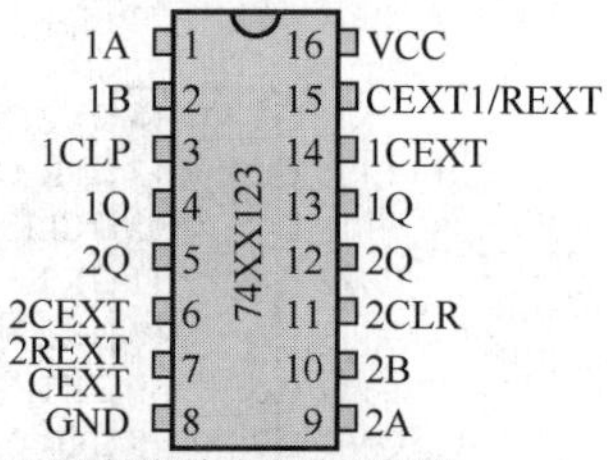

74XX123

引脚	名称	引脚	名称
1	1A	16	VCC
2	1B	15	CEXT1/REXT
3	1CLP	14	1CEXT
4	1Q	13	1Q
5	2Q	12	2Q
6	2CEXT	11	2CLR
7	2REXT CEXT	10	2B
8	GND	9	2A

可重触发单稳多谐振荡器

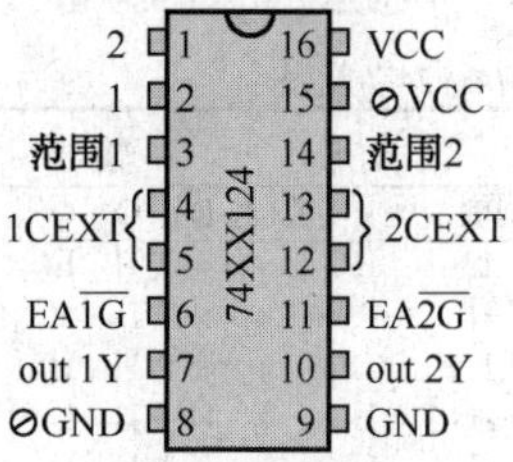

74XX124

引脚	名称	引脚	名称
1	2	16	VCC
2	1	15	⊘VCC
3	范围1	14	范围2
4	1CEXT	13	2CEXT
5	1CEXT	12	2CEXT
6	EA1$\overline{G}$	11	EA2$\overline{G}$
7	out 1Y	10	out 2Y
8	⊘GND	9	GND

双压控振荡器

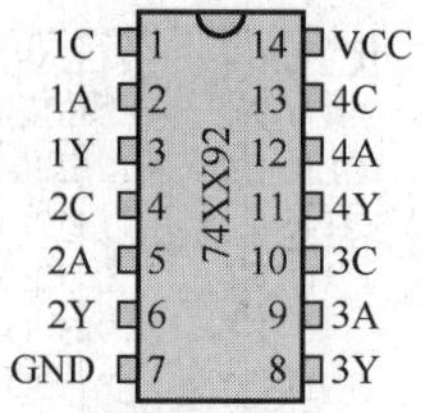

74XX92

引脚	名称	引脚	名称
1	1C	14	VCC
2	1A	13	4C
3	1Y	12	4A
4	2C	11	4Y
5	2A	10	3C
6	2Y	9	3A
7	GND	8	3Y

四总线缓冲门（三态）

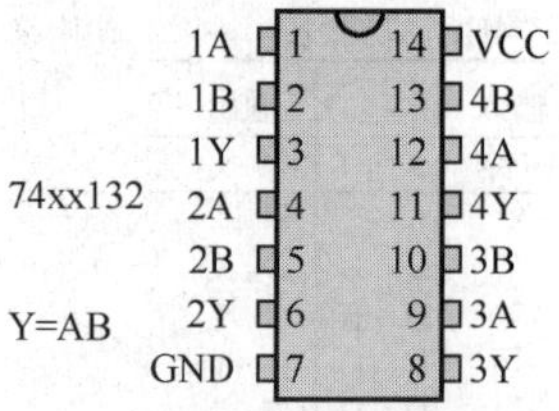

74xx132　Y=AB

引脚	名称	引脚	名称
1	1A	14	VCC
2	1B	13	4B
3	1Y	12	4A
4	2A	11	4Y
5	2B	10	3B
6	2Y	9	3A
7	GND	8	3Y

四2输入与非施密特触发器

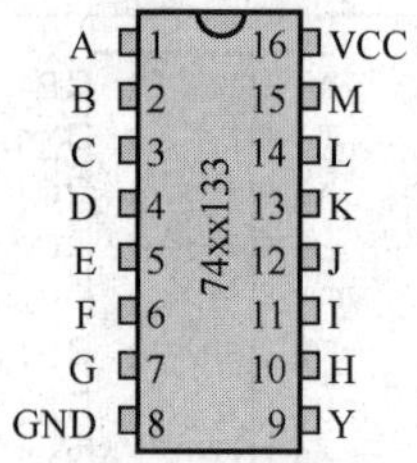

74xx133

引脚	名称	引脚	名称
1	A	16	VCC
2	B	15	M
3	C	14	L
4	D	13	K
5	E	12	J
6	F	11	I
7	G	10	H
8	GND	9	Y

十三输入与非门

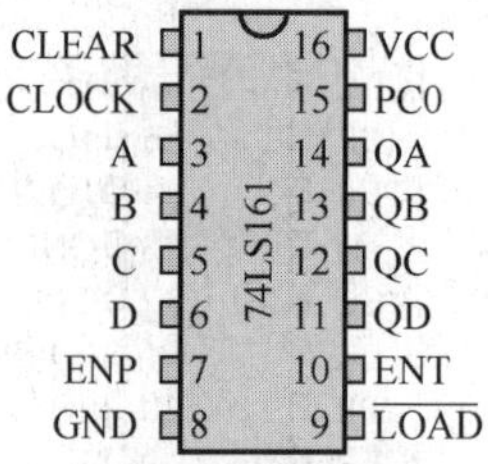

74LS161

引脚	名称	引脚	名称
1	CLEAR	16	VCC
2	CLOCK	15	PC0
3	A	14	QA
4	B	13	QB
5	C	12	QC
6	D	11	QD
7	ENP	10	ENT
8	GND	9	$\overline{LOAD}$

4位二进制同步计数器

74LS175

引脚	名称	引脚	名称
1	$\overline{CR}$	16	VCC
2	1Q	15	4Q
3	$\overline{1Q}$	14	$\overline{4Q}$
4	1D	13	4D
5	2D	12	3D
6	$\overline{2Q}$	11	$\overline{3Q}$
7	2Q	10	3Q
8	GND	9	CP

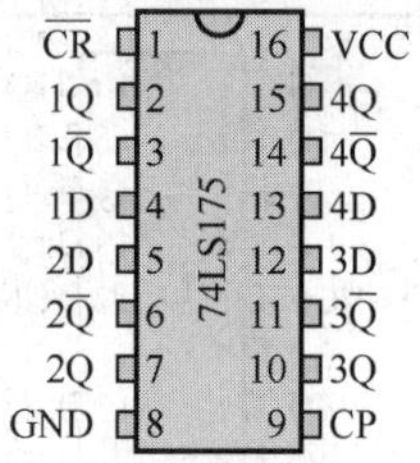

四上升D触发器

2. CC4000 系列数字逻辑电路外引线排列图

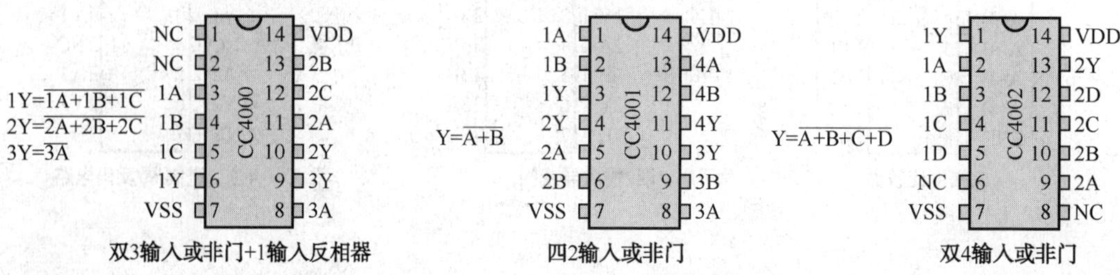

双3输入或非门+1输入反相器　四2输入或非门　双4输入或非门

CC4007

E	1	14	VDD
G	2	13	B
D	3	12	Y
H	4	11	J
F	5	10	I
A	6	9	K
VSS	7	8	C

双互补对及反相器

CC4008

A3	1	16	VDD
B2	2	15	B3
A2	3	14	CO
B1	4	13	F3
A1	5	12	F2
B0	6	11	F1
A0	7	10	F0
VSS	8	9	CI

四位二进制超前进位全加器

CC4011

1A	1	14	VDD
1B	2	13	4B
1Y	3	12	4A
2Y	4	11	4Y
2A	5	10	3Y
2B	6	9	3B
VSS	7	8	3A

四2输入与非门

CC4012

$Y=\overline{ABCD}$

1Y	1	14	VDD
1A	2	13	2Y
1B	3	12	2D
1C	4	11	2C
1D	5	10	2B
NC	6	9	2A
VSS	7	8	NC

双4输入与非门

CC4013

1Q	1	14	VDD
1Q	2	13	2Q
1CP	3	12	2Q
1RD	4	11	2CP
1D	5	10	2RD
1SD	6	9	2D
VSS	7	8	2SD

双上升沿D触发器

CC4014

D7	1	16	VDD
Q5	2	15	D6
Q7	3	14	D5
D3	4	13	D4
D2	5	12	D6
D1	6	11	DS
D0	7	10	CP
VSS	8	9	M

8位移位寄存器

CC4015

2CP	1	16	VDD
2Q3	2	15	2DS
1Q2	3	14	2CR
1Q1	4	13	2Q0
1Q0	5	12	2Q1
1CR	6	11	2Q2
1DS	7	10	1Q3
VSS	8	9	1CP

双4位串入-并出移位寄存器

CC4017

Q5	1	16	VDD
Q1	2	15	CR
Q0	3	14	CP
Q2	4	13	INH
Q6	5	12	CO
Q7	6	11	Q9
Q3	7	10	Q4
VSS	8	9	Q8

十进制计数器/脉冲分配器

CC4008

DS	1	16	VDD
D1	2	15	CR
D2	3	14	CP
$\overline{Q2}$	4	13	$\overline{Q5}$
$\overline{Q1}$	5	12	D5
$\overline{Q3}$	6	11	$\overline{Q4}$
D3	7	10	LD
VSS	8	9	D4

可预置1/N计数器

CC4019

4D1	1	16	VDD
3D0	2	15	4D0
3D1	3	14	A1
2D0	4	13	4Y
2D1	5	12	3Y
1D0	6	11	2Y
1D1	7	10	1Y
VSS	8	9	A0

四2选1数据选择器

CC4008

Q11	1	16	VDD
Q12	2	15	Q10
Q13	3	14	Q9
Q5	4	13	Q7
Q4	5	12	Q8
Q6	6	11	CR
Q3	7	10	$\overline{CP}$
VSS	8	9	Q0

14位二进制串行计数器

CC4008

D7	1	16	VDD
Q5	2	15	D6
Q7	3	14	D5
D3	4	13	D4
D2	5	12	D6
D1	6	11	DS
D0	7	10	CP
VSS	8	9	$P/\overline{S}$

8位移位寄存器

CC4022

Y1	1	16	VDD
Y0	2	15	CR
Y2	3	14	CP
Y5	4	13	1NH
Y6	5	12	CO
NC	6	11	Y4
Y3	7	10	Y7
VSS	8	9	NC

十进制计数器/脉冲分配器

CC4023

1A	1	14	VDD
1B	2	13	3C
2A	3	12	3B
2B	4	11	3A
2C	5	10	3Y
2Y	6	9	1Y
VSS	7	8	1C

三3输入与非门

CC4011

$\overline{CP}$	1	14	VDD
CR	2	13	NC
Q6	3	12	Q0
Q5	4	11	Q1
Q4	5	10	NC
Q3	6	9	Q2
VSS	7	8	NC

7位二进制串行计数器

CC4025

1A	1	14	VDD
1B	2	13	3C
2A	3	12	3B
2B	4	11	3A
2C	5	10	3Y
2Y	6	9	1Y
VSS	7	8	1C

三3输入与非门

CC4027

1Q	1	16	VDD
1Q	2	15	2Q
1CP	3	14	2Q
1RD	4	13	2CP
1K	5	12	2RD
1J	6	11	2K
1SD	7	10	2J
VSS	8	9	2SD

双上升沿J-K触发器

CC402

Y4	1	16	VDD
Y2	2	15	Y3
Y0	3	14	Y1
Y7	4	13	A1
Y9	5	12	A2
Y5	6	11	A3
Y6	7	10	A0
VSS	8	9	Y8

4线-10线译码器

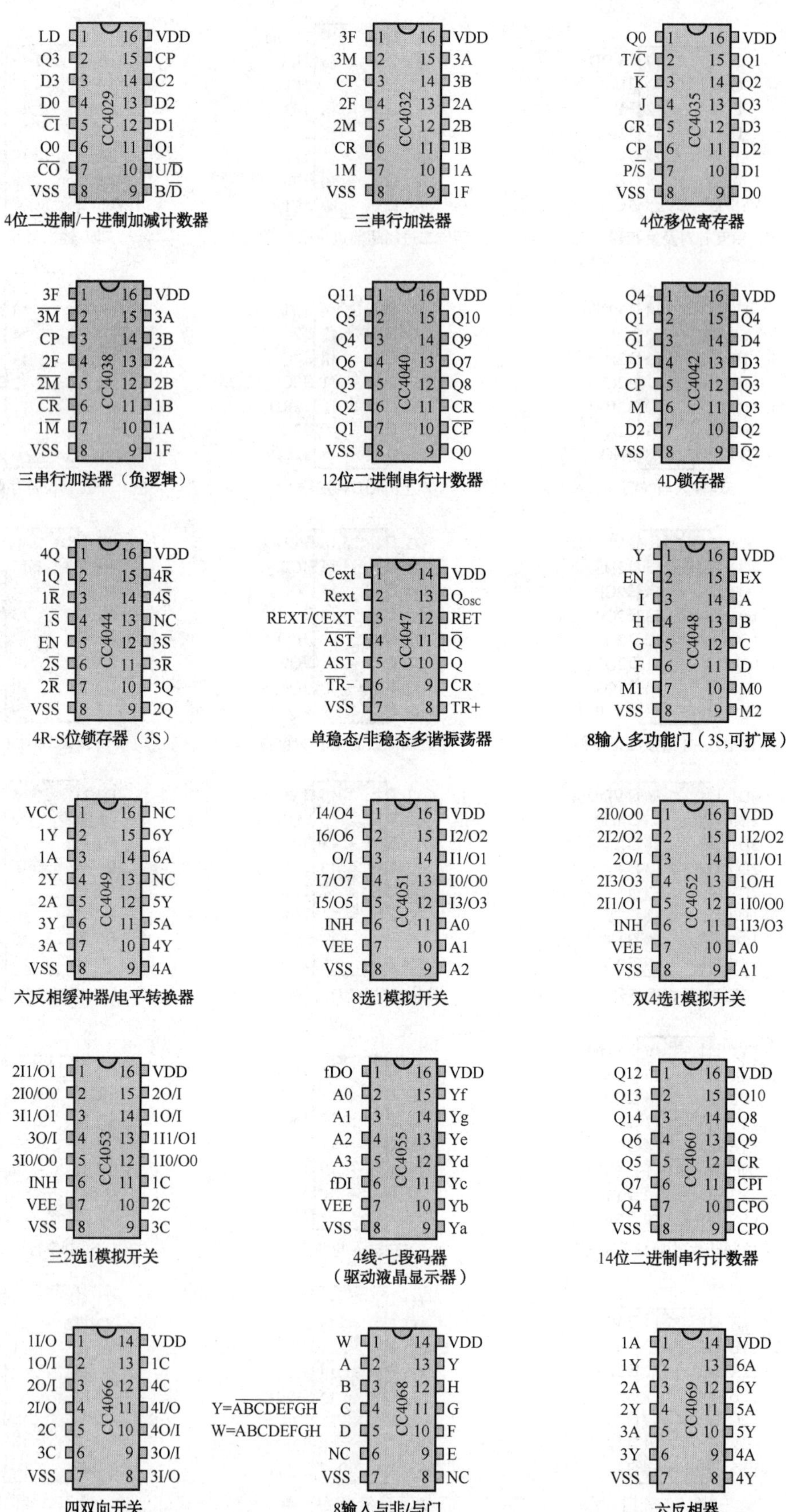

CC4029
LD 1, Q3 2, D3 3, D0 4, CI 5, Q0 6, CO 7, VSS 8, B/D 9, U/D 10, Q1 11, D1 12, D2 13, C2 14, CP 15, VDD 16
4位二进制/十进制加减计数器
CC4032
3F 1, 3M 2, CP 3, 2F 4, 2M 5, CR 6, 1M 7, VSS 8, 1F 9, 1A 10, 1B 11, 2B 12, 2A 13, 3B 14, 3A 15, VDD 16
三串行加法器
CC4035
Q0 1, T/C 2, K 3, J 4, CR 5, CP 6, P/S 7, VSS 8, D0 9, D1 10, D2 11, D3 12, Q3 13, Q2 14, Q1 15, VDD 16
4位移位寄存器
CC4038
3F 1, 3M 2, CP 3, 2F 4, 2M 5, CR 6, 1M 7, VSS 8, 1F 9, 1A 10, 1B 11, 2B 12, 2A 13, 3B 14, 3A 15, VDD 16
三串行加法器（负逻辑）
CC4040
Q11 1, Q5 2, Q4 3, Q6 4, Q3 5, Q2 6, Q1 7, VSS 8, Q0 9, CP 10, CR 11, Q8 12, Q7 13, Q9 14, Q10 15, VDD 16
12位二进制串行计数器
CC4042
Q4 1, Q1 2, Q1 3, D1 4, CP 5, M 6, D2 7, VSS 8, Q2 9, Q2 10, Q3 11, Q3 12, D3 13, D4 14, Q4 15, VDD 16
4D锁存器
CC4044
4Q 1, 1Q 2, 1R 3, 1S 4, EN 5, 2S 6, 2R 7, VSS 8, 2Q 9, 3Q 10, 3R 11, 3S 12, NC 13, 4S 14, 4R 15, VDD 16
4R-S位锁存器（3S）
CC4047
Cext 1, Rext 2, REXT/CEXT 3, AST 4, AST 5, TR- 6, VSS 7, TR+ 8, CR 9, Q 10, Q 11, RET 12, Qosc 13, VDD 14
单稳态/非稳态多谐振荡器
CC4048
Y 1, EN 2, I 3, H 4, G 5, F 6, M1 7, VSS 8, M2 9, M0 10, D 11, C 12, B 13, A 14, EX 15, VDD 16
8输入多功能门（3S,可扩展）
CC4049
VCC 1, 1Y 2, 1A 3, 2Y 4, 2A 5, 3Y 6, 3A 7, VSS 8, 4A 9, 4Y 10, 5A 11, 5Y 12, NC 13, 6A 14, 6Y 15, NC 16
六反相缓冲器/电平转换器
CC4051
I4/O4 1, I6/O6 2, O/I 3, I7/O7 4, I5/O5 5, INH 6, VEE 7, VSS 8, A2 9, A1 10, A0 11, I3/O3 12, I0/O0 13, I1/O1 14, I2/O2 15, VDD 16
8选1模拟开关
CC4052
2I0/O0 1, 2I2/O2 2, 2O/I 3, 2I3/O3 4, 2I1/O1 5, INH 6, VEE 7, VSS 8, A1 9, A0 10, 1I3/O3 11, 1I0/O0 12, 1O/H 13, 1I1/O1 14, 1I2/O2 15, VDD 16
双4选1模拟开关
CC4053
2I1/O1 1, 2I0/O0 2, 3I1/O1 3, 3O/I 4, 3I0/O0 5, INH 6, VEE 7, VSS 8, 3C 9, 2C 10, 1C 11, 1I0/O0 12, 1I1/O1 13, 1O/I 14, 2O/I 15, VDD 16
三2选1模拟开关
CC4055
fDO 1, A0 2, A1 3, A2 4, A3 5, fDI 6, VEE 7, VSS 8, Ya 9, Yb 10, Yc 11, Yd 12, Ye 13, Yg 14, Yf 15, VDD 16
4线-七段码器
（驱动液晶显示器）
CC4060
Q12 1, Q13 2, Q14 3, Q6 4, Q5 5, Q7 6, Q4 7, VSS 8, CPO 9, CPO 10, CPI 11, CR 12, Q9 13, Q8 14, Q10 15, VDD 16
14位二进制串行计数器
CC4066
1I/O 1, 1O/I 2, 2O/I 3, 2I/O 4, 2C 5, 3C 6, VSS 7, 3I/O 8, 3O/I 9, 4O/I 10, 4I/O 11, 4C 12, 1C 13, VDD 14
四双向开关
CC4068
Y=ABCDEFGH
W=ABCDEFGH
W 1, A 2, B 3, C 4, D 5, NC 6, VSS 7, NC 8, E 9, F 10, G 11, H 12, Y 13, VDD 14
8输入与非/与门
CC4069
1A 1, 1Y 2, 2A 3, 2Y 4, 3A 5, 3Y 6, VSS 7, 4Y 8, 4A 9, 5Y 10, 5A 11, 6Y 12, 6A 13, VDD 14
六反相器

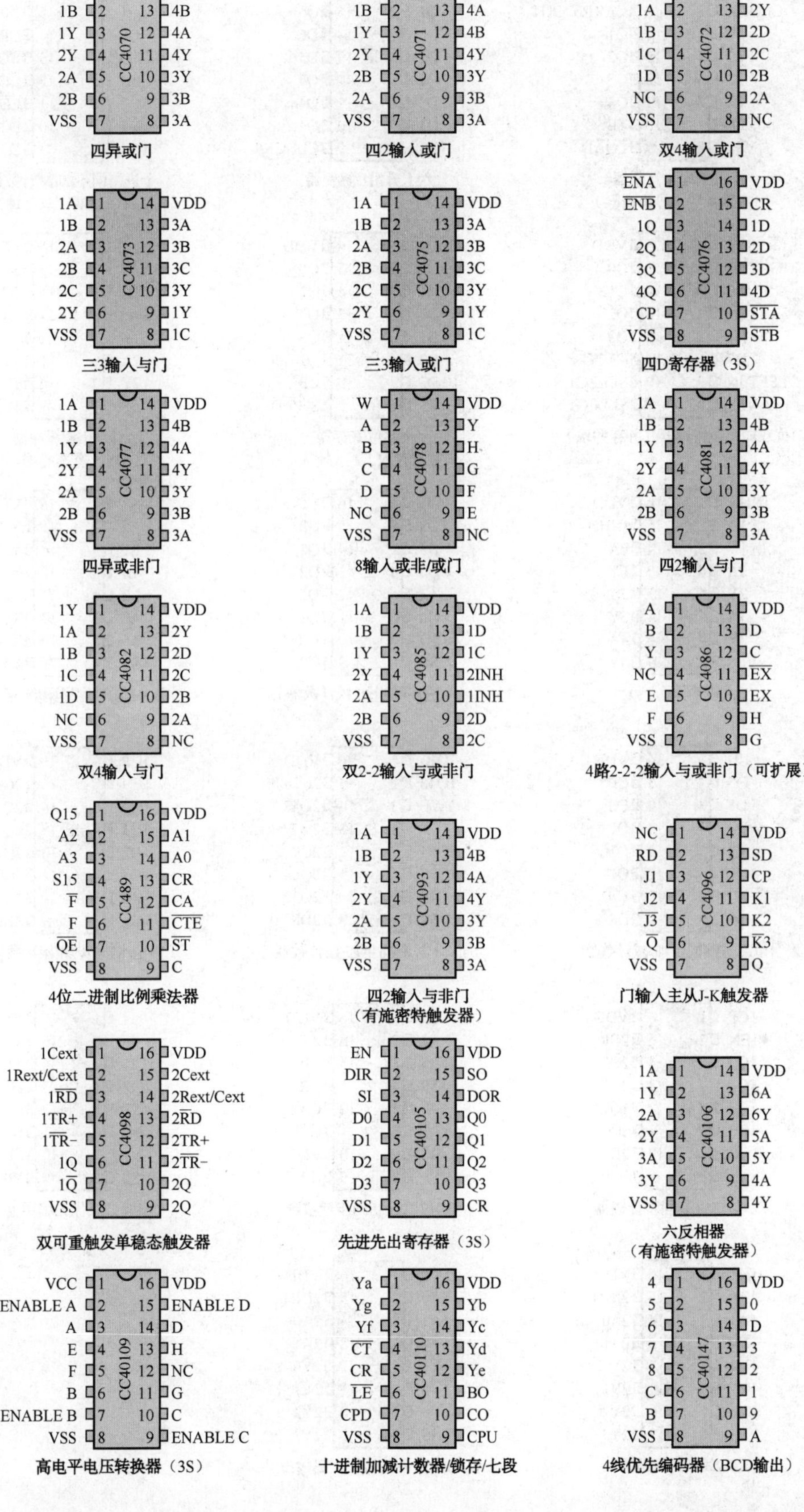
1A 1 14 VDD
1B 2 13 4B
1Y 3 12 4A
2Y 4 11 4Y
2A 5 10 3Y
2B 6 9 3B
VSS 7 8 3A
CC4070
四异或门
1A 1 14 VDD
1B 2 13 4A
1Y 3 12 4B
2Y 4 11 4Y
2B 5 10 3Y
2A 6 9 3B
VSS 7 8 3A
CC4071
四2输入或门
1Y 1 14 VDD
1A 2 13 2Y
1B 3 12 2D
1C 4 11 2C
1D 5 10 2B
NC 6 9 2A
VSS 7 8 NC
CC4072
双4输入或门
1A 1 14 VDD
1B 2 13 3A
2A 3 12 3B
2B 4 11 3C
2C 5 10 3Y
2Y 6 9 1Y
VSS 7 8 1C
CC4073
三3输入与门
1A 1 14 VDD
1B 2 13 3A
2A 3 12 3B
2B 4 11 3C
2C 5 10 3Y
2Y 6 9 1Y
VSS 7 8 1C
CC4075
三3输入或门
ENA 1 16 VDD
ENB 2 15 CR
1Q 3 14 1D
2Q 4 13 2D
3Q 5 12 3D
4Q 6 11 4D
CP 7 10 STA
VSS 8 9 STB
CC4076
四D寄存器（3S）
1A 1 14 VDD
1B 2 13 4B
1Y 3 12 4A
2Y 4 11 4Y
2A 5 10 3Y
2B 6 9 3B
VSS 7 8 3A
CC4077
四异或非门
W 1 14 VDD
A 2 13 Y
B 3 12 H
C 4 11 G
D 5 10 F
NC 6 9 E
VSS 7 8 NC
CC4078
8输入或非/或门
1A 1 14 VDD
1B 2 13 4B
1Y 3 12 4A
2Y 4 11 4Y
2A 5 10 3Y
2B 6 9 3B
VSS 7 8 3A
CC4081
四2输入与门
1Y 1 14 VDD
1A 2 13 2Y
1B 3 12 2D
1C 4 11 2C
1D 5 10 2B
NC 6 9 2A
VSS 7 8 NC
CC4082
双4输入与门
1A 1 14 VDD
1B 2 13 1D
1Y 3 12 1C
2Y 4 11 2INH
2A 5 10 1INH
2B 6 9 2D
VSS 7 8 2C
CC4085
双2-2输入与或非门
A 1 14 VDD
B 2 13 D
Y 3 12 C
NC 4 11 EX
E 5 10 EX
F 6 9 H
VSS 7 8 G
CC4086
4路2-2-2输入与或非门（可扩展）
Q15 1 16 VDD
A2 2 15 A1
A3 3 14 A0
S15 4 13 CR
F 5 12 CA
F 6 11 CTE
QE 7 10 ST
VSS 8 9 C
CC489
4位二进制比例乘法器
1A 1 14 VDD
1B 2 13 4B
1Y 3 12 4A
2Y 4 11 4Y
2A 5 10 3Y
2B 6 9 3B
VSS 7 8 3A
CC4093
四2输入与非门
（有施密特触发器）
NC 1 14 VDD
RD 2 13 SD
J1 3 12 CP
J2 4 11 K1
J3 5 10 K2
Q 6 9 K3
VSS 7 8 Q
CC4096
门输入主从J-K触发器
1Cext 1 16 VDD
1Rext/Cext 2 15 2Cext
1RD 3 14 2Rext/Cext
1TR+ 4 13 2RD
1TR- 5 12 2TR+
1Q 6 11 2TR-
1Q 7 10 2Q
VSS 8 9 2Q
CC4098
双可重触发单稳态触发器
EN 1 16 VDD
DIR 2 15 SO
SI 3 14 DOR
D0 4 13 Q0
D1 5 12 Q1
D2 6 11 Q2
D3 7 10 Q3
VSS 8 9 CR
CC40105
先进先出寄存器（3S）
1A 1 14 VDD
1Y 2 13 6A
2A 3 12 6Y
2Y 4 11 5A
3A 5 10 5Y
3Y 6 9 4A
VSS 7 8 4Y
CC40106
六反相器
（有施密特触发器）
VCC 1 16 VDD
ENABLE A 2 15 ENABLE D
A 3 14 D
E 4 13 H
F 5 12 NC
B 6 11 G
ENABLE B 7 10 C
VSS 8 9 ENABLE C
CC40109
高电平电压转换器（3S）
Ya 1 16 VDD
Yg 2 15 Yb
Yf 3 14 Yc
CT 4 13 Yd
CR 5 12 Ye
LE 6 11 BO
CPD 7 10 CO
VSS 8 9 CPU
CC40110
十进制加减计数器/锁存/七段
4 1 16 VDD
5 2 15 0
6 3 14 D
7 4 13 3
8 5 12 2
C 6 11 1
B 7 10 9
VSS 8 9 A
CC40147
4线优先编码器（BCD输出）

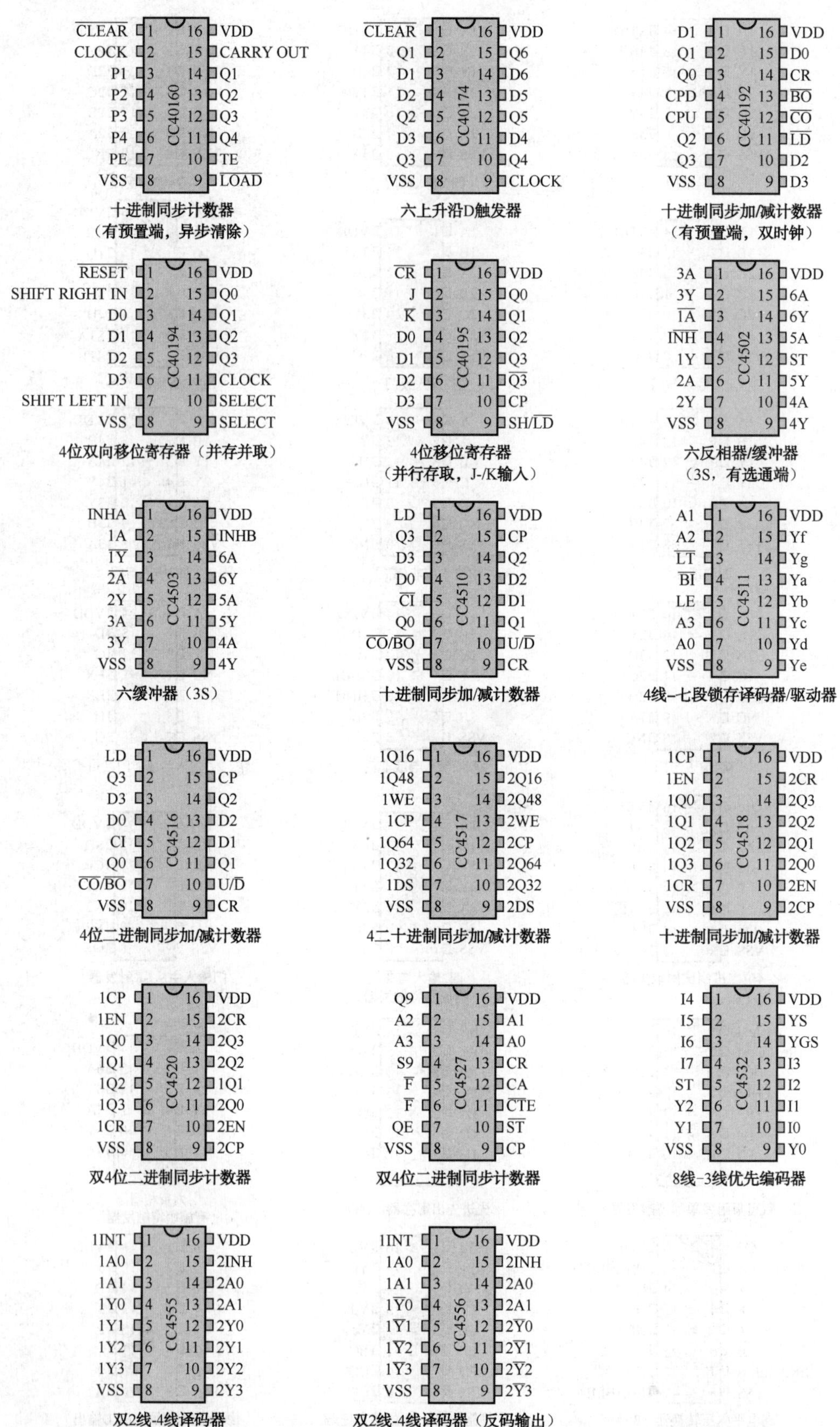
CC40160
十进制同步计数器
（有预置端，异步清除）
CC40174
六上升沿D触发器
CC40192
十进制同步加/减计数器
（有预置端，双时钟）
CC40194
4位双向移位寄存器（并存并取）
CC40195
4位移位寄存器
（并行存取，J-/K输入）
CC4502
六反相器/缓冲器
（3S，有选通端）
CC4503
六缓冲器（3S）
CC4510
十进制同步加/减计数器
CC4511
4线–七段锁存译码器/驱动器
CC4516
4位二进制同步加/减计数器
CC4517
4二十进制同步加/减计数器
CC4518
十进制同步加/减计数器
CC4520
双4位二进制同步计数器
CC4527
双4位二进制同步计数器
CC4532
8线-3线优先编码器
CC4555
双2线-4线译码器
CC4556
双2线-4线译码器（反码输出）

附录I　常见数字集成电路功能表

1. 74系列数字集成电路功能表

7400	2 输入端四与非门
7401	集电极开路 2 输入端四与非门
7402	2 输入端四或非门
7403	集电极开路 2 输入端四与非门
7404	六反相器
7405	集电极开路六反相器
7406	集电极开路六反相高压驱动器
7407	集电极开路六正相高压驱动器
7408	2 输入端四与门
7409	集电极开路 2 输入端四与门
7410	3 输入端 3 与非门
74107	带清除主从双 J-K 触发器
74109	带预置清除正触发双 J-K 触发器
7411	3 输入端 3 与门
74112	带预置清除负触发双 J-K 触发器
7412	开路输出 3 输入端三与非门
74121	单稳态多谐振荡器
74122	可再触发单稳态多谐振荡器
74123	双可再触发单稳态多谐振荡器
74125	三态输出高有效四总线缓冲门
74126	三态输出低有效四总线缓冲门
7413	4 输入端双与非施密特触发器
74132	2 输入端四与非施密特触发器
74133	13 输入端与非门
74136	四异或门
74138	3-8 线译码器/复工器
74139	双 2-4 线译码器/复工器
7414	六反相施密特触发器
74145	BCD—十进制译码/驱动器
7415	开路输出 3 输入端三与门
74150	16 选 1 数据选择/多路开关

续表

74151	8 选 1 数据选择器
74153	双 4 选 1 数据选择器
74154	4 线—16 线译码器
74155	图腾柱输出译码器/分配器
74156	开路输出译码器/分配器
74157	同相输出四 2 选 1 数据选择器
74158	反相输出四 2 选 1 数据选择器
7416	开路输出六反相缓冲/驱动器
74160	可预置 BCD 异步清除计数器
74161	可予制四位二进制异步清除计数器
74162	可预置 BCD 同步清除计数器
74163	可予制四位二进制同步清除计数器
74164	八位串行入/并行输出移位寄存器
74165	八位并行入/串行输出移位寄存器
74166	八位并入/串出移位寄存器
74169	二进制四位加/减同步计数器
7417	开路输出六同相缓冲/驱动器
74170	开路输出 4×4 寄存器堆
74173	三态输出四位 D 型寄存器
74174	带公共时钟和复位六 D 触发器
74175	带公共时钟和复位四 D 触发器
74180	9 位奇数/偶数发生器/校验器
74181	算术逻辑单元/函数发生器
74185	二进制—BCD 代码转换器
74190	BCD 同步加/减计数器
74191	二进制同步可逆计数器
74192	可预置 BCD 双时钟可逆计数器
74193	可预置四位二进制双时钟可逆计数器
74194	四位双向通用移位寄存器
74195	四位并行通道移位寄存器
74196	十进制/二-十进制可预置计数锁存器
74197	二进制可预置锁存器/计数器
7420	4 输入端双与非门
7421	4 输入端双与门
7422	开路输出 4 输入端双与非门
74221	双/单稳态多谐振荡器
74240	八反相三态缓冲器/线驱动器
74241	八同相三态缓冲器/线驱动器

续表

74243	四同相三态总线收发器
74244	八同相三态缓冲器/线驱动器
74245	八同相三态总线收发器
74247	BCD—7 段 15V 输出译码/驱动器
74248	BCD—7 段译码/升压输出驱动器
74249	BCD—7 段译码/开路输出驱动器
74251	三态输出 8 选 1 数据选择器/复工器
74253	三态输出双 4 选 1 数据选择器/复工器
74256	双四位可寻址锁存器
74257	三态原码四 2 选 1 数据选择器/复工器
74258	三态反码四 2 选 1 数据选择器/复工器
74259	八位可寻址锁存器/3-8 线译码器
7426	2 输入端高压接口四与非门
74260	5 输入端双或非门
74266	2 输入端四异或非门
7427	3 输入端三或非门
74273	带公共时钟复位八 D 触发器
74279	四图腾柱输出 S-R 锁存器
7428	2 输入端四或非门缓冲器
74283	4 位二进制全加器
74290	二/五分频十进制计数器
74293	二/八分频四位二进制计数器
74295	四位双向通用移位寄存器
74298	四 2 输入多路带存贮开关
74299	三态输出八位通用移位寄存器
7430	8 输入端与非门
7432	2 输入端四或门
74322	带符号扩展端八位移位寄存器
74323	三态输出八位双向移位/存贮寄存器
7433	开路输出 2 输入端四或非缓冲器
74347	BCD—7 段译码器/驱动器
74352	双 4 选 1 数据选择器/复工器
74353	三态输出双 4 选 1 数据选择器/复工器
74365	门使能输入三态输出六同相线驱动器
74366	门使能输入三态输出六反相线驱动器
74367	4/2 线使能输入三态六同相线驱动器
74368	4/2 线使能输入三态六反相线驱动器
7437	开路输出 2 输入端四与非缓冲器

续表

74373	三态同相八 D 锁存器
74374	三态反相八 D 锁存器
74375	4 位双稳态锁存器
74377	单边输出公共使能八 D 锁存器
74378	单边输出公共使能六 D 锁存器
74379	双边输出公共使能四 D 锁存器
7438	开路输出 2 输入端四与非缓冲器
74380	多功能八进制寄存器
7439	开路输出 2 输入端四与非缓冲器
74390	双十进制计数器
74393	双四位二进制计数器
7440	4 输入端双与非缓冲器
7442	BCD—十进制代码转换器
74447	BCD—7 段译码器/驱动器
7445	BCD—十进制代码转换/驱动器
74450	16:1 多路转接复用器多工器
74451	双 8:1 多路转接复用器多工器
74453	四 4:1 多路转接复用器多工器
7446	BCD—7 段低有效译码/驱动器
74460	十位比较器
74461	八进制计数器
74465	三态同相 2 与使能端八总线缓冲器
74466	三态反相 2 与使能八总线缓冲器
74467	三态同相 2 使能端八总线缓冲器
74468	三态反相 2 使能端八总线缓冲器
74469	八位双向计数器
7447	BCD—7 段高有效译码/驱动器
7448	BCD—7 段译码器/内部上拉输出驱动
74490	双十进制计数器
74491	十位计数器
74498	八进制移位寄存器
7450	2-3/2-2 输入端双与或非门
74502	八位逐次逼近寄存器
74503	八位逐次逼近寄存器
7451	2-3/2-2 输入端双与或非门
74533	三态反相八 D 锁存器
74534	三态反相八 D 锁存器
7454	四路输入与或非门

续表

74540	八位三态反相输出总线缓冲器
7455	4 输入端二路输入与或非门
74563	八位三态反相输出触发器
74564	八位三态反相输出 D 触发器
74573	八位三态输出触发器
74574	八位三态输出 D 触发器
74645	三态输出八同相总线传送接收器
74670	三态输出 4×4 寄存器堆
7473	带清除负触发双 J-K 触发器
7474	带置位复位正触发双 D 触发器
7476	带预置清除双 J-K 触发器
7483	四位二进制快速进位全加器
7485	四位数字比较器
7486	2 输入端四异或门
7490	可二/五分频十进制计数器
7493	可二/八分频二进制计数器
7495	四位并行输入\输出移位寄存器
7497	6 位同步二进制乘法器

2. CC4000 系列数字集成电路功能表

CC4000	双 3 输入或非门及反相器
CC4001	四 2 输入或非门
CC4002	双 4 输入或非门
CC4007	双互补对称反相器
CC4008	4 位二进制超前进位全加器
CC4011	四 2 输入与非门
CC4012	双 4 输入与非门
CC4013	双上升沿 D 触发器
CC4014	8 位移位寄存器
CC4015	双 4 位移位寄存器
CC4017	十进制计数器/脉冲分配器
CC4018	可预置 1/N 计数器
CC4019	四 2 选 1 数据选择器
CC4020	14 位二进制串行计数器
CC4021	8 位移位寄存器（异步并入、同步串入/串出）
CC4022	八进制计数器/脉冲分配器
CC4023	三 3 输入与非门

续表

CC4024	7 位二进制串行计数器
CC4025	三 3 输入或非门
CC4027	双上升沿 J－K 触发器
CC4028	4 线－10 线译码器（BCD 输入）
CC4029	4 位二进制/十进制加减计数器
CC4032	三串行加法器
CC4034	8 位总线寄存器
CC4035	4 位移位寄存器（补码输出，并行存取）
CC4038	三串行加法器（负逻辑）
CC4040	12 位二进制串行计数器
CC4042	四 D 锁存器
CC4043	四 R－S 锁存器（3S）
CC4044	四 R－S 锁存器（3S）
CC4047	单稳态/非稳态多谐振荡器
CC4048	8 输入/非稳态多谐振荡器
CC4049	六反相缓冲区/电平转换器
CC4050	六缓冲器/电平转换器
CC5051	8 选 1 模拟开关
CC4052	双 4 选 1 模拟开关
CC4053	三 2 选 1 模拟开关
CC4055	4 线－七段译码器（驱动液晶显示器）
CC4060	14 位二进制串行计数器
CC4066	四双向开关
CC4067	16 选 1 模拟开关
CC4068	8 输入与非/与门
CC4069	六反相器
CC4070	四异或门
CC4071	四 2 输入或门
CC4072	双 4 输入或门
CC4073	三 3 输入与门
CC4075	三 3 输入或门
CC4076	四 D 寄存器（3S）
CC4077	四异或非门
CC4078	8 输入或非/或门
CC4081	四 2 输入与门
CC4082	双 4 输入与门
CC4085	双 2－2 输入与或非门
CC4086	4 路 2－2－2－2 输入与或非门（可扩展）

续表

CC4089	4 位二进制比例乘法器
CC4093	四 2 输入与非门（有施密特触发器）
CC4096	门输入主从 J－K 触发器（有 $\overline{J}$、$\overline{K}$ 输入端）
CC4097	双 8 选 1 模拟开关
CC4098	双可重触发单稳态触发器
CC4502	六反相器/缓冲器（3S，有选通端）
CC4503	六缓冲器（3S）
CC4510	十进制同步加/减计数器
CC4511	4 线－七段锁存译码器/驱动器
CC4514	4 线－16 线译码器（锁存器输入）
CC4515	4 线－16 线译码器（锁存器输入，反码输出）
CC4516	4 位二进制同步加/减计数器
CC4517	双 64 位静态移位寄存器
CC4518	双十进制同步计数器
CC4520	双 4 位二进制同步计数器
CC4527	BCD 比例乘法器
CC4532	8 线－3 线优先编码器
CC4538	双精密可重触发单稳态触发器
CC4555	双 2 线－4 线译码器
CC4556	双 2 线－4 线译码器（反码输出）
CC14006	18 位移位寄存器
CC14099	8 位可寻址锁存器
C14495	4 线－7 段锁存/译码/驱动器
CC14501	双 4 输入与非门及 2 输入或非/或门
CC14504	六 TTL/CMOS－CMOS 电平转换器
CC14512	8 选 1 数据选择器（3S）
CC14522	二－N－十进制减计数器
CC14526	二－N－十六进制减计数器
CC14528	双可重触发单稳态触发器
CC14529	双 4 选 1/8 选 1 模拟数据选择器
CC14531	12 位奇偶校验器
CC14539	双 4 选 1 数据选择器/多路通道
CC14543	4 线－七段译码器（驱动液晶显示器）
CC14547	4 线－七段译码器/驱动器（BCD 输入）
CC14560	NBCD 加法器
CC14561	十进制“9”的求补器
CC14585	4 位数值比较器
CC14599	8 位双向可寻址锁存器

续表

CC40105	先进先出寄存器（3S）
CC40106	六反相器（有施密特触发器）
CC40109	四低一高电压电平转换器（3S）
CC40110	十进制加减计数器/锁存/七段译码/驱动器
CC40147	10 线－4 线优先编码器（BCD 输出）
CC40160	十进制同步计数器（有预置端，异步清除）
CC40161	4 位二进制同步计数器（有预置端，异步清除）
CC40162	十进制同步计数器（有预置端，同步清除）
CC40163	4 位二进制同步计数器（有预置端，同步清除）
CC40174	六上升沿 D 触发器
CC40181	4 位算术逻辑单元/函数发生器
CC40182	超前进位产生器
CC40192	十进制同步加/减计数器（有预置端，双时钟）
CC40193	4 位二进制同步加/减计数器（有预置端，双时钟）
CC40194	4 位双向移位寄存器（并行存取）
CC40195	4 位移位寄存器（并行存取，J－$\bar{k}$ 输入）
CC40208	4×4 多端口寄存器阵（3S）
CC4052	双 4 选 1 模拟开关
CC4053	三 2 选 1 模拟开关
CC4055	4 线－七段译码器（驱动液晶显示器）
CC4060	14 位二进制串行计数器
CC4066	四双向开关
CC4067	16 选 1 模拟开关
CC4068	8 输入与非/与门
CC4069	六反相器
CC4070	四异或门
CC4071	四 2 输入或门
CC4072	双 4 输入或门
CC4073	三 3 输入与门
CC4075	三 3 输入或门
CC4076	四 D 寄存器（3S）
CC4077	四异或非门
CC4078	8 输入或非/或门
CC4081	四 2 输入与门
CC4082	双 4 输入与门
CC4085	双 2－2 输入与或非门
CC4086	4 路 2－2－2－2 输入与或非门（可扩展）
CC4089	4 位二进制比例乘法器

续表

CC4093	四 2 输入与非门（有施密特触发器）
CC4096	门输入主从 J－K 触发器（有 $\overline{J}$ 、$\overline{K}$ 输入端）
CC4097	双 8 选 1 模拟开关
CC4098	双可重触发单稳态触发器
CC4502	六反相器/缓冲器（3S，有选通端）
CC4503	六缓冲器（3S）
CC4510	十进制同步加/减计数器
CC4511	4 线－七段锁存译码器/驱动器
CC4514	4 线－16 线译码器（锁存器输入）
CC4515	4 线－16 线译码器（锁存器输入，反码输出）
CC4516	4 位二进制同步加/减计数器
CC4517	双 64 位静态移位寄存器
CC4518	双十进制同步计数器
CC4520	双 4 位二进制同步计数器
CC4527	BCD 比例乘法器
CC4532	8 线－3 线优先编码器
CC4538	双精密可重触发单稳态触发器
CC4555	双 2 线－4 线译码器
CC4556	双 2 线－4 线译码器（反码输出）
CC14006	18 位移位寄存器
CC14099	8 位可寻址锁存器
C14495	4 线－7 段锁存/译码/驱动器
CC14501	双 4 输入与非门及 2 输入或非/或门
CC14504	六 TTL/CMOS－CMOS 电平转换器
CC14512	8 选 1 数据选择器（3S）
CC14522	二－N－十进制减计数器
CC14526	二－N－十六进制减计数器
CC14528	双可重触发单稳态触发器
CC14529	双 4 选 1/8 选 1 模拟数据选择器
CC14531	12 位奇偶校验器
CC14539	双 4 选 1 数据选择器/多路通道
CC14543	4 线－七段译码器（驱动液晶显示器）
CC14547	4 线－七段译码器/驱动器（BCD 输入）
CC14560	NBCD 加法器
CC14561	十进制“9”的求补器
CC14585	4 位数值比较器
CC14599	8 位双向可寻址锁存器
CC40105	先进先出寄存器（3S）

续表

CC40106	六反相器（有施密特触发器）
CC40109	四低一高电压电平转换器（3S）
CC40110	十进制加减计数器/锁存/七段译码/驱动器
CC40147	10 线－4 线优先编码器（BCD 输出）
CC40160	十进制同步计数器（有预置端，异步清除）
CC40161	4 位二进制同步计数器（有预置端，异步清除）
CC40162	十进制同步计数器（有预置端，同步清除）
CC40163	4 位二进制同步计数器（有预置端，同步清除）
CC40174	六上升沿 D 触发器
CC40181	4 位算术逻辑单元/函数发生器
CC40182	超前进位产生器
CC40192	十进制同步加/减计数器（有预置端，双时钟）
CC40193	4 位二进制同步加/减计数器（有预置端，双时钟）
CC40194	4 位双向移位寄存器（并行存取）
CC40195	4 位移位寄存器（并行存取，J－$\bar{k}$ 输入）
CC40208	4×4 多端口寄存器阵（3S）

附录 J　质量管理基本常识

1．什么是 ISO9000？

ISO 是国际标准化组织的简称，ISO 是希腊文“平等”的意思。该组织的英文全称是 InternationalOrganizationforStandardization。

ISO 是世界上最大的国际标准化组织之一。它成立于 1947 年 2 月 23 日,美国的 HowardCoonley 先生当选为 ISO 的第一任主席。ISO 的前身是 1928 年成立的“国际标准化协会国际联合会”（简称 ISA）。

ISO9000 族标准是由 ISO/TC176 组织各国标准化机构协商一致后制订，经国际标准化组织（ISO）批准发布，提供在世界范围内实施的有关质量管理活动规则的标准文件，被称为国际通用质量管理标准。首次发布为 1986—1987 年，1994 年修订、补充为第二版，2000 年将发布第三版。

ISO9001 用于证实组织具有提供满足顾客要求和适用法规要求的产品的能力，目的在于增进顾客满意度。

2．什么是 QC？

QC 即英文 Quality Control 的简称，中文意义是品质控制，其在 ISO8402:1994 的定义是“为达到品质要求所采取的作业技术和活动”。

品质政策：由持续不断的改善过程，建立全面品质管理与品质第一的企业文化，提供客户满意的产品与服务，成为世界级的公司。

内在品质：每一个阶段的研发与制造过程对最终产品的品质与可靠性，都会产生必然影响，因此从一开始就专注于将品质与可靠性建构在产品内。对品质的承诺是永续成功的基础，因此每一位员工都将参与品质与可靠性的保证行动视为工作本分。每一种机能与每一位个体对“无缺点”作业，负其责任。

3．什么是 6Q？

Quake（震撼）、Quality（品质）、（Queerness 奇妙）、Quickness（快速）、Quenchless（无止境）、Quest（追求）

4．什么是 5S？

5S 是在日本、中国台湾等国家和地区广受推崇的一套管理活动。在质量管理活动中，5S 堪称为最基础的管理项目。5S 管理包括以下五项内容：Seiri（整理）、Seiton（整顿）、Seiso（清扫）、Seikeetsu（清洁）、Shitsuke（素养）。

整理（SEIRI）：区分要用与不要用的东西，不要用的东西清理掉。

整顿（SEITON）：要用的东西依规定定位、定量的摆放整齐，明确地标示。

清扫（SEISO）：清除职场内的脏污，并防止污染的发生。

清洁（SEIKETSU）：将前 3S 实施的做法制度化、规范化，贯彻执行并维持成果。

素养（SHITSUKE）：人人依规定行事，养成好习惯。

这五项内容在日文的罗马发音中，均以 S 为开头，故称为 5S。5S 活动是具体而实在的，不仅让员工一听就懂，而且能实行，就是要为员工创造一个干净、整洁、舒适、合理的工作场所和空间环境。